高等职业教育高等数学分层教学改革成果

高等应用数学

下　册

主　编　郑智刚
副主编　祁建华　尚　娟

中国铁道出版社
CHINA RAILWAY PUBLISHING HOUSE

内 容 简 介

本教材(上下册)是石家庄铁路职业技术学院基础部进行高等数学课程分层教学改革的成果。本书为下册,主要内容包括:空间解析几何与向量代数、多元函数微分、无穷级数、线性代数、概率论。教材内容注重密切联系日常生产、生活实践,提高学生解决实际问题的能力,同时,各章还编入了一些数学家简介、数学学科的起源等阅读材料,以培养学生的数学素养。

本书适合作为高职高专院校各学科专业学生公共基础课教材,也可作为教师的教学参考书。

图书在版编目(CIP)数据

高等应用数学. 下册/郑智刚主编. —北京:中国铁道出版社,2019.2

高等职业教育高等数学分层教学改革成果

ISBN 978-7-113-25405-6

Ⅰ.①高… Ⅱ.①郑… Ⅲ.①应用数学-高等职业教育-教材 Ⅳ.①O29

中国版本图书馆 CIP 数据核字(2019)第 014989 号

书　　名: 高等应用数学 · 下册
作　　者: 郑智刚　主编

策　　划: 李小军　　**读者热线:** (010)63550836
责任编辑: 许　璐
封面设计: 刘　颖
责任校对: 张玉华
责任印制: 郭向伟

出版发行: 中国铁道出版社(100054,北京市西城区右安门西街 8 号)
网　　址: http://www.tdpress.com/51eds/
印　　刷: 北京铭成印刷有限公司
版　　次: 2019 年 2 月第 1 版　2019 年 2 月第 1 次印刷
开　　本: 710 mm×1 000 mm　1/16　**印张:** 12　**字数:** 207 千
书　　号: ISBN 978-7-113-25405-6
定　　价: 29.00 元

前　言

高等数学是高等职业院校各理工类专业必修的公共基础课程。学习高等数学既能帮助学生获得专业学习中所必需的数学知识、数学思想和数学方法，又能培养学生用数学思维方式去分析和解决实际问题的能力，对全面提高学生综合素质至关重要。

基于近年来学生的数学基础参差不齐的现状，石家庄铁路职业技术学院从2015年开始对高等数学实施"分层教学"的教学改革。依据学生数学基础的不同，将学生分成A、B、C三个教学层次。各层次采用不同的教学模式和教学内容，因材施教，力求达到较好的教学效果。为了适应和满足高等职业教育快速发展的需要，同时总结本校高等数学课程改革经验，编写团队以教育部制定的《高职高专类高等数学课程教学基本要求》为编写依据，同时借鉴国内外优秀教材编写本书，主要适用于C层次教学。

在编写过程中，全书力求突出以下特点：

1. 增加初高中衔接内容，贴近基础薄弱学生

针对近年来高职学生数学基础薄弱的现象，增加初等数学和高等数学之间的衔接内容。主要增加了集合的概念、初等代数运算、常用方程和不等式的求解、函数及常用函数的性质等内容。这些内容虽然属于初等数学范畴，学生在中学接触过，但很多高职学生对这些内容掌握得并不扎实，增加这些内容会为学生学习高等数学打下良好的基础。

2. 强调案例教学和项目教学，融入建模思想

考虑到高职学生的认知规律和特点，本书恰当把握教学内容的深度和广度，不追求数学内容"面面俱到"。内容上淡化理论推导，在数学概念引入时强调案例引入，结合教学内容，选取实际生活及专业中的项目，融入数学建模思想与数学实验方法，提升数学应用的能力，突出职业教育的特点。

3. 渗透数学文化和数学思想，重视数学文化熏陶

每一章后设置了相应知识点的"数学素材"和"扩展阅读"，以展示数学思想的形成背景和数学对现实世界的影响，发挥数学课程的育人功能，激发学生的学习兴趣，培养学生睿智、细致、坚毅的品格。

全书分为上下册，本书为下册，共5章，完成全部教学内容大约需要56学时，带“*”号的内容为选学内容。其中理论教学部分约50学时，项目教学部分约6学时。

本书由石家庄铁路职业技术学院数学教研室郑智刚任主编，祁建华、尚娟任副主编，参加编写的有杨林广、王芳、董文雷。具体编写分工如下：第6章由祁建华编写，第7章由郑智刚编写，第8章由杨林广编写，第9章由尚娟编写，第10章由王芳和董文雷编写。杨林广对各章应用实践项目进行了修改、完善，郑智刚对全书稿进行统稿、定稿。

本教材的编写得到了石家庄铁路职业技术学院领导、教务处和基础部领导的大力支持，在此表示衷心感谢。

教材编写是一项影响深远的工作，我们深感责任重大。由于编者的水平有限，加之时间仓促，书中难免存在不妥之处，我们衷心期待专家、同行和读者批评指正。

编　者

2018年12月

目　录

第 6 章　空间解析几何与向量代数

空间解析几何是学习多元函数微积分学的基础，空间向量是研究空间解析几何最有效的工具. 本章将进一步研究空间向量，并以空间向量为工具讨论空间中的直线、平面，并简单介绍空间的曲线和曲面.

6.1　向量及其线性运算

6.1.1　向量的概念

在现实中，人们经常遇到两类量：一类如温度、体积、质量、金额等，这种只有大小没有方向的量称为**数量（标量）**；另一类如力、速度、位移等，它们既有大小又有方向的量称为**向量（矢量）**，记作：$\overrightarrow{AB}$或 $\boldsymbol{a}$，向量常用有向线段表示.

向量的长度称为向量的**模**，记为$|\boldsymbol{a}|$. 模为 1 的向量称为**单位向量**；模为 0 的向量称为**零向量**，记作 $\boldsymbol{0}$，其方向任意.

两个向量的模相等而且方向相同，则称**向量相等**，例如 $\boldsymbol{a}=\boldsymbol{b}$.

两个向量的模相等而且方向相反，则称一个向量是另一个向量的**负向量**，例如 $\boldsymbol{a}$ 的负向量记作 $-\boldsymbol{a}$.

6.1.2　向量的线性运算

1. 向量的加、减法

设向量 $\boldsymbol{a}=\overrightarrow{OA}$，$\boldsymbol{b}=\overrightarrow{OB}$，以 OA、OB 为邻边作平行四边形，对角线$\overrightarrow{OC}$记作 $\boldsymbol{c}=\overrightarrow{OC}$，称为 $\boldsymbol{a}$ 与 $\boldsymbol{b}$ 的**和向量**（见图 6-1），记作 $\boldsymbol{c}=\boldsymbol{a}+\boldsymbol{b}$，这就是向量加法的**平行四边形法则**.

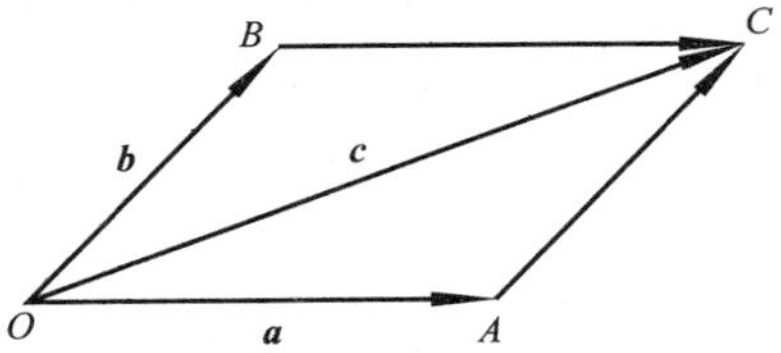

图　6-1

由图 6-1 看出，$\overrightarrow{OA}+\overrightarrow{AC}=\overrightarrow{OA}+\overrightarrow{OB}=\overrightarrow{OC}$，由此可得两向量之和的**三角形法则**.

向量的加法满足：

(1) 交换律：$\boldsymbol{a}+\boldsymbol{b}=\boldsymbol{b}+\boldsymbol{a}$；

(2) 结合律：$(\boldsymbol{a}+\boldsymbol{b})+\boldsymbol{c}=\boldsymbol{a}+(\boldsymbol{b}+\boldsymbol{c})$.

向量的减法 $\boldsymbol{a}-\boldsymbol{b}$ 可视为 $\boldsymbol{a}+(-\boldsymbol{b})$，如图 6-2 所示.

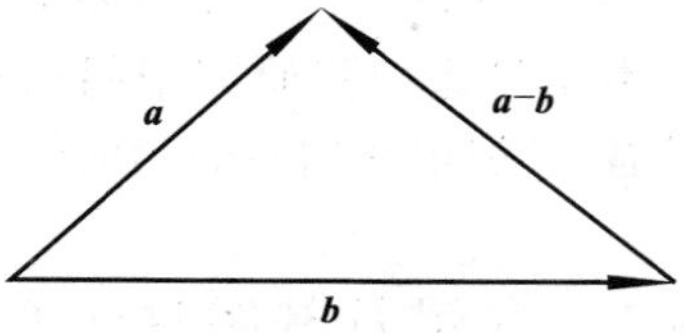

图 6-2

2. 向量与数的乘法

实数 λ 与向量 $\boldsymbol{a}$ 的乘积 $\lambda\boldsymbol{a}$ 为一个向量，其模等于 $|\lambda|$ 与 $\boldsymbol{a}$ 的模的乘积，即 $|\lambda\boldsymbol{a}|=|\lambda||\boldsymbol{a}|$. 且当 $\lambda>0$ 时，$\lambda\boldsymbol{a}$ 与 $\boldsymbol{a}$ 同向；当 $\lambda<0$ 时，$\lambda\boldsymbol{a}$ 与 $\boldsymbol{a}$ 反向；当 $\lambda=0$ 或 $\boldsymbol{a}=\boldsymbol{0}$ 时，规定 $\lambda\boldsymbol{a}=\boldsymbol{0}$.

数乘运算满足交换律和结合律：λ、μ 均为实数，

(1) 结合律：$\lambda(\mu\boldsymbol{a})=\mu(\lambda\boldsymbol{a})=(\lambda\mu)\boldsymbol{a}$；

(2) 分配律：$(\lambda+\mu)\boldsymbol{a}=\lambda\boldsymbol{a}+\mu\boldsymbol{a}$；$\lambda(\boldsymbol{a}+\boldsymbol{b})=\lambda\boldsymbol{a}+\lambda\boldsymbol{b}$.

设向量 $\boldsymbol{a}\neq\boldsymbol{0}$，将其单位化 $\boldsymbol{a}^0=\dfrac{1}{|\boldsymbol{a}|}\boldsymbol{a}$，由此 $\boldsymbol{a}=|\boldsymbol{a}|\boldsymbol{a}^0$.

定理 1 设向量 $\boldsymbol{a}\neq\boldsymbol{0}$，那么向量 $\boldsymbol{b}$ 平行于 $\boldsymbol{a}$ 的充分必要条件是：存在唯一的实数 λ，使 $\boldsymbol{b}=\lambda\boldsymbol{a}$.

【例 1】 化简 $\boldsymbol{a}-\boldsymbol{b}+5\left(-\dfrac{1}{2}\boldsymbol{b}+\dfrac{\boldsymbol{b}-3\boldsymbol{a}}{5}\right)$.

解
$$\boldsymbol{a}-\boldsymbol{b}+5\left(-\frac{1}{2}\boldsymbol{b}+\frac{\boldsymbol{b}-3\boldsymbol{a}}{5}\right)=(1-3)\boldsymbol{a}+\left(-1-\frac{5}{2}+\frac{1}{5}\cdot 5\right)\boldsymbol{b}$$
$$=-2\boldsymbol{a}-\frac{5}{2}\boldsymbol{b}.$$

【例 2】 在平行四边形 $ABCD$ 中，设 $\overrightarrow{AB}=\boldsymbol{a}$，$\overrightarrow{AD}=\boldsymbol{b}$，试用 $\boldsymbol{a}$ 和 $\boldsymbol{b}$ 表示向量 $\overrightarrow{MA}$，$\overrightarrow{MB}$，$\overrightarrow{MC}$ 和 $\overrightarrow{MD}$，这里 M 是平行四边形对角线的交点.

解 因平行四边形的对角线互相平分，所以

$$\overrightarrow{MA}=-\overrightarrow{AM}=-\frac{1}{2}\overrightarrow{AC}=-\frac{1}{2}(\boldsymbol{a}+\boldsymbol{b});$$
$$\overrightarrow{MC}=-\overrightarrow{MA}=-\frac{1}{2}\overrightarrow{AC}=\frac{1}{2}(\boldsymbol{a}+\boldsymbol{b});$$

$$\overrightarrow{MB}=\overrightarrow{DM}=\frac{1}{2}\overrightarrow{DB}=\frac{1}{2}(\boldsymbol{a}-\boldsymbol{b});$$

$$\overrightarrow{MD}=-\overrightarrow{DM}=-\frac{1}{2}(\boldsymbol{a}-\boldsymbol{b}).$$

【例 3】 在 x 轴上取定一点 O 作为坐标原点. 设 A,B 是 x 轴上坐标依次为 x_1,x_2 的两个点，$\boldsymbol{i}$ 是与 x 轴同方向的单位向量，证明：$\overrightarrow{AB}=(x_2-x_1)\boldsymbol{i}$.

证　因为 $OA=x_1$，所以 $\overrightarrow{OA}=x_1\boldsymbol{i}$. 同理 $\overrightarrow{OB}=x_2\boldsymbol{i}$.

于是
$$\overrightarrow{AB}=\overrightarrow{OB}-\overrightarrow{OA}=x_2\boldsymbol{i}-x_1\boldsymbol{i}=(x_2-x_1)\boldsymbol{i}.$$

习　题　6.1

1. 化简 $\boldsymbol{a}+3\left(-\boldsymbol{b}+\frac{\boldsymbol{b}-\boldsymbol{a}}{2}\right)$ 和 $2\left(-\boldsymbol{a}+\frac{3\boldsymbol{b}-5\boldsymbol{a}}{2}\right)-\frac{4}{5}\boldsymbol{b}$.

2. 向量 $\boldsymbol{a}-\boldsymbol{b}+3\left(\frac{\boldsymbol{b}-3\boldsymbol{a}}{5}+\boldsymbol{b}\right)$ 与向量 $k\boldsymbol{a}+\lambda\boldsymbol{b}$ 平行，求 k 和 λ .

3. 已知平行四边形 $ABCD$ 的对角线 $\overrightarrow{AC}=\boldsymbol{a}$，$\overrightarrow{BD}=\boldsymbol{b}$，试用 $\boldsymbol{a}$、$\boldsymbol{b}$ 表示平行四边形四边上对应的向量.

4. 在 $\triangle ABC$ 中，D 是 BC 上的一点，若 $\overrightarrow{AD}=\frac{1}{2}(\overrightarrow{AB}+\overrightarrow{AC})$，证明 D 是 BC 的中点.

6.2　空间直角坐标系　向量的坐标

6.2.1　空间直角坐标系

在平面解析几何中，我们建立了平面直角坐标系，把平面上的点与有序数组 (x,y) 对应起来了. 同样，为了把空间的点与有序数组 (x,y,z) 对应起来，我们建立空间直角坐标系. 过空间一定点 O，作三个两两重直的数轴，把 x 轴和 y 轴配置在水平面上，z 轴是铅直方向；三个轴的正向符合右手规则，即伸出右手，让四指与拇指垂直，并使四指指向 x 轴的正向，然后让四指沿握拳方向旋转 90°指向 y 轴正向，此时拇指指向为 z 轴正向，称这样的直角坐标系为**右手直角坐标系**，简称**右手系**（见图 6-3）. 空间直角坐标系有三个坐标平面 xOy，yOz，xOz；三个坐标轴 x

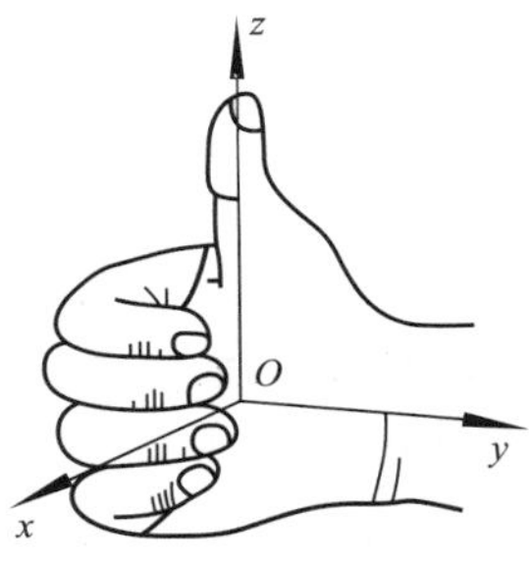

图　6-3

轴、y 轴、z 轴；它们把空间分成八个卦限，如图 6-4 所示.

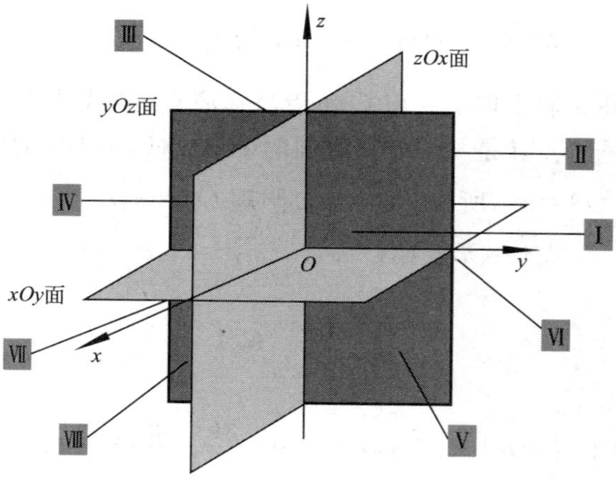

图 6-4

设 P 为空间一点，过 P 点分别作与三条坐标轴垂直的平面，它们分别交 x 轴于 A 点，交 y 轴于 B 点，交 z 轴于 C 点，这三点在 x 轴、y 轴、z 轴上的坐标依次为 x、y、z. 反过来，给定有序数 x、y、z，用同样的方法可以确定一点 P，点 P 与有序数 x、y、z 建立了一一对应关系，有序数 x、y、z 称为点 P 的**坐标**，记作 $P(x,y,z)$，x 称为**横坐标**，y 称为**纵坐标**，z 称为**竖坐标**.

6.2.2 向量的坐标

1. 向量的坐标表示

x 轴、y 轴、z 轴正向的单位向量 $\boldsymbol{i},\boldsymbol{j},\boldsymbol{k}$ 称为**基本单位向量**，向量在这三个坐标轴上的投影就是向量的**坐标**.

(1) 起点在原点，终点 P 的坐标为 $P(x,y,z)$，则向量的坐标形式为 $\overrightarrow{OP}=\{x,y,z\}$；

(2) 起点不在原点，起点 $A(x_1,y_1,z_1)$，终点 $B(x_2,y_2,z_2)$，则向量的坐标为 $\overrightarrow{AB}=\{x_2-x_1,y_2-y_1,z_2-z_1\}$；

(3) $\mathbf{0}$ 向量的坐标为：$\mathbf{0}=\{0,0,0\}$.

2. 向量的线性运算

设 $\boldsymbol{a}=\{a_1,a_2,a_3\}$，$\boldsymbol{b}=\{b_1,b_2,b_3\}$.

(1) 加法运算　$\boldsymbol{a}\pm\boldsymbol{b}=\{a_1\pm b_1,a_2\pm b_2,a_3\pm b_3\}$；

(2) 数乘运算　$\lambda\boldsymbol{a}=\{\lambda a_1,\lambda a_2,\lambda a_3\}$.

3. 空间两点间的距离

设 $M_1(x_1,y_1,z_1)$，$M_2(x_2,y_2,z_2)$ 为空间的两点，过点 M_1 和 M_2 分别作垂直于 x、y、z 轴的平面，这六个平面围成一个以 M_1、M_2 为对角线的长方体（图 6-5），该长方体的各棱长分别为 $|x_2-x_1|$，$|y_2-y_1|$，$|z_2-z_1|$. 根据立体几何的知识，有：

$$|M_1M_2|^2=(x_2-x_1)^2+(y_2-y_1)^2+(z_2-z_1)^2.$$

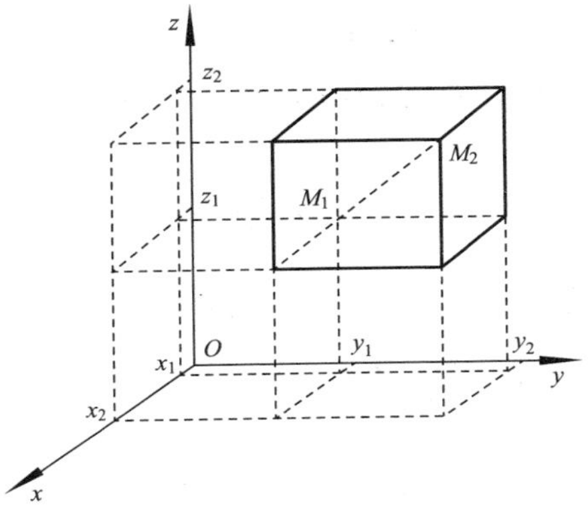

图　6-5

则空间两点 $M_1(x_1,y_1,z_1)$ 和 $M_2(x_2,y_2,z_2)$ 之间的距离为：

$$|M_1M_2|=\sqrt{(x_2-x_1)^2+(y_2-y_1)^2+(z_2-z_1)^2}.$$

4. 向量的模与方向余弦

设 $\boldsymbol{a}=\{a_1,a_2,a_3\}$，根据两点间距离公式，则向量的模为 $|\boldsymbol{a}|=\sqrt{a_1^2+a_2^2+a_3^2}$. 把向量与三个坐标轴的夹角分别设为 α，β，γ，称为**方向角**，将 $\cos\alpha$，$\cos\beta$，$\cos\gamma$ 叫作**方向余弦**，由几何知识易得：

$$\cos\alpha=\frac{a_1}{|\boldsymbol{a}|}=\frac{a_1}{\sqrt{a_1^2+a_2^2+a_3^2}};\quad \cos\beta=\frac{a_2}{|\boldsymbol{a}|}=\frac{a_2}{\sqrt{a_1^2+a_2^2+a_3^2}};$$

$$\cos\gamma=\frac{a_3}{|\boldsymbol{a}|}=\frac{a_3}{\sqrt{a_1^2+a_2^2+a_3^2}}.$$

从而有

$$\cos^2\alpha+\cos^2\beta+\cos^2\gamma=1.$$

【例 1】 求证以 $M_1(4,3,1)$、$M_2(7,1,2)$、$M_3(5,2,3)$ 三点为顶点的三角形是一个等腰三角形.

解　$|M_1M_2|^2=(7-4)^2+(1-3)^2+(2-1)^2=14$；

$|M_2M_3|^2=(5-7)^2+(2-1)^2+(3-2)^2=6$；

$|M_3M_1|^2=(4-5)^2+(3-2)^2+(1-3)^2=6$，

故　$|M_2M_3|=|M_3M_1|$，从而原结论成立.

【例 2】 设 P 在 x 轴上，它到 $P_1(0,\sqrt{2},3)$ 的距离为到点 $P_2(0,1,-1)$ 的距离的两倍，求点 P 的坐标.

解 因为 P 在 x 轴上，设 P 点坐标为 $(x,0,0)$.

$|PP_1|=\sqrt{x^2+(\sqrt{2})^2+3^2}=\sqrt{x^2+11}$；　$|PP_2|=\sqrt{x^2+(-1)^2+1^2}=\sqrt{x^2+2}$.

因为 $$|PP_1|=2|PP_2|,$$

所以 $$\sqrt{x^2+11}=2\sqrt{x^2+2} \Rightarrow x=\pm 1.$$

所求点为 $(1,0,0)$，$(-1,0,0)$.

【例 3】 已知两点 $M_1(2,2,\sqrt{2})$ 和 $M_2(1,3,0)$，计算向量 $\overrightarrow{M_1M_2}$ 的模、方向余弦和方向角.

解 $|\overrightarrow{M_1M_2}|=\sqrt{(-1)^2+1^2+(-\sqrt{2})^2}=\sqrt{1+1+2}=\sqrt{4}=2$；

$\cos\alpha=-\dfrac{1}{2}$，　$\cos\beta=\dfrac{1}{2}$，　$\cos\gamma=-\dfrac{\sqrt{2}}{2}$；

$\alpha=\dfrac{2\pi}{3}$，　$\beta=\dfrac{\pi}{3}$，　$\gamma=\dfrac{3\pi}{4}$.

习　题　6.2

1. 向量 $\vec{a}=\{2,1,2\}$，$\vec{b}=\{0,1,1\}$，计算：(1) $4\vec{a}$；(2) $\vec{a}-\vec{b}$；(3) $|\vec{a}|$，$|\vec{b}|$.

2. 向量 $\vec{a}=\{1,0,3\}$，$\vec{b}=\{2,0,1\}$，计算：(1) $\vec{a}+\vec{b}$；(2) $2\vec{a}+3\vec{b}$；(3) $|\vec{a}|$，$|\vec{b}|$.

3. 已知两点 $A(1,1,\sqrt{2})$ 和 $B(0,2,0)$，计算向量 $\overrightarrow{AB}$ 的模、方向余弦和方向角.

4. 写出起点为 $A(4,3,2)$ 终点为 $B(9,2,3)$ 的向量 $\overrightarrow{AB}$ 的坐标表达式，并求与向量 $\overrightarrow{AB}$ 方向一致的单位向量.

5. y 轴上一点 M 到点 $A(1,-2,4)$ 的距离是到点 $B(5,3,5)$ 距离的两倍，求 M 点的坐标.

6.3　向量的数量积与向量积

6.3.1　向量的数量积

1. 数量积的定义

数量积是物理力学问题中抽象出来的一个数学概念. 看一个例子，设

有一个物体在常力下的作用下沿直线运动，如图 6-6 所示，产生了位移 S，则力 F 所作的功为

$$W=|F||\boldsymbol{S}|\cos\theta,$$

这个功可以看成是两个向量某种运算的结果，即两个向量的**数量积**.

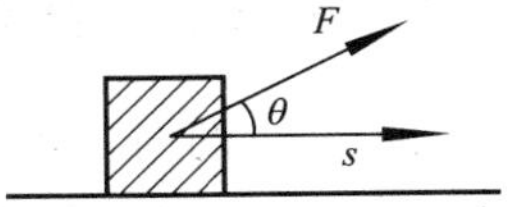

图　6-6

定义 1　设有向量 $\boldsymbol{a}$、$\boldsymbol{b}$，它们的夹角为 θ，乘积 $|\boldsymbol{a}||\boldsymbol{b}|\cos\theta$ 称为向量 $\boldsymbol{a}$ 与 $\boldsymbol{b}$ 的**数量积**（或称为**内积**、**点积**），记为 $\boldsymbol{a}\cdot\boldsymbol{b}$，即

$$\boldsymbol{a}\cdot\boldsymbol{b}=|\boldsymbol{a}||\boldsymbol{b}|\cos\theta.$$

显然，两个向量的数量积是一数值.

根据数量积的定义，可以推得：

(1) $\boldsymbol{a}\cdot\boldsymbol{a}=|\boldsymbol{a}|^2$；

(2) 设 $\boldsymbol{a}$、$\boldsymbol{b}$ 为两非零向量，则 $\boldsymbol{a}\perp\boldsymbol{b}$ 的充分必要条件是 $\boldsymbol{a}\cdot\boldsymbol{b}=0$.

数量积满足下列运算规律：

(1) **交换律**　$\boldsymbol{a}\cdot\boldsymbol{b}=\boldsymbol{b}\cdot\boldsymbol{a}$；

(2) **分配律**　$(\boldsymbol{a}+\boldsymbol{b})\cdot\boldsymbol{c}=\boldsymbol{a}\cdot\boldsymbol{c}+\boldsymbol{b}\cdot\boldsymbol{c}$；

(3) **结合律**　$\lambda(\boldsymbol{a}\cdot\boldsymbol{b})=(\lambda\boldsymbol{a})\cdot\boldsymbol{b}=\boldsymbol{a}\cdot(\lambda\boldsymbol{b})$（$\lambda$ 为实数）.

2. 数量积的坐标表示

设 $\boldsymbol{a}=a_1\boldsymbol{i}+a_2\boldsymbol{j}+a_3\boldsymbol{k}=\{a_1,a_2,a_3\}$，

$\boldsymbol{b}=b_1\boldsymbol{i}+b_2\boldsymbol{j}+b_3\boldsymbol{k}=\{b_1,b_2,b_3\}$，

则

$$\begin{aligned}\boldsymbol{a}\cdot\boldsymbol{b}&=(a_1\boldsymbol{i}+a_2\boldsymbol{j}+a_3\boldsymbol{k})(b_1\boldsymbol{i}+b_2\boldsymbol{j}+b_3\boldsymbol{k})\\&=a_1b_1\boldsymbol{i}\cdot\boldsymbol{i}+a_2b_1\boldsymbol{j}\cdot\boldsymbol{i}+a_3b_1\boldsymbol{k}\cdot\boldsymbol{i}+a_1b_2\boldsymbol{i}\cdot\boldsymbol{j}+a_2b_2\boldsymbol{j}\cdot\boldsymbol{j}+\\&\quad a_3b_2\boldsymbol{k}\cdot\boldsymbol{j}+a_1b_3\boldsymbol{i}\cdot\boldsymbol{k}+a_2b_3\boldsymbol{j}\cdot\boldsymbol{k}+a_3b_3\boldsymbol{k}\cdot\boldsymbol{k}\\&=a_1b_1+a_2b_2+a_3b_3.\end{aligned}$$

注意：两个向量的点积等于它们对应元素乘积之和.

3. 两个非零向量夹角余弦的坐标表示

设 $\boldsymbol{a}=a_1\boldsymbol{i}+a_2\boldsymbol{j}+a_3\boldsymbol{k}=\{a_1,a_2,a_3\}$，$\boldsymbol{b}=b_1\boldsymbol{i}+b_2\boldsymbol{j}+b_3\boldsymbol{k}=\{b_1,b_2,b_3\}$，

$$\cos(\widehat{\boldsymbol{a},\boldsymbol{b}})=\frac{\boldsymbol{a}\cdot\boldsymbol{b}}{|\boldsymbol{a}|\cdot|\boldsymbol{b}|}=\frac{a_1b_1+a_2b_2+a_3b_3}{\sqrt{a_1^2+a_2^2+a_3^2}\cdot\sqrt{b_1^2+b_2^2+b_3^2}}.$$

【例 1】　求向量 $\boldsymbol{a}=\{1,\sqrt{2},-1\}$ 和 $\boldsymbol{b}=\{-1,0,1\}$ 的数量积及它们之间的夹角.

解　$\boldsymbol{a}\cdot\boldsymbol{b}=1\times(-1)+0+(-1)\times1=-2$，

$$|\boldsymbol{a}|=\sqrt{1^2+\sqrt{2}^2+(-1)^2}=2,\quad |\boldsymbol{b}|=\sqrt{(-1)^2+1^2}=\sqrt{2},$$

$$\cos(\widehat{\boldsymbol{a},\boldsymbol{b}})=\frac{\boldsymbol{a}\cdot\boldsymbol{b}}{|\boldsymbol{a}||\boldsymbol{b}|}=\frac{-2}{2\times\sqrt{2}}=-\frac{\sqrt{2}}{2},\quad (\widehat{\boldsymbol{a},\boldsymbol{b}})=\frac{3}{4}\pi.$$

6.3.2 向量的向量积

两个向量的向量积概念也是从物理学中抽象出来的.例如:设 O 为一杠杆的支点,有一力 F 作用于杠杆的点 A 处,力 F 对支点 O 的力矩是一个向量 M,其模

$$|M|=|F|\cdot|\overrightarrow{OP}|=|F|\cdot|\overrightarrow{OA}|\sin\theta,$$

θ 为 F 与 $|\overrightarrow{OA}|$ 的夹角,M 的方向按右手系确定,如图 6-7 所示.

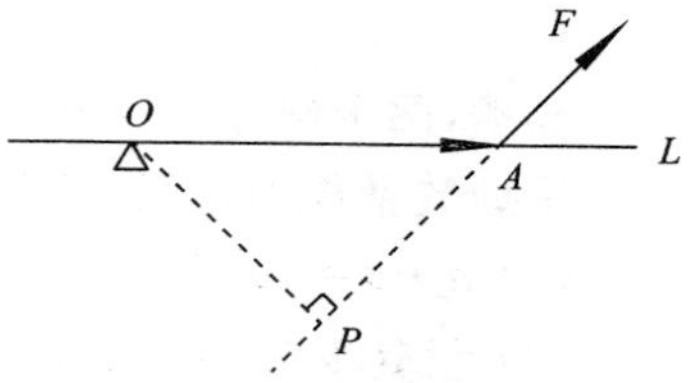

图 6-7

定义 2 若由向量 $\boldsymbol{a}$ 与 $\boldsymbol{b}$ 所确定的一个向量 $\boldsymbol{c}$ 满足下列条件:

(1) $\boldsymbol{c}$ 的方向既垂直于 $\boldsymbol{a}$ 又垂直于 $\boldsymbol{b}$,$\boldsymbol{c}$ 的指向按右手规则从 $\boldsymbol{a}$ 转向 $\boldsymbol{b}$ 来确定,如图 6-8 所示.

(2) $\boldsymbol{c}$ 的模 $|\boldsymbol{c}|=|\boldsymbol{a}||\boldsymbol{b}|\sin\theta$,(其中 θ 为 $\boldsymbol{a}$ 与 $\boldsymbol{b}$ 的夹角),则称向量 $\boldsymbol{c}$ 为向量 $\boldsymbol{a}$ 与 $\boldsymbol{b}$ 的**向量积**,记为

$$\boldsymbol{c}=\boldsymbol{a}\times\boldsymbol{b}.$$

根据向量积的定义,即可推得

(1) $\boldsymbol{a}\times\boldsymbol{a}=\boldsymbol{0}$;

(2) 设 $\boldsymbol{a}$、$\boldsymbol{b}$ 为两非零向量,则 $\boldsymbol{a}/\!/\boldsymbol{b}$ 的充分必要条件是 $\boldsymbol{a}\times\boldsymbol{b}=\boldsymbol{0}$.

向量积的模的几何意义:图 6-8 中平行四边形面积.

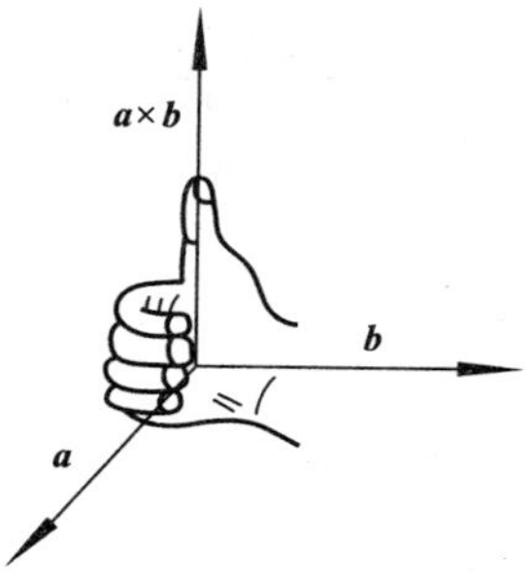

图 6-8

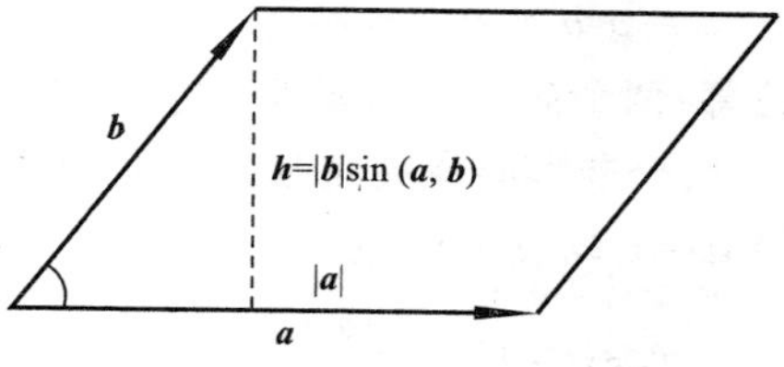

图 6-9

向量积满足下列运算规律:

(1) $\boldsymbol{a}\times\boldsymbol{b}=-\boldsymbol{b}\times\boldsymbol{a}$;

(2) 分配律 $(\boldsymbol{a}+\boldsymbol{b})\times\boldsymbol{c}=\boldsymbol{a}\times\boldsymbol{c}+\boldsymbol{b}\times\boldsymbol{c}$;

(3) 结合律 $\lambda(\boldsymbol{a}\times\boldsymbol{b})=(\lambda\boldsymbol{a})\times\boldsymbol{b}=\boldsymbol{a}\times(\lambda\boldsymbol{b})$($\lambda$ 为实数).

注意:$\boldsymbol{i}\times\boldsymbol{j}=\boldsymbol{k}$, $\boldsymbol{j}\times\boldsymbol{k}=\boldsymbol{i}$, $\boldsymbol{k}\times\boldsymbol{i}=\boldsymbol{j}$, $\boldsymbol{i}\times\boldsymbol{i}=\boldsymbol{0}$, $\boldsymbol{j}\times\boldsymbol{j}=\boldsymbol{0}$, $\boldsymbol{k}\times\boldsymbol{k}=\boldsymbol{0}$.

向量积的坐标表示:

设 $\boldsymbol{a}=a_1\boldsymbol{i}+a_2\boldsymbol{j}+a_3\boldsymbol{k}$，$\boldsymbol{b}=b_1\boldsymbol{i}+b_2\boldsymbol{j}+b_3\boldsymbol{k}$，

$$\boldsymbol{a}\times\boldsymbol{b}=\begin{vmatrix}\boldsymbol{i} & \boldsymbol{j} & \boldsymbol{k}\\ a_1 & a_2 & a_3\\ b_1 & b_2 & b_3\end{vmatrix}=(a_2b_3-a_3b_2)\boldsymbol{i}-(a_1b_3-a_3b_1)\boldsymbol{j}+(a_1b_2-a_2b_1)\boldsymbol{k}.$$

6.3.3　举例

【例 2】　设 $\boldsymbol{a}=\{3,2,1\}$，$\boldsymbol{b}=\{2,-4,k\}$，试确定 k 使 $\boldsymbol{a}\perp\boldsymbol{b}$.

解　由 $\boldsymbol{a}\perp\boldsymbol{b}$，有

$$\boldsymbol{a}\cdot\boldsymbol{b}=3\times2+2\times(-4)+1\times k=0,$$

解得

$$k=2.$$

【例 3】　已知 $\boldsymbol{a}=\{1,1,-4\}$，$\boldsymbol{b}=\{1,-2,2\}$. 求：(1) $\boldsymbol{a}\cdot\boldsymbol{b}$；(2) $\boldsymbol{a}$ 与 $\boldsymbol{b}$ 的夹角 θ.

解　(1) $\boldsymbol{a}\cdot\boldsymbol{b}=1\times1+1\times(-2)+(-4)\times2=-9$；

(2) $\cos\theta=\dfrac{a_xb_x+a_yb_y+a_zb_z}{\sqrt{a_x^2+a_y^2+a_z^2}\sqrt{b_x^2+b_y^2+b_z^2}}=-\dfrac{1}{\sqrt{2}}$，　得 $\theta=\dfrac{3\pi}{4}$.

【例 4】　设 $\boldsymbol{a}=\{3,2,1\}$，$\boldsymbol{b}=\left\{2,\dfrac{4}{3},k\right\}$，试确定 k 使 $\boldsymbol{a}\parallel\boldsymbol{b}$.

解　由 $\boldsymbol{a}\parallel\boldsymbol{b}$ 有

$$\frac{a_x}{b_x}=\frac{a_y}{b_y}=\frac{a_z}{b_z},$$

即

$$\frac{3}{2}=\frac{2}{4/3}=\frac{1}{k},$$

解得

$$k=\frac{2}{3}.$$

【例 5】　求与 $\boldsymbol{a}=3\boldsymbol{i}-2\boldsymbol{j}+4\boldsymbol{k}$，$\boldsymbol{b}=\boldsymbol{i}+\boldsymbol{j}-2\boldsymbol{k}$ 都垂直的单位向量.

解

$$\boldsymbol{c}=\boldsymbol{a}\times\boldsymbol{b}=\begin{vmatrix}\boldsymbol{i} & \boldsymbol{j} & \boldsymbol{k}\\ a_x & a_y & a_z\\ b_x & b_y & b_z\end{vmatrix}=\begin{vmatrix}\boldsymbol{i} & \boldsymbol{j} & \boldsymbol{k}\\ 3 & -2 & 4\\ 1 & 1 & -2\end{vmatrix}=10\boldsymbol{j}+5\boldsymbol{k},$$

因为

$$|\boldsymbol{c}|=\sqrt{10^2+5^2}=5\sqrt{5},$$

所以

$$\boldsymbol{c}^0=\pm\frac{\boldsymbol{c}}{|\boldsymbol{c}|}=\pm\left(\frac{2}{\sqrt{5}}\boldsymbol{j}+\frac{1}{\sqrt{5}}\boldsymbol{k}\right).$$

【例 6】 在顶点为 $A(1,-1,2)$，$B(5,-6,2)$ 和 $C(1,3,-1)$ 的三角形中，求三角形 ABC 的面积.

解 $\overrightarrow{AC}=\{0,4,-3\}$，$\overrightarrow{AB}=\{4,-5,0\}$，三角形 ABC 的面积为

$$S=\frac{1}{2}|\overrightarrow{AC}\times\overrightarrow{AB}|=\frac{1}{2}\sqrt{15^2+12^2+16^2}=\frac{25}{2}.$$

习　题　6.3

1. 向量 $\boldsymbol{a}=\{1,0,3\}$，$\boldsymbol{b}=\{2,3,1\}$，计算：(1) $\boldsymbol{a}\cdot\boldsymbol{b}$；(2)它们夹角的余弦.

2. 向量 $\boldsymbol{a}=\{2,1,-1\}$，$\boldsymbol{b}=\{1,-1,1\}$，计算：(1) $\boldsymbol{a}\cdot\boldsymbol{b}$；(2) $\boldsymbol{a}\times\boldsymbol{b}$.

3. 向量 $\boldsymbol{a}=\{3,5,-2\}$，$\boldsymbol{b}=\{1,-1,x\}$，若两向量垂直，求 x.

4. 向量 $\boldsymbol{a}=\{2,1,3\}$，$\boldsymbol{b}=\{4,2,6\}$，问它们的位置关系.

5. 在空间直角坐标系中有 3 点 $A(4,-3,2)$，$B(2,3,2)$ 和 $C(3,4,0)$，求证：三角形 ABC 是直角三角形.

6.4 空间曲面与曲线

6.4.1 空间曲面

1. 空间曲面的概念

在空间直角坐标系中，把曲面看成空间一动点 $M(x,y,z)$ 的运动轨迹. 根据运动规律可以得到一个含 x,y,z 的三元方程，如果方程 $F(x,y,z)=0$ 与曲面有如下关系：

(1) 曲面上的点的坐标满足方程 $F(x,y,z)=0$；

(2) 不在曲面上的点的坐标不满足方程 $F(x,y,z)=0$，则称方程 $F(x,y,z)=0$ 为**曲面方程**，而曲面称为方程 $F(x,y,z)=0$ 的**图形**（或**轨迹**）.

这样曲面与三元方程就一一对应起来，一般地，把三元一次方程表示的曲面称为**一次曲面**，也就是**平面**，由三元二次方程表示的曲面称为**二次曲面**.

【例 1】 求与点 $A(2,1,0)$ 和点 $B(1,-3,6)$ 等距离的点的轨迹.

解 设 $M(x,y,z)$ 为轨迹上任一点，根据题意有 $|\overrightarrow{M_1M}|=|\overrightarrow{M_2M}|$，则

$$\sqrt{(x-2)^2+(y-1)^2+z^2}=\sqrt{(x-1)^2+(y+3)^2+(z-6)^2},$$

两边平方并整理得

$$x+4y+6z-\frac{41}{2}=0.$$

这就是所求轨迹方程，是一个一次曲面，也就是平面.

【例 2】 求球心在点 $M_0(x_0,y_0,z_0)$，半径为 R 的球面方程.

解 在球面上任取一点 $M(x,y,z)$，M 到 M_0 的距离为 R，所以 $|\overrightarrow{M_0M}|=R$，

即
$$\sqrt{(x-x_0)^2+(y-y_0)^2+(z-z_0)^2}=R,$$

整理得
$$(x-x_0)^2+(y-y_0)^2+(z-z_0)^2=R^2.$$

这就是球心在点 $M_0(x_0,y_0,z_0)$，半径为 R 的球面方程，是一个二次曲面.

【例 3】 方程 $x^2+y^2+z^2-2x+4y=0$ 表示怎样的曲面？

解 对原方程配方，得

$$(x-1)^2+(y+2)^2+z^2=5,$$

所以，原方程表示的球心在点 $M_0(1,-2,0)$，半径为 $R=\sqrt{5}$的球面方程.

2. 几种常见的二次曲面

1）柱面

动直线 l 沿给定曲线 c 平行移动形成的曲面称为**柱面**，动直线 l 称为柱面的**母线**，定曲线 c 称为柱面的**准线**.

设柱面的准线是 xOy 平面上的曲线 c

$$\begin{cases}F(x,y)=0\\z=0\end{cases},$$

柱面的母线平行于 z 轴，则 $F(x,y)=0$ 为母线平行与轴、准线为曲线 c 的柱面方程，如图 6-10 所示.

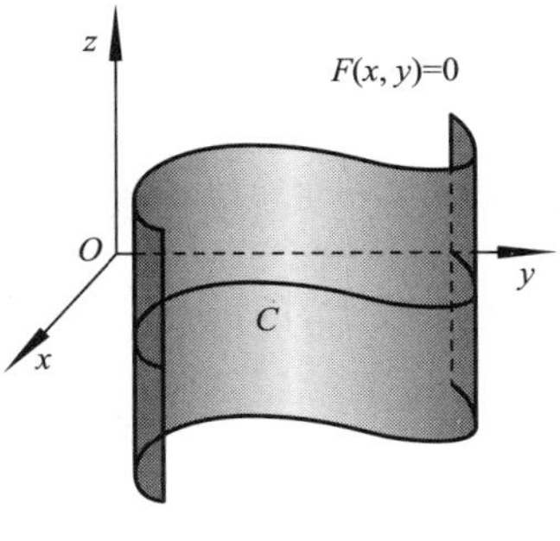

图　6-10

同理，$F(y,z)=0$ 为母线平行于 x 轴的柱面方程；$F(x,z)=0$ 为母线平行于 y 轴的柱面方程.

总之，在空间直角坐标系中，如果一个方程缺一个变量，那么该方程就是柱面方程. 方程中缺哪个变量，柱面的母线就平行于哪个轴.

【例 4】 指出 $x^2+y^2=a^2$ 在空间直角坐标系下是什么图形.

解 因为 $x^2+y^2=a^2$ 中不含变量 z，所以 $x^2+y^2=a^2$ 表示一个 xOy 面

上的圆为准线，母线平行与 z 轴的柱面，称这样的柱面为**圆柱面**.

类似地，称 $\frac{x^2}{a^2}+\frac{y^2}{b^2}=1$ 为**椭圆柱面**，$y=2x^2$ 为**抛物柱面**.

2）旋转曲面

一条平面曲线 c 绕一定直线 l 旋转一周所形成的曲面称为**旋转曲面**，曲线 c 称为旋转曲面的**母线**，定直线 l 称为旋转曲面的**轴**（旋转轴），如图 6-11 所示.

设 yOz 面上曲线 c，其方程为 $f(y,z)=0$，曲线 c 绕 z 轴旋转而成的旋转曲面方程为 $f(\sqrt{x^2+y^2},z)=0$；曲线 c 绕 z 轴旋转而成的旋转曲面方程为 $f(y,\pm\sqrt{x^2+z^2})=0$.

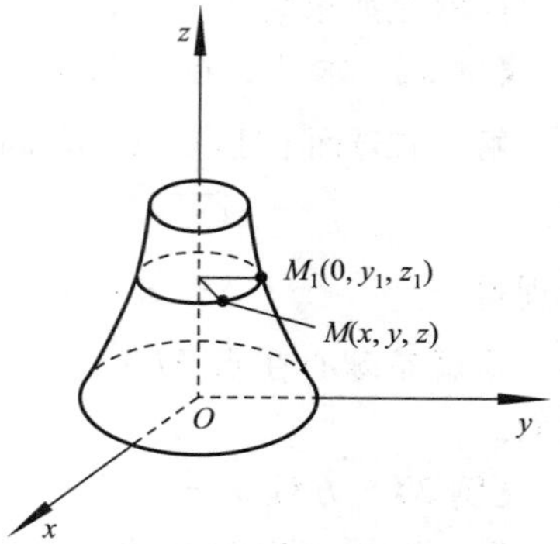

图 6-11

【例 5】 将 xOy 面上曲线 $\frac{x^2}{a^2}+\frac{y^2}{b^2}=1$，分别绕 x 轴和 y 轴旋转，求所形成的旋转曲面方程.

解 绕 x 轴旋转而成的旋转曲面方程为

$$\frac{x^2}{a^2}+\frac{y^2+z^2}{b^2}=1,$$

绕 y 轴旋转而成的旋转曲面方程为

$$\frac{x^2+z^2}{a^2}+\frac{y^2}{b^2}=1.$$

6.4.2 空间曲线

任何一条空间曲线都可以看成是两个曲面的交线. 设 $F_1(x,y,z)=0$，$F_2(x,y,z)=0$ 是两个曲面方程，它们交线上的每一点的坐标都同时满足上述两个曲面方程；反过来，同时满足 $F_1(x,y,z)=0$，$F_2(x,y,z)=0$ 的点都在这条交线上，因此 $\begin{cases}F_1(x,y,z)=0\\F_2(x,y,z)=0\end{cases}$ 称为**空间曲线的一般方程**.

空间曲线还有参数方程的形式 $\begin{cases}x=x(t)\\y=y(t)\\z=z(t)\end{cases}$ （t 为参数）.

【例 6】 方程组 $\begin{cases}x^2+y^2=1\\2x+3z=6\end{cases}$ 表示怎样的曲线？

解　$x^2+y^2=1$ 表示圆柱面，$2x+3z=6$ 表示平面，$\begin{cases} x^2+y^2=1 \\ 2x+3z=6 \end{cases}$ 交线为椭圆.

习　题　6.4

1. 求与 z 轴和点 $A(1,3,-1)$ 等距离的点的轨迹方程.
2. 已知 $A(1,2,3)$，$B(2,-1,4)$，求线段 AB 的垂直平分面的方程.
3. 将 xOz 坐标面上的曲线 $\dfrac{x^2}{a^2}-\dfrac{z^2}{c^2}=1$ 分别绕 x 轴和 z 轴旋转一周，求所生成的旋转曲面的方程.
4. 指出方程组 $\begin{cases} x+y+z=2 \\ y=1 \end{cases}$ 表示什么曲线.

6.5　空间平面及直线

6.5.1　平面方程

1. 平面的点法式方程

由立体几何的知识，我们知道过空间一点作与已知直线垂直的平面是唯一的.

根据这个结论来建立平面的点法式方程.

定义 1　若一非零向量垂直于平面 π，则称该向量为平面 π 的**法向量**，一般用 $\boldsymbol{n}$ 表示.

由定义可知平面的法向量是不唯一的.

已知平面 π 过点 $M_0(x_0,y_0,z_0)$，且平面 π 的法向量 $\boldsymbol{n}=\{A,B,C\}$，建立该平面的方程.

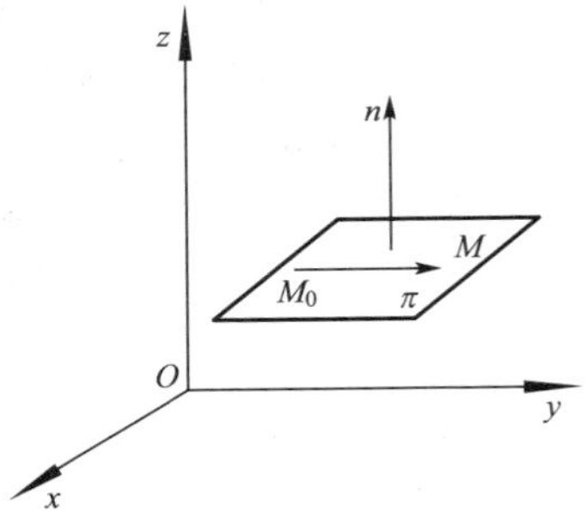

图　6-12

如图 6-12 所示，在平面上任取一点 $M(x,y,z)$，因为 $\boldsymbol{n}$ 垂直于平面，所以 $\boldsymbol{n}$ 垂直于平面 π 的任一向量，因此 $\boldsymbol{n}\perp\overrightarrow{M_0M}$，即 $\boldsymbol{n}\cdot\overrightarrow{M_0M}=0$. 因为 $\overrightarrow{M_0M}=\{x-x_0,y-y_0,z-z_0\}$，故有 $A(x-x_0)+B(y-y_0)+C(z-z_0)=0$，称为**平面的点法式方程**.

【例 1】 求通过点 $M_0(1,-2,0)$ 且法向量 $\boldsymbol{n}=\{4,-3,2\}$ 的平面方程.

解 根据平面的点法式方程知,平面方程为:$4(x-1)-3(y+2)+2z=0$.

【例 2】 已知平面过 $(1,-1,0)$ 且与向量 $2\boldsymbol{i}+\boldsymbol{j}+3\boldsymbol{k}$ 垂直,求此平面方程.

解 根据平面的点法式方程可知,所求平面方程为

$$2(x-1)+(y+1)+3z=0.$$

【例 3】 求通过三点 $M_1(a,0,0)$,$M_2(0,b,0)$,$M_3(0,0,c)$ 的平面方程(其中 a、b、c 均不为 0).

解 所求平面的法向量 $\boldsymbol{n}$ 应同时垂直于 $\overrightarrow{M_1M_2}$,$\overrightarrow{M_1M_3}$,

$$\overrightarrow{M_1M_2}=\{-a,b,0\},\quad \overrightarrow{M_1M_3}=\{-a,0,c\},$$

$$\boldsymbol{n}=\overrightarrow{M_1M_2}\times\overrightarrow{M_1M_3}=\begin{vmatrix} \boldsymbol{i} & \boldsymbol{j} & \boldsymbol{k} \\ -a & b & 0 \\ -a & 0 & c \end{vmatrix}=bc\boldsymbol{i}+ac\boldsymbol{j}+ab\boldsymbol{k}.$$

根据平面的点法式方程可知,所求平面方程为

$$bc(x-a)+acy+abz=0,$$

即 $\frac{x}{a}+\frac{y}{b}+\frac{z}{c}=1$,称为**平面的截距式方程**.

2. 平面的一般式方程

将平面的点法式方程 $A(x-x_0)+B(y-y_0)+C(z-z_0)=0$ 化简整理得

$$Ax+By+Cz-Ax_0-By_0-Cz_0=0.$$

令

$$D=-(Ax_0+By_0+Cz_0),$$

得

$$Ax+By+Cz+D=0,$$

称为**平面的一般方程**,其中 x,y,z 的系数 A,B,C 是法向量 $\boldsymbol{n}$ 的三个坐标.

注意:在平面解析几何中,一次方程表示一条直线;在空间解析几何中,一次方程表示一个平面.

3. 两个平面的之间的关系

设平面 π_1,π_2 的方程分别为:

$\pi_1:A_1x+B_1y+C_1z+D_1=0$, $\boldsymbol{n}_1=\{A_1,B_1,C_1\}$;

$\pi_2:A_2x+B_2y+C_2z+D_2=0$, $\boldsymbol{n}_2=\{A_2,B_2,C_2\}$.

两平面的法向量的夹角(通常取锐角)称为这两平面的**夹角**,则两平面的夹角 θ 有

$$\cos\theta=\cos(\boldsymbol{n}_1,\boldsymbol{n}_2)=\frac{|\boldsymbol{n}_1\cdot\boldsymbol{n}_2|}{|\boldsymbol{n}_1|\cdot|\boldsymbol{n}_2|}=\frac{|A_1A_2+B_1B_2+C_1C_2|}{\sqrt{A_1^2+B_1^2+C_1^2}\cdot\sqrt{A_2^2+B_2^2+C_2^2}}.$$

从两向量垂直和平行的充要条件，即可推出：

(1) $\pi_1 \perp \pi_2$ 的充要条件是 $A_1A_2+B_1B_2+C_1C_2=0$；

(2) $\pi_1 /\!/ \pi_2$ 的充要条件是 $\dfrac{A_1}{A_2}=\dfrac{B_1}{B_2}=\dfrac{C_1}{C_2}$；

(3) π_1,π_2 重合的充要条件是 $\dfrac{A_1}{A_2}=\dfrac{B_1}{B_2}=\dfrac{C_1}{C_2}=\dfrac{D_1}{D_2}$.

【例 4】 求平面 $2x-y+z=7$ 与 $x+y+2z=11$ 的夹角.

解 由两平面的夹角公式，得

$$\cos\theta=\frac{|2\cdot 1-1\cdot 1+1\cdot 2|}{\sqrt{2^2+(-1)^2+1^2}\cdot\sqrt{1^2+1^2+2^2}}=\frac{3}{6}=\frac{1}{2},\quad 故\quad \theta=\frac{\pi}{3}.$$

【例 5】 求过点 $M(2,4,-3)$ 且与平面 $2x+3y-5z=5$ 平行的平面方程.

解 因为所求平面和已知平面平行，而已知平面的法向量为

$$\boldsymbol{n}_1=\{2,3,-5\},$$

设所求平面的法向量为 $\boldsymbol{n}$，则 $\boldsymbol{n}/\!/\boldsymbol{n}_1$. 故可取 $\boldsymbol{n}=\boldsymbol{n}_1$，于是所求平面方程为

$$2(x-2)+3(y-4)-5(z+3)=0,$$

即

$$2x+3y-5z=31.$$

【例 6】 研究以下各组里两平面的位置关系：

(1) $\pi_1: -x+2y-z+1=0,\quad \pi_2: y+3z-1=0.$

(2) $\pi_1: 2x-y+z-1=0,\quad \pi_2: -4x+2y-2z-1=0.$

解 (1) $\boldsymbol{n}_1=\{-1,2,-1\}$，$\boldsymbol{n}_2=\{0,1,3\}$ 且

$$\cos\theta=\frac{|-1\times 0+2\times 1-1\times 3|}{\sqrt{(-1)^2+2^2+(-1)^2}\cdot\sqrt{1^2+3^2}}=\frac{1}{\sqrt{60}},$$

故两平面相交，夹角为

$$\theta=\arccos\frac{1}{\sqrt{60}}.$$

(2) $\boldsymbol{n}_1=\{2,-1,1\}$，$\boldsymbol{n}_2=\{-4,2,-2\}$ 且 $\dfrac{2}{-4}=\dfrac{-1}{2}=\dfrac{1}{-2}$，

又

$$M(1,1,0)\in\pi_1,\ M(1,1,0)\notin\pi_2,$$

故两平面平行但不重合.

6.5.2　空间直线

1. 直线的对称式方程

由立体几何知道，过空间一点作平行于已知直线的直线的直线是唯一的. 因此，如果已知直线上一点及与直线平行的某一向量，那么这条直线的

位置就确定了.

定义 2 若一非零向量与一条直线 L 平行,则称该向量为直线 L 的**方向向量**,一般用 $\boldsymbol{s}$ 表示.

由定义可知直线的方向向量不唯一.

已知直线 L 上一点 $M_0(x_0,y_0,z_0)$ 和直线 L 的方向向量 $\boldsymbol{s}=\{m,n,p\}$,建立该直线 L 的方程.

如图 6-13 所示,在直线 L 上任取一点 $M(x,y,z)$,$\overrightarrow{M_0M}=\{x-x_0,y-y_0,z-z_0\}$.因为 $\boldsymbol{s}/\!/L$,所以 $\boldsymbol{s}/\!/\overrightarrow{M_0M}$,可得直线的**对称式方程(或点向式方程)**.

$$\frac{x-x_0}{m}=\frac{y-y_0}{n}=\frac{z-z_0}{p}. \qquad (6\text{-}1)$$

注意:因为 $\boldsymbol{s}\neq\boldsymbol{0}$,所以 m、n、p 中可以有1个或2个数为零,规定式(6-1)中若分母为零,则其相应的分子也为零.

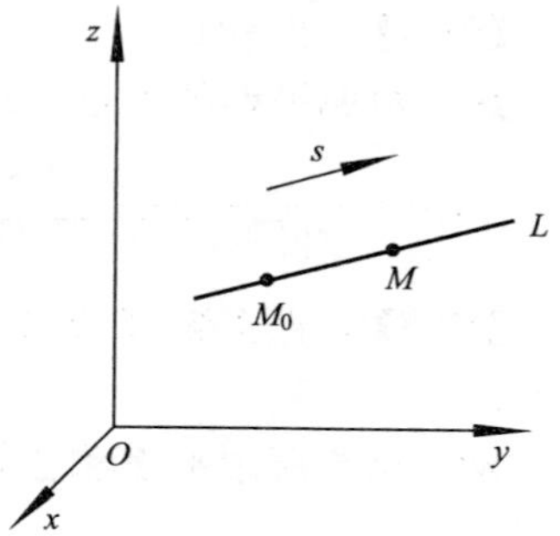

图 6-13

如:$m=0$,则直线 L 的方程为:$\begin{cases}\dfrac{y-y_0}{n}=\dfrac{z-z_0}{p}\\ x-x_0=0\end{cases}$.

【例 7】 求过点$(1,1,-2)$且垂直于平面 $2x-3z=0$ 的直线方程.

解 因为所求直线垂直于平面 $2x-3z=0$,所以这个平面的法向量可以作为所求直线的方向向量,即 $\boldsymbol{s}=\{2,0,-3\}$,

所求直线方程为 $$\frac{x-1}{2}=\frac{y-1}{0}=\frac{z+2}{-3}.$$

2. 直线的参数式方程

令 $\dfrac{x-x_0}{m}=\dfrac{y-y_0}{n}=\dfrac{z-z_0}{p}=t$,则直线的方程变为

$$\begin{cases}x=x_0+mt\\ y=y_0+nt\\ z=z_0+pt\end{cases}$$ (t 为参数)(空间直线 L 的**参数式方程**).

【例 8】 求过点$(-1,2,8)$且以 $\boldsymbol{s}=3\boldsymbol{i}-2\boldsymbol{j}+10\boldsymbol{k}$ 为方向向量的直线的对称式方程和参数式方程.

解 直线的标准式方程:$\dfrac{x+1}{3}=\dfrac{y-2}{-2}=\dfrac{z-8}{10}$;

直线的参数式方程：$\begin{cases} x=-1+3t \\ y=2-2t \\ z=8+10t \end{cases}$　（t 为参数）.

3. 直线的两点式方程

直线过两点 $M_1(x_1,y_1,z_1)$，$M_2(x_2,y_2,z_2)$，则直线的**两点式方程**为：

$$\frac{x-x_1}{x_2-x_1}=\frac{y-y_1}{y_2-y_1}=\frac{z-z_1}{z_2-z_1}.$$

4. 直线的一般方程

一条直线可以看成是过此直线的两个平面的交线，故直线方程可以用两个平面方程联立起来表示.

设两个相交的平面方程为：$A_1x+B_1y+C_1z+D_1=0$，

$$A_2x+B_2y+C_2z+D_2=0,$$

则它们的交线 L 的方程为：

$$\begin{cases} A_1x+B_1y+C_1z+D_1=0 \\ A_2x+B_2y+C_2z+D_2=0 \end{cases}$$（空间直线的**一般方程**）.

5. 直线与直线、直线与平面间的位置关系

1）直线与直线的位置关系

设直线 L_1 和直线 L_2 的方程分别为：

$$L_1: \frac{x-x_1}{m_1}=\frac{y-y_1}{n_1}=\frac{z-z_1}{p_1};\quad L_2: \frac{x-x_2}{m_2}=\frac{y-y_2}{n_2}=\frac{z-z_2}{p_2},$$

则

$$L_1 /\!/ L_2 \Longleftrightarrow \boldsymbol{s}_1 /\!/ \boldsymbol{s}_2 \Longleftrightarrow \frac{m_1}{m_2}=\frac{n_1}{n_2}=\frac{p_1}{p_2},$$

$$L_1 \perp L_2 \Longleftrightarrow \boldsymbol{s}_1 \perp \boldsymbol{s}_2 \Longleftrightarrow m_1m_2+n_1n_2+p_1p_2=0.$$

当两条直线 L_1，L_2 相交时，两条直线的方向向量 $\boldsymbol{s}_1$，$\boldsymbol{s}_2$ 的夹角 φ（通常取锐角）称为**两条直线的夹角**.

$$\cos\varphi=\frac{|m_1m_2+n_1n_2+p_1p_2|}{\sqrt{m_1^2+n_1^2+p_1^2}\cdot\sqrt{m_2^2+n_2^2+p_2^2}}.$$

2）直线与平面的位置关系

设直线 L 的方程为：$\dfrac{x-x_0}{m}=\dfrac{y-y_0}{n}=\dfrac{z-z_0}{p}$，平面 π 的方程为：

$$Ax+By+Cz+D=0,$$

则
$$L /\!/ \pi \Leftrightarrow \boldsymbol{s} \perp \boldsymbol{n} \Leftrightarrow mA+nB+pC=0;$$
$$L \perp \pi \Leftrightarrow \boldsymbol{s} /\!/ \boldsymbol{n} \Leftrightarrow \frac{m}{A}=\frac{n}{B}=\frac{p}{C}.$$

如图 6-14 所示，当直线 L 和平面 π 相交时，直线 L 与它在平面上的投影线之间的夹角 $\theta\left(0\leqslant\theta\leqslant\frac{\pi}{2}\right)$ 称为**直线 L 与平面 π 的夹角**.

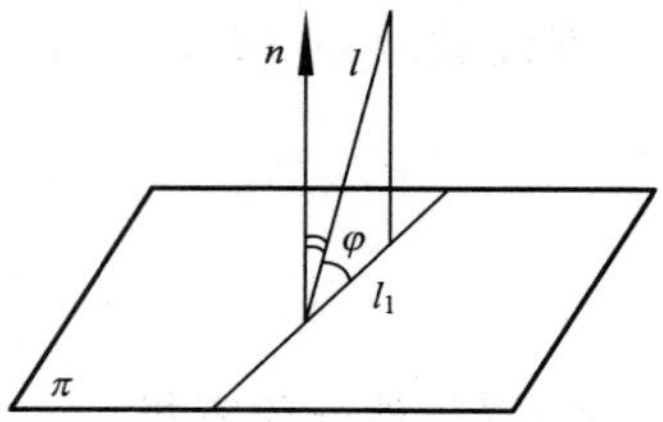

图 6-14

设直线的方向向量 $\boldsymbol{s}$ 与平面法向量 $\boldsymbol{n}$ 的夹角为 φ，

则
$$\theta=\frac{\pi}{2}-\varphi \quad \left(\text{或 } \theta=\varphi-\frac{\pi}{2}\right),$$

因此
$$\sin\theta=|\cos\varphi|=\frac{|\boldsymbol{s}\cdot\boldsymbol{n}|}{|\boldsymbol{s}|\cdot|\boldsymbol{n}|}=\frac{|mA+nB+pC|}{\sqrt{m^2+n^2+p^2}\cdot\sqrt{A^2+B^2+C^2}}.$$

【例 9】 求直线 $L:\frac{x-2}{1}=\frac{y-3}{1}=\frac{z-4}{2}$ 与平面 $\pi:2x-y+z-6=0$ 的夹角.

解 设直线 L 与平面 π 的夹角为 θ，

则
$$\sin\theta=|\cos(\boldsymbol{s},\boldsymbol{n})|=\frac{|2-1+2|}{\sqrt{6}\cdot\sqrt{6}}=\frac{1}{2}, \text{故 } \theta=\frac{\pi}{6}.$$

【例 10】 求过点$(-3,2,5)$且与两平面 $x-4z=3$ 和 $2x-y-5z=1$ 的交线平行的直线方程.

解 设所求直线的方向向量为 $\boldsymbol{s}=\{m,n,p\}$，根据题意知 $\boldsymbol{s}\perp\boldsymbol{n}_1$，$\boldsymbol{s}\perp\boldsymbol{n}_2$，取
$$\boldsymbol{s}=\boldsymbol{n}_1\times\boldsymbol{n}_2=\begin{vmatrix}\boldsymbol{i} & \boldsymbol{j} & \boldsymbol{k}\\ 1 & 0 & -4\\ 2 & -1 & -5\end{vmatrix}=\{-4,-3,-1\},$$

所求直线的方程为
$$\frac{x+3}{4}=\frac{y-2}{3}=\frac{z-5}{1}.$$

习 题 6.5

1. 求过点$(2,0,-1)$，且以 $\boldsymbol{n}=\{1,-2,3\}$ 为法向量的平面方程.
2. 求过点 $M(2,0,-1)$，且与 OM 垂直的平面方程.

3. 求过点 $M(2,1,3)$，且与直线 $\frac{x-4}{5}=\frac{y+3}{2}=\frac{z+3}{1}$ 垂直的平面方程.

4. 一平面通过点 $M(-3,1,5)$，且平行于平面 $x-2y-3z+1=0$，求此平面方程.

5. 求过点 $(4,-1,3)$，且平行于直线 $\frac{x-3}{2}=\frac{y}{1}=\frac{z-1}{5}$ 的直线方程.

6. 求直线 $\begin{cases}x+y+3z=0\\x-y-z=0\end{cases}$ 与平面 $x-y-z+1=0$ 的夹角余弦.

应用实践项目六

项目 1　流水行船问题

一条小船要渡过一条两岸平行的河，河的宽度 $d=100$ m，船速 $v_1=4$ m/s，水流速度 $v_2=8$ m/s，试求船头与岸的夹角 α 为多大时，小船行驶到对岸位移最小.

项目 2　帆船速度问题

帆船是借助风帆推动船只在规定距离内竞速的一项水上运动. 1900 年第 2 届奥运会开始列为正式比赛项目，帆船的最大动力来源是“伯努利效应”. 如果一帆船所受“伯努利效应”产生力的效果可使船向北偏东 $30°$ 以速度 20 km/h 行驶，而此时水的流向是正东，流速为 20 km/h. 若不考虑其他因素，求帆船的速度与方向.

项目 3　荒岛寻宝问题

从前，有位年轻人在他曾祖父的遗物中发现了一张羊皮纸，上面写着寻找宝藏的秘密：乘船至北纬××度、西经××度有一荒岛，长一株松树(P)，从松树面北向左前方 $45°$ 行若干步，有一红石(A)，然后左拐 $90°$ 行同样的步数，打桩 A'，再从松树面北向右前方 $45°$ 行若干步，有一白石(B)，然后右拐 $90°$ 行同样的步数，打桩(B')，在两桩中点处埋藏着宝物. 这个年轻人便乘船到荒岛，在岛上他找到了红石(A)和白石(B)，但由于年代久远，松树已经没有了，你能帮助这个年轻人找到宝物吗?

第 7 章　多元函数微分

多元函数及其微分法是一元函数及其微分法的推广和发展，它们有着许多相似之处，但也有区别. 本章主要介绍多元函数的概念，多元函数偏导数与全微分的概念及其计算，复合函数、隐函数的求导方法，多元函数的极值等内容.

7.1　多元函数的基本概念

7.1.1　二元函数的定义

1. 二元函数的定义

定义 1　设有变量 x,y,z，如果当变量 x,y 在一定范围内任意取定一对数值时，变量 z 按照一定的法则，总有唯一确定的数值与之对应，则称 z 是 x,y 的**二元函数**，记为 $z=f(x,y)$，其中 x,y 称为**自变量**，z 称为**因变量**，x,y 的变化范围称为函数的**定义域**，z 的取值范围称为**值域**. 二元函数 $z=f(x,y)$ 在点 (x_0,y_0) 处的函数值记为 $f(x_0,y_0)$ 或 $z|_{(x_0,y_0)}$.

【例 1】　设 $z=\sin(xy)-\sqrt{1+y^2}$，求 $z|_{(\frac{\pi}{2},2)}$.

解　$z|_{(\frac{\pi}{2},2)}=\sin\left(\frac{\pi}{2}\cdot 2\right)-\sqrt{1+2^2}=-\sqrt{5}$.

2. 二元函数的定义域

二元函数中自变量 x,y 的取值范围称为函数的定义域. 二元函数的定义域是一个平面区域.

【例 2】　求函数 $z=\ln(x+y)$ 的定义域.

解　要使函数有意义，只需 $x+y>0$，即 $D=\{(x,y)\,|\,x+y>0\}$.

【例 3】　求函数 $z=\sqrt{4-x^2-y^2}+\sqrt{x^2+y^2-1}$ 的定义域.

解　要使函数有意义，只需 $\begin{cases}4-x^2-y^2\geqslant 0\\ x^2+y^2-1\geqslant 0\end{cases}$，即 $\begin{cases}x^2+y^2\leqslant 4\\ x^2+y^2\geqslant 1\end{cases}$，用平面区域表示：

$$D=\{(x,y)\,|\,1\leqslant x^2+y^2\leqslant 4\}.$$

3. 二元函数的几何意义

我们知道，一元函数 $y=f(x)$ 图形是平面上的一条曲线；对于二元函数 $z=f(x,y)$ 的图形，则为空间中的一个曲面，而该曲面在 xOy 平面上的投影就是 $z=f(x,y)$ 的定义域 D. 如，$z=3x+2y-1$ 对应的是空间中的一个平面，而 $z=\sqrt{4-x^2-y^2}$ 对应的是以原点为球心，半径为 2 的上半球面.

7.1.2　二元函数的极限

定义 2　对于二元函数 $z=f(x,y)$，设点 $P(x,y)$ 为定义域内任意一点，当 $P(x,y)$ 以任意方式趋向于点 $P_0(x_0,y_0)$ 时，函数 $z=f(x,y)$ 无限接近于一个常数 A，那么称 A 为 $z=f(x,y)$ 当 (x,y) 趋向于 (x_0,y_0) 时的**极限**，记为 $\lim\limits_{\substack{x\to x_0\\y\to y_0}}f(x,y)=A$ 或 $\lim\limits_{P\to P_0}f(x,y)=A$.

【例 4】　求极限 $\lim\limits_{\substack{x\to 0\\y\to 2}}\dfrac{\sin(xy)}{x}$.

解　$\lim\limits_{\substack{x\to 0\\y\to 2}}\dfrac{\sin(xy)}{x}=\lim\limits_{\substack{x\to 0\\y\to 2}}\dfrac{\sin(xy)}{xy}y=\lim\limits_{\substack{x\to 0\\y\to 2}}\dfrac{\sin(xy)}{xy}\lim\limits_{\substack{x\to 0\\y\to 2}}y=1\cdot 2=2.$

【例 5】　求极限 $\lim\limits_{\substack{x\to 0\\y\to 0}}\dfrac{\sqrt{xy+1}-1}{xy}$.

解　$\lim\limits_{\substack{x\to 0\\y\to 0}}\dfrac{\sqrt{xy+1}-1}{xy}=\lim\limits_{\substack{x\to 0\\y\to 0}}\dfrac{xy+1-1}{xy(\sqrt{xy+1}+1)}=\lim\limits_{\substack{x\to 0\\y\to 0}}\dfrac{1}{\sqrt{xy+1}+1}=\dfrac{1}{2}.$

【例 6】　讨论极限 $\lim\limits_{\substack{x\to 0\\y\to 0}}\dfrac{xy}{x^2+y^2}$ 是否存在.

解　沿路径 $y=kx$ 趋于 $(0,0)$ 时，$\lim\limits_{\substack{x\to 0\\y\to 0}}f(x,y)=\lim\limits_{x\to 0}\dfrac{kx^2}{(1+k^2)x^2}=\dfrac{k}{1+k^2}$，所以沿不同路径趋于 $(0,0)$ 时不能趋于一个确定的常数，故 $\lim\limits_{\substack{x\to 0\\y\to 0}}f(x,y)$ 不存在.

7.1.3　二元函数的连续性

定义 3　设函数 $z=f(x,y)$ 在点 $P_0(x_0,y_0)$ 的某个邻域内有定义，如果 $\lim\limits_{\substack{x\to x_0\\y\to y_0}}f(x,y)=f(x_0,y_0)$，则称函数 $f(x,y)$ 在点 $P_0(x_0,y_0)$ **连续**，$P_0(x_0,y_0)$ 称为 $f(x,y)$ 的**连续点**. 如果函数 $f(x,y)$ 在区域 D 内各点都连续，则称函数 $f(x,y)$ 在区域 D 上连续. 函数不连续的点称为函数的**间断点**. 二元初等函数在其定义域内是连续的.

【例 7】 求 $\lim\limits_{\substack{x\to 0\\ y\to 1}}\dfrac{e^x+y}{x+y}$.

解 因初等函数 $f(x,y)=\dfrac{e^x+y}{x+y}$ 在(0,1)处连续,故

$$\lim_{\substack{x\to 0\\ y\to 1}}\frac{e^x+y}{x+y}=\frac{e^0+1}{0+1}=2.$$

【例 8】 计算 $\lim\limits_{\substack{x\to 2\\ y\to 1}}\dfrac{2x-y^2}{x^2+y^2}$ 的值.

解

$$\lim_{\substack{x\to 2\\ y\to 1}}\frac{2x-y^2}{x^2+y^2}=\frac{2\times 2-1^2}{2^2+1^2}=\frac{3}{5}.$$

习　题　7.1

1. 设 $f(x,y)=x^2-y^2$,求 $f(1,2)$,$f(0,2)$.
2. 求函数 $z=\sqrt{9-x^2}+\sqrt{y^2-4}$ 的定义域.
3. 求下列函数的极限.

(1) $\lim\limits_{\substack{x\to 0\\ y\to 2}}\dfrac{1-xy}{x^2+y^2}$; (2) $\lim\limits_{\substack{x\to 3\\ y\to 0}}\dfrac{\sin(xy)}{y}$; (3) $\lim\limits_{\substack{x\to 0\\ y\to 2}}\dfrac{1-\sqrt{x+y}}{x^2+y^2}$.

4. 讨论函数

$$f(x,y)=\begin{cases}\dfrac{xy^2}{x^2+y^4} & x^2+y^2\neq 0\\ 0 & x^2+y^2=0\end{cases}$$

的连续性.

7.2 偏导数

7.2.1 偏导数的定义及计算

定义 设函数 $z=f(x,y)$ 在点 (x_0,y_0) 的某一邻域内有定义,固定 $y=y_0$,如果极限 $\lim\limits_{\Delta x\to 0}\dfrac{f(x_0+\Delta x,y_0)-f(x_0,y_0)}{\Delta x}$ 存在,则称此极限值为函数 $z=f(x,y)$ 在点 (x_0,y_0) 处对 x 的**偏导数**,记为 $\left.\dfrac{\partial z}{\partial x}\right|_{\substack{x=x_0\\ y=y_0}}$,$\left.\dfrac{\partial f}{\partial x}\right|_{\substack{x=x_0\\ y=y_0}}$,$z_x(x_0,y_0)$,$f_x(x_0,y_0)$. 类似地,可定义 $z=f(x,y)$ 在点 (x_0,y_0) 处对 y 的偏导数 $\lim\limits_{\Delta y\to 0}\dfrac{f(x_0,y_0+\Delta y)-f(x_0,y_0)}{\Delta y}$,记为 $\left.\dfrac{\partial z}{\partial y}\right|_{\substack{x=x_0\\ y=y_0}}$,$\left.\dfrac{\partial f}{\partial y}\right|_{\substack{x=x_0\\ y=y_0}}$,

$z_y(x_0,y_0)$，$f_y(x_0,y_0)$.

若函数 $z=f(x,y)$ 在区域 D 内每一点 (x,y) 处对 x 的偏导数都存在，则这个偏导数仍为 x,y 的函数，称为 $z=f(x,y)$ 对自变量 x 的**偏导函数**（简称**偏导数**），记为 $\frac{\partial z}{\partial x}$，$\frac{\partial f}{\partial x}$，$z_x(x,y)$，$f_x(x,y)$ 等.

同样，可定义关于自变量 y 的偏导函数 $\frac{\partial z}{\partial y}$，$\frac{\partial f}{\partial y}$，$z_y(x,y)$，$f_y(x,y)$ 等.

从偏导数的定义可知，求多元函数的偏导数，并不需要新的方法，求哪个变量的偏导数，就将其他变量视为常量，而将多元函数看成一元函数求导即可.

【例 1】 $z=\ln(1+xy)$，求 $\frac{\partial z}{\partial x}$，$\frac{\partial z}{\partial y}$.

解 $\frac{\partial z}{\partial x}=\frac{1}{1+xy}\cdot(1+xy)_x'=\frac{y}{1+xy}$；　$\frac{\partial z}{\partial y}=\frac{1}{1+xy}\cdot(1+xy)_y'=\frac{x}{1+xy}$.

【例 2】 求三元函数 $u=\mathrm{e}^{x^2+y^2+z^2}$ 的三个偏导数.

解 $\frac{\partial u}{\partial x}=\mathrm{e}^{x^2+y^2+z^2}\cdot 2x$；　$\frac{\partial u}{\partial y}=\mathrm{e}^{x^2+y^2+z^2}\cdot 2y$；　$\frac{\partial u}{\partial z}=\mathrm{e}^{x^2+y^2+z^2}\cdot 2z$.

【例 3】 $z=x^3-3x^2y+2y^2$ 在点 $(1,1)$ 处的两个偏导数.

解 $\frac{\partial z}{\partial x}=3x^2-6xy$；　$\frac{\partial z}{\partial y}=-3x^2+4y$.

故有

$$\left.\frac{\partial z}{\partial x}\right|_{(1,1)}=-3,\left.\frac{\partial z}{\partial y}\right|_{(1,1)}=1.$$

【例 4】 求 $z=x^2+3xy+y^2$ 在点 $(1,2)$ 处的偏导数.

解 把 y 看作常数，对 x 求导得到

$$f_x(x,y)=2x+3y.$$

把 x 看作常数，对 y 求导得到

$$f_y(x,y)=3x+2y.$$

故所求偏导数

$$f_x(1,2)=2\times1+3\times2=8;$$

$$f_y(1,2)=3\times1+2\times2=7.$$

7.2.2　二阶偏导数

对于函数 $z=f(x,y)$ 的两个偏导数 $\frac{\partial z}{\partial x}$，$\frac{\partial z}{\partial y}$ 而言，一般来说仍是 x,y 的函数. 如果这两个函数关于 x,y 的偏导数存在，则称它们是函数 $z=f(x,y)$ 的**二阶偏导数**. 依照变量不同的求导次序，二阶偏导数分别记为：

$$\frac{\partial}{\partial x}\left(\frac{\partial z}{\partial x}\right)=\frac{\partial^2 z}{\partial x^2}=f_{xx}(x,y)=z_{xx};\quad \frac{\partial}{\partial y}\left(\frac{\partial z}{\partial y}\right)=\frac{\partial^2 z}{\partial y^2}=f_{yy}(x,y)=z_{yy};$$

$$\frac{\partial}{\partial y}\left(\frac{\partial z}{\partial x}\right)=\frac{\partial^2 z}{\partial x\partial y}=f_{xy}(x,y)=z_{xy};\quad \frac{\partial}{\partial x}\left(\frac{\partial z}{\partial y}\right)=\frac{\partial^2 z}{\partial y\partial x}=f_{yx}(x,y)=z_{yx}.$$

其中,称 z_{xy} 和 z_{yx} 为**二阶混合偏导数**.

【例 5】 二元函数 $z=x^3+y^3-3xy^2$,求$\frac{\partial^2 z}{\partial x^2},\frac{\partial^2 z}{\partial y^2},\frac{\partial^2 z}{\partial x\partial y},\frac{\partial^2 z}{\partial y\partial x}$.

解
$$\frac{\partial z}{\partial x}=3x^2-3y^2,\quad \frac{\partial z}{\partial y}=3y^2-6xy;$$

$$\frac{\partial^2 z}{\partial x^2}=6x,\quad \frac{\partial^2 z}{\partial y^2}=6y-6x;$$

$$\frac{\partial^2 z}{\partial x\partial y}=-6y,\quad \frac{\partial^2 z}{\partial y\partial x}=-6y.$$

定理 如果函数 $z=f(x,y)$的两个二阶混合偏导数$\frac{\partial^2 z}{\partial y\partial x}$及$\frac{\partial^2 z}{\partial x\partial y}$在区域 D 内连续,则在该区域内有$\frac{\partial^2 z}{\partial y\partial x}=\frac{\partial^2 z}{\partial x\partial y}$.

【例 6】 设 $z=4x^3+3x^2y-3xy^2-x+y$,求:

$$\frac{\partial^2 z}{\partial x^2},\quad \frac{\partial^2 z}{\partial y\partial x},\quad \frac{\partial^2 z}{\partial x\partial y},\quad \frac{\partial^2 z}{\partial y^2}.$$

解 $\frac{\partial z}{\partial x}=12x^2+6xy-3y^2-1$; $\frac{\partial z}{\partial y}=3x^2-6xy+1$.

$$\frac{\partial^2 z}{\partial x^2}=24x+6y;\quad \frac{\partial^2 z}{\partial y^2}=-6x;\quad \frac{\partial^2 z}{\partial x\partial y}=6x-6y;\quad \frac{\partial^2 z}{\partial y\partial x}=6x-6y.$$

【例 7】 设 $u=\mathrm{e}^{ax}\cos by$,求二阶偏导数.

解
$$\frac{\partial u}{\partial x}=a\mathrm{e}^{ax}\cos by;\quad \frac{\partial u}{\partial y}=-b\mathrm{e}^{ax}\sin by.$$

$$\frac{\partial^2 u}{\partial x^2}=a^2\mathrm{e}^{ax}\cos by;\quad \frac{\partial^2 u}{\partial y^2}=-b^2\mathrm{e}^{ax}\cos by.$$

$$\frac{\partial^2 u}{\partial x\partial y}=-ab\mathrm{e}^{ax}\sin by;\quad \frac{\partial^2 u}{\partial y\partial x}=-ab\mathrm{e}^{ax}\sin by.$$

习 题 7.2

1. 设 $f(x,y)=\sqrt{x^2+y^4}$,问 $f_x(0,0)$ 与 $f_y(x,y)$ 是否存在?
2. 求下列函数的偏导数:

(1) $z=x^4y+y^2x$；　　(2) $u=\dfrac{y}{x}$；

(3) $z=3x^2y^3-2xy+x^4$；　　(4) $z=x\ln(x+y)$；

(5) $z=x^2\sin y$；　　(6) $z=x^3y-xy^3$.

3. 求下列函数的$\dfrac{\partial^2 z}{\partial x^2}$，$\dfrac{\partial^2 z}{\partial y^2}$，$\dfrac{\partial^2 z}{\partial x\partial y}$，$\dfrac{\partial^2 z}{\partial y\partial x}$：

(1) $z=y^3+5x^2y$；　　(2) $z=\mathrm{e}^x\sin y$；

(3) $z=x^3+y^3-3x^2y^2$；　　(4) $z=\cos^2(x+2y)$.

4. 设 $z=f(x,y)=\mathrm{e}^{xy}\sin\pi y+(x-1)\arctan\dfrac{x}{y}$，试求 $f_x(1,1)$及 $f_y(1,1)$.

7.3 全微分

定义　如果函数 $z=f(x,y)$在点(x_0,y_0)处的全增量

$$\Delta z=f(x_0+\Delta x,y_0+\Delta y)-f(x_0,y_0)$$

可表示为

$$\Delta z=\left.\frac{\partial z}{\partial x}\right|_{(x_0,y_0)}\Delta x+\left.\frac{\partial z}{\partial y}\right|_{(x_0,y_0)}\Delta y+o(\rho).$$

其中 $\rho=\sqrt{(\Delta x)^2+(\Delta y)^2}$；则称$\left.\dfrac{\partial z}{\partial x}\right|_{(x_0,y_0)}\Delta x+\left.\dfrac{\partial z}{\partial y}\right|_{(x_0,y_0)}\Delta y$ 为函数 $z=f(x,y)$在点(x_0,y_0)处的**全微分**，记为 $\mathrm{d}z|_{(x_0,y_0)}$，

即

$$\mathrm{d}z|_{(x_0,y_0)}=\left.\frac{\partial z}{\partial x}\right|_{(x_0,y_0)}\Delta x+\left.\frac{\partial z}{\partial y}\right|_{(x_0,y_0)}\Delta y.$$

这时也称函数 $z=f(x,y)$在点(x_0,y_0)处**可微**.

如果函数 $z=f(x,y)$在区域 D 内每一点都可微，则称它在区域 D 内可微.此时，D 内任一点(x,y)处的全微分为 $\mathrm{d}z=\dfrac{\partial z}{\partial x}\Delta x+\dfrac{\partial z}{\partial y}\Delta y$.习惯上，我们将各自变量的增量 Δx，Δy 分别记为 $\mathrm{d}x$，$\mathrm{d}y$，于是有 $\mathrm{d}z=\dfrac{\partial z}{\partial x}\mathrm{d}x+\dfrac{\partial z}{\partial y}\mathrm{d}y$.

定理1(必要条件)　如果函数 $z=f(x,y)$在点(x,y)处可微，则函数在该点(x,y)处**连续**，且在该点(x,y)处函数的偏导数$\dfrac{\partial z}{\partial x}$，$\dfrac{\partial z}{\partial y}$必存在.

定理2(充分条件)　如果函数 $z=f(x,y)$的偏导数$\dfrac{\partial z}{\partial x}$，$\dfrac{\partial z}{\partial y}$在点$(x,y)$处连续，则函数在该点处可微分.

【例1】　计算函数 $z=x^2+y^2$ 的全微分.

解　$\dfrac{\partial z}{\partial x}=2x$，　$\dfrac{\partial z}{\partial y}=2y$，

故
$$dz=2xdx+2ydy.$$

【例 2】 求函数 $z=4xy^3+5x^2y^6$ 的全微分.

解 因为 $\frac{\partial z}{\partial x}=4y^3+10xy^6$， $\frac{\partial z}{\partial y}=12xy^2+30x^2y^5$，

且这两个偏导数连续,所以

$$dz=(4y^3+10xy^6)dx+(12xy^2+30x^2y^5)dy.$$

【例 3】 计算函数 $z=x^2y^2$ 在点(2,1)处的全微分.

解 $\frac{\partial z}{\partial x}=2xy$， $\frac{\partial z}{\partial y}=2x^2y$， $\left.\frac{\partial z}{\partial x}\right|_{(2,1)}=4$， $\left.\frac{\partial z}{\partial y}\right|_{(2,1)}=8$.

故
$$dz|_{(2,1)}=4dx+8dy.$$

【例 4】 计算函数 $z=xy$ 在点(2,3)处,当 $\Delta x=0.1,\Delta y=0.2$ 时的全增量和全微分.

解 因为
$$\begin{aligned}\Delta z&=(x+\Delta x)(y+\Delta y)-xy=y\Delta x+x\Delta y+\Delta x\Delta y\\&=3\times0.1+2\times0.2+0.1\times0.2=0.72,\end{aligned}$$

故
$$\begin{aligned}dz&=\frac{\partial z}{\partial x}dx+\frac{\partial z}{\partial y}dy=ydx+xdy=y\Delta x+x\Delta y\\&=3\times0.1+2\times0.2=0.7.\end{aligned}$$

习 题 7.3

1. 求下列函数的全微分:

(1) $z=\ln(xy)$；　　(2) $z=(3+2xy)^2$；

(3) $z=x^3+4x^2y+x$；　　(4) $z=xy+\frac{1}{x}-\frac{1}{y}$；

(5) $z=x^2y+y^2$；　　(6) $u=x+\sin\frac{y}{2}+e^{yz}$.

2. 求函数 $z=4x^3y^2-x^2y+xy$ 当 $x=1,y=2$ 时的全微分.

7.4 复合函数微分法

7.4.1 复合函数的求导法则

多元复合函数的求导法则是一元复合函数求导法则的推广,由于多元复合函数的构成比较复杂,因此要分不同情形讨论.

1. 复合函数的中间变量均是二元函数

定理 若 $z=f(u,v)$ 在点 (u,v) 可微,而 $u=\varphi(x,y)$，$v=\psi(x,y)$ 在点

(x,y)都存在偏导数,则复合函数 $z=f(\varphi(x,y),\psi(x,y))$在点$(x,y)$的两个偏导数存在,且有公式:

$$\frac{\partial z}{\partial x}=\frac{\partial z}{\partial u}\frac{\partial u}{\partial x}+\frac{\partial z}{\partial v}\frac{\partial v}{\partial x}; \tag{1}$$

$$\frac{\partial z}{\partial y}=\frac{\partial z}{\partial u}\frac{\partial u}{\partial y}+\frac{\partial z}{\partial v}\frac{\partial v}{\partial y}. \tag{2}$$

为了记忆和正确使用上述公式,可画出变量关系图,链式法则如图 7-1 所示:

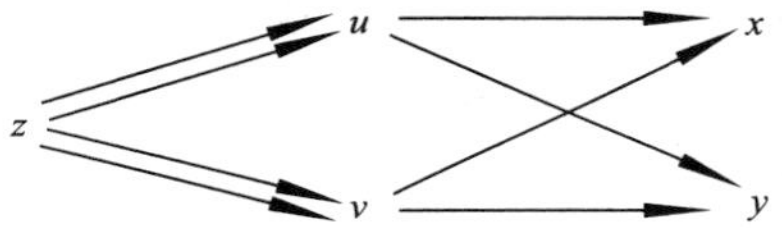

图　7-1

$z\to u\to x$ 表示$\frac{\partial z}{\partial u}\frac{\partial u}{\partial x}$,$z\to v\to x$ 表示$\frac{\partial z}{\partial v}\frac{\partial v}{\partial x}$,两式相加得公式(1);

$z\to u\to y$ 表示$\frac{\partial z}{\partial u}\frac{\partial u}{\partial y}$,$z\to v\to y$ 表示$\frac{\partial z}{\partial v}\frac{\partial v}{\partial y}$,两式相加得公式(2).

【例 1】　设 $z=\mathrm{e}^{xy}\sin(x+y)$,求$\frac{\partial z}{\partial x},\frac{\partial z}{\partial y}$.

解　设 $u=xy,v=x+y$,则 $z=\mathrm{e}^u\sin v$. 由公式得:

$$\frac{\partial z}{\partial x}=\mathrm{e}^u\sin v\cdot y+\mathrm{e}^u\cos v=\mathrm{e}^u(y\sin v+\cos v)$$

$$=\mathrm{e}^{xy}[y\sin(x+y)+\cos(x+y)];$$

$$\frac{\partial z}{\partial y}=\mathrm{e}^u\sin v\cdot x+\mathrm{e}^u\cos v=\mathrm{e}^u(x\sin v+\cos v)$$

$$=\mathrm{e}^{xy}[x\sin(x+y)+\cos(x+y)].$$

【例 2】　设 $z=(x^2-2y)^{xy}$,求$\frac{\partial z}{\partial x},\frac{\partial z}{\partial y}$.

解　设 $u=x^2-2y,v=xy$,则 $z=u^v$.

$$\frac{\partial z}{\partial u}=vu^{v-1},\quad \frac{\partial z}{\partial v}=u^v\ln u;$$

$$\frac{\partial u}{\partial x}=2x,\quad \frac{\partial u}{\partial y}=-2;$$

$$\frac{\partial v}{\partial x}=y,\quad \frac{\partial v}{\partial y}=x.$$

所以
$$\frac{\partial z}{\partial x}=\frac{\partial z}{\partial u}\frac{\partial u}{\partial x}+\frac{\partial z}{\partial v}\frac{\partial v}{\partial x}=vu^{v-1}\cdot 2x+u\ln u\cdot y$$
$$=2x^2y(x^2-2y)^{xy-1}+y(x^2-2y)^{xy}\ln(x^2-2y);$$
$$\frac{\partial z}{\partial y}=\frac{\partial z}{\partial u}\frac{\partial u}{\partial y}+\frac{\partial z}{\partial v}\frac{\partial v}{\partial y}=vu^{v-1}\cdot(-2)+u^v\ln u\cdot x$$
$$=-2xy(x^2-2y)^{xy-1}+x(x^2-2y)^{xy}\ln(x^2-2y).$$

2. 复合函数的中间变量均为一元函数

设 $z=f(u,v)$，而 $u=\varphi(t)$，$v=\psi(t)$，则 $z=f[\varphi(t),\psi(t)]$是 t 的**一元函数**. 由函数的结构图 7-2 得

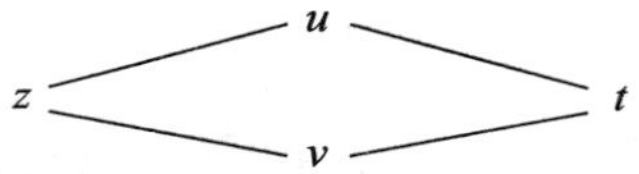

图 7-2

$$\frac{\mathrm{d}z}{\mathrm{d}t}=\frac{\partial z}{\partial u}\frac{\mathrm{d}u}{\mathrm{d}t}+\frac{\partial z}{\partial v}\frac{\mathrm{d}v}{\mathrm{d}t},$$

$\frac{\mathrm{d}z}{\mathrm{d}t}$称为**全导数**.

【例 3】 设 $z=u^2v$，而 $u=\mathrm{e}^t$，$v=\sin t$，求$\frac{\mathrm{d}z}{\mathrm{d}t}$.

解 $\frac{\mathrm{d}z}{\mathrm{d}t}=\frac{\partial z}{\partial u}\frac{\mathrm{d}u}{\mathrm{d}t}+\frac{\partial z}{\partial v}\frac{\mathrm{d}v}{\mathrm{d}t}=2uv\mathrm{e}^t+u^2\cos t$

$=2\mathrm{e}^{2t}\sin t+\mathrm{e}^{2t}\cos t=\mathrm{e}^{2t}(2\sin t+\cos t).$

【例 4】 设 $z=u^2v$，而 $u=\mathrm{e}^t$，$v=\cos t$，求导数$\frac{\mathrm{d}z}{\mathrm{d}t}$.

解 $\frac{\mathrm{d}z}{\mathrm{d}t}=\frac{\partial z}{\partial u}\cdot\frac{\mathrm{d}u}{\mathrm{d}t}+\frac{\partial z}{\partial v}\cdot\frac{\mathrm{d}v}{\mathrm{d}t}+\frac{\partial z}{\partial t}=2uv\mathrm{e}^t-u^2\sin t$

$=2\mathrm{e}^t\cos t-\mathrm{e}^{2t}\sin t=\mathrm{e}^{2t}(2\cos t-\sin t).$

3. 复合函数是抽象函数

【例 5】 设 $z=f\left(\frac{x}{y},xy\right)$，$f$ 具有一阶连续偏导数，求$\frac{\partial z}{\partial x}$，$\frac{\partial z}{\partial y}$.

解 设 $u=\frac{x}{y}$，$v=xy$，则 $z=f(u,v)$，得

$$\frac{\partial z}{\partial x}=\frac{\partial f}{\partial u}\frac{\partial u}{\partial x}+\frac{\partial f}{\partial v}\frac{\partial v}{\partial x}=\frac{1}{y}\frac{\partial f}{\partial u}+y\frac{\partial f}{\partial v};$$

$$\frac{\partial z}{\partial y}=\frac{\partial f}{\partial u}\frac{\partial u}{\partial y}+\frac{\partial f}{\partial v}\frac{\partial v}{\partial y}=-\frac{x}{y^2}\frac{\partial f}{\partial u}+x\frac{\partial f}{\partial v}.$$

设
$$f_1=\frac{\partial f}{\partial u},\quad f_2=\frac{\partial f}{\partial v},\quad f_{12}=\frac{\partial^2 f}{\partial u\partial v},\quad \cdots\cdots$$

得
$$\frac{\partial z}{\partial x}=\frac{1}{y}f_1+yf_2;\quad \frac{\partial z}{\partial y}=-\frac{x}{y^2}f_1+xf_2.$$

【例 6】 设 $z=f(x^2y^2,x^2+y^2)$，f 具有一阶连续偏导数，求 $\frac{\partial z}{\partial x}$，$\frac{\partial z}{\partial y}$.

解 $\frac{\partial z}{\partial x}=2xy^2f_1+2xf_2$； $\frac{\partial z}{\partial y}=2x^2yf_1+2yf_2$.

7.4.2 曲面的切平面与法线

应用偏导数，我们可以求曲面上某一点处的切平面方程，以及该点处的法线方程.

定义 设 M_0 为曲面 Σ 上的一点，则通过 M_0 在曲面上可以作无数条曲线，若这些曲线在 M_0 处切线均在同一平面上，则称该平面为曲面 Σ 在点 M_0 处的**切平面**，过点 M_0 且垂直于切平面的直线，称为曲面 Σ 在点 M_0 处的**法线**.

设曲面 Σ 的方程为 $F(x,y,z)=0$，$M_0(x_0,y_0,z_0)$ 为 Σ 上的一点，F_x，F_y，F_z 在 M_0 点连续且不同时为零. 则可以证明，曲面 Σ 上过点 M_0 的任何曲线的切线都在同一平面上，即切平面，其方程为

$$F_x(x_0,y_0,z_0)(x-x_0)+F_y(x_0,y_0,z_0)(y-y_0)+F_z(x_0,y_0,z_0)(z-z_0)=0.$$

法线方程为：

$$\frac{x-x_0}{F_0(x_0,y_0,z_0)}=\frac{y-y_0}{F_y(x_0,y_0,z_0)}=\frac{z-z_0}{F_z(x_0,y_0,z_0)}.$$

【例 7】 求椭圆抛物面 $z=3x^2+2y^2-11$ 在点 $M_0(2,1,3)$ 处的切平面和法线方程.

解 令 $F(x,y,z)=z-3x^2-2y^2+11$，

则
$$F_x(x,y,z)=-6x;\quad F_y(x,y,z)=-4y;\quad F_z(x,y,z)=1.$$
$$F_x(2,1,3)=-12;\quad F_y(2,1,3)=-4;\quad F_z(2,1,3)=1.$$

故切平面方程为：$-12(x-2)-4(y-1)+(z-3)=0$，

即
$$12x+4y-z-25=0.$$

法线方程为：

$$\frac{x-2}{-12}=\frac{y-1}{-4}=\frac{z-3}{1}.$$

【例 8】 求球面 $x^2+y^2+z^2=14$ 在点(1,2,3)处的切平面及法线方程.

解 设 $F(x,y,z)=x^2+y^2+z^2-14$,

$$F_x(x,y,x)=2x;\quad F_y(x,y,x)=2y;\quad F_z(x,y,x)=2z;$$

$$F_x(1,2,3)=2;\quad F_y(1,2,3)=4;\quad F_z(1,2,3)=6.$$

所以在点(1,2,3)处,$n=(2,4,6)$是法线第一个方向向量.此球面在(1,2,3)处的切平面为:

$$2(x-1)+4(y-2)+6(z-3)=0,$$

即

$$x+2y+3z-14=0.$$

法线方程为

$$\frac{x-1}{1}=\frac{y-2}{2}=\frac{z-3}{3},$$

即

$$\frac{x}{1}=\frac{y}{2}=\frac{z}{3}.$$

由此可见,法线经过原点(即球心).

习 题 7.4

1. 设 $z=u^2+3v^2$,而 $u=3x+2y$,$v=x+y$,求$\frac{\partial z}{\partial x}$和$\frac{\partial z}{\partial y}$.

2. 设 $z=e^u\cos v$,$u=x+y$,$x=xy$,求$\frac{\partial z}{\partial x}$和$\frac{\partial z}{\partial y}$.

3. 设 $z=e^{u-2v}$,$u=\sin x$,$v=t^3$,求$\frac{\partial z}{\partial x}$和$\frac{\partial z}{\partial y}$.

4. 设 $z=u^2\ln v$,$u=2xy$,$v=x^2-y^2$,求$\frac{\partial z}{\partial x}$和$\frac{\partial z}{\partial y}$.

5. 求曲面 $3x^2+y^2-z^2=27$ 在点(3,1,1)处的切平面方程和法线方程.

7.5 多元函数的极值

7.5.1 极值的定义及求法

二元函数的极值理论在实际工作中有着广泛的应用,它的许多结论也适用于二元以上的多元函数.与一元函数类似,我们利用偏导数来讨论二元函数的极值和最大(小)值.

定义　设函数 $z=f(x,y)$ 在点 $P_0(x_0,y_0)$ 的某一邻域内有定义，如果对于该邻域内异于 P_0 的任意点 $P(x,y)$，都有 $f(x,y)<f(x_0,y_0)$(或 $f(x,y)>f(x_0,y_0)$)，则称函数 $z=f(x,y)$ 在点 $P_0(x_0,y_0)$ 处有**极大值**(或**极小值**) $f(x_0,y_0)$. 极大值和极小值统称为**极值**，使函数取得极值的点称为**极值点**.

定理 1　若函数 $z=f(x,y)$ 在点 $P_0(x_0,y_0)$ 处取得极值，且在 $P_0(x_0,y_0)$ 处的两个偏导数存在，则 $f_x(x_0,y_0)=0, f_y(x_0,y_0)=0$.

使 $f_x(x_0,y_0)=0, f_y(x_0,y_0)=0$ 同时成立的点 (x_0,y_0) 称为 $f(x,y)$ 的**驻点**. 但驻点不一定是极值点.

定理 2　设 $P_0(x_0,y_0)$ 是函数 $z=f(x,y)$ 的驻点，由函数在点 P_0 的某个邻域内连续且有一阶及二阶连续偏导数. 令

$$A=f_{xx}(x_0,y_0),\quad B=f_{xy}(x_0,y_0),\quad C=f_{yy}(x_0,y_0).$$ 则

(1) 当 $B^2-AC<0$ 时，函数 $z=f(x,y)$ 在点 $P_0(x_0,y_0)$ 处有极值，且当 $A<0$ 时，$f(x_0,y_0)$ 是极大值；当 $A>0$ 时，$f(x_0,y_0)$ 是极小值.

(2) 当 $B^2-AC>0$ 时，$f(x_0,y_0)$ 不是极值.

(3) 当 $B^2-AC=0$ 时，函数 $z=f(x,y)$ 在点 $P_0(x_0,y_0)$ 可能有极值，也可能没有极值.

【例 1】　求函数 $f(x,y)=x^3-4x^2+2xy-y^2$ 的极值.

解　(1) 令 $f_x(x,y)=3x^2-8x+2y=0, f_y(x,y)=2x-2y=0$，得驻点 $(0,0)$，$(2,2)$.

(2) $f_{xx}(x,y)=6x-8, f_{xy}(x,y)=2, f_{yy}(x,y)=-2$.

在 $(0,0)$ 处有：$B=2, A=-8, C=-2, B^2-AC=-12<0$，故极大值为 $f(0,0)=0$.

在 $(2,2)$ 处有：$B=2, A=4, C=2, B^2-AC=12>0$，故点 $(2,2)$ 不是极值点.

求 $z=f(x,y)$ 的极值的一般步骤为：

(1) 解方程组 $f_x(x,y)=0, f_y(x,y)=0$，求出 $f(x,y)$ 的所有驻点；

(2) 求出函数 $f(x,y)$ 的二阶偏导数，依次确定各驻点处 A、B、C 的值，并根据 B^2-AC 的符号判定驻点是否为极值点. 最后求出函数 $f(x,y)$ 在极值点处的极值.

【例 2】　求函数 $f(x,y)=x^3-y^3+3x^2+3y^2-9x$ 的极值.

解
$$\begin{cases} f_x(x,y)=3x^2+6x-9=0 \\ f_y(x,y)=-3y^2+6y=0 \end{cases},$$

先解方程组解得驻点为(1,0),(1,2),(−3,0),(−3,2).

再求出二阶偏导数

$$f_{xx}(x,y)=6x+6,\quad f_{xy}(x,y)=0,\quad f_{yy}(x,y)=-6y+6.$$

在点(1,0)处,$B^2-AC=-12\cdot 6<0$,又$A>0$,故函数在该点处有极小值$f(1,0)=-5$.

在点(1,2)处,(−3,0)处,$B^2-AC=-12\cdot(-6)>0$,故函数在这两点处没有极值.

在点(−3,2)处,$B^2-AC=0-(-12)\cdot(-6)<0$,又$A<0$,故函数在该点处有极大值$f(-3,2)=31$.

【例 3】 求函数$z=x^2+y^2-2\ln x-2\ln y$的极值,其中$x>0,y>0$.

解 $z'_x=2x-\dfrac{2}{x},\quad z'_y=2y-\dfrac{2}{y}.$

令$z'_x=0,z'_y=0$,得驻点(1,1).

又
$$z''_{xx}=2+\frac{2}{x^2};\quad z''_{xy}=0;\quad z''_{yy}=2+\frac{2}{y^2},$$

所以
$$A=z''_{xx}\big|_{\substack{x=1\\y=1}}=4;\quad B=z''_{xy}\big|_{\substack{x=1\\y=1}}=0;\quad C=z''_{yy}\big|_{\substack{x=1\\y=1}}=4.$$

因
$$B^2-AC=0-4\times 4=-16<0,$$

又$A=4>0$,所以函数在(1,1)处有极小值$z\big|_{\substack{x=1\\y=1}}=2$.

7.5.2 最大值与最小值

与一元函数类似,二元函数的最值有下列结论:

(1) 闭区域上连续的二元函数一定有最值.

(2) 要求最值,只须求出驻点、一阶偏导不存在点的函数值及函数在区域边界上的最大值与最小值,比较这些函数值,最大者和最小者就是所要求的最大值和最小值.

求函数$f(x,y)$的最大值和最小值的一般步骤为:

(1) 求函数$f(x,y)$在区域D内所有驻点处的函数值;

(2) 求$f(x,y)$在区域D的边界上的最大值和最小值;

(3) 将前两步得到的所有函数值进行比较,其中最大者即为最大值,最小者即为最小值.

在解决实际问题时,若函数只有一个驻点,则该驻点即所求的最值点.

【例 4】 求函数$f(x,y)=3x^2+3y^2-x^3$在区域$D:x^2+y^2\leqslant 16$上的最小值.

解 先求$f(x,y)$在D内的极值.由

$$f'_x(x,y)=6x-3x^2,\quad f'_y(x,y)=6y,$$

解方程组$\begin{cases}6x-3x^2=0\\6y=0\end{cases}$得驻点(0,0),(2,0).

由于 $f''_{xx}(0,0)=6,\quad f''_{xy}(0,0)=0,\quad f''_{yy}(0,0)=6;$

$$f''_{xx}(2,0)=-6,\quad f''_{xy}(2,0)=0,\quad f''_{yy}(2,0)=6.$$

所以,在点(0,0)处 $B^2-AC=-36<0$,$A=6>0$,故在(0,0)处有极小值 $f(0,0)=0$.

在点(2,0)处 $B^2-AC=36>0$,故函数在点(2,0)处无极值.

再求 $f(x,y)$在边界 $x^2+y^2=16$ 上的最小值.由于点(x,y)在圆周 $x^2+y^2=16$ 上变化,故可解出 $y^2=16-x^2(-4\leqslant x\leqslant 4)$,代入 $f(x,y)$中,有

$$z=f(x,y)=3x^2+3y^2-x^3=48-x^3\quad(-4\leqslant x\leqslant 4).$$

这时 z 是 x 的一元函数,求得在$[-4,4]$上的最小值$z|_{x=4}=-16$.

最后比较可得,函数 $f(x,y)=3x^2+3y^2-x^3$ 在闭区间 D 上的最小值 $f(4,0)=-16$.

【例 5】 要做一个体积 8 m^3 的有盖长方体铁皮箱子,问长、宽、高各取怎样的尺寸时,所用材料最省?

解 箱子所用材料的面积

$$S=2(xy+xz+yz)=2\left(xy+\frac{8}{x}+\frac{8}{y}\right)\quad(x>0,y>0)$$

当面积 S 最小时,所用材料最省.下面来求 S 的最小值点.

令$\begin{cases}\dfrac{\partial S}{\partial x}=2\left(y-\dfrac{8}{x^2}\right)=0\\[2mm]\dfrac{\partial S}{\partial y}=2\left(x-\dfrac{8}{y^2}\right)=0\end{cases}$,解方程组,得驻点(2,2)

根据题意可断定 S 的最小值是存在的,并在区域 $D=\{(x,y)\mid x>0,y>0\}$内取得,因此该驻点即为最小值点.从而得出当 $x=y=z=2$ 时,箱子用料最省.

7.5.3 条件极值

前面所讨论的极值问题,只要求自变量落在定义域内,没有其他限制条件,这类极值称为**无条件极值**.在实际问题中,常会遇到函数的自变量有附加条件的极值问题,这类极值问题称为**条件极值**.求条件极值一般用**拉格朗日乘数法**.

在所给条件 $G(x,y,z)=0$ 下,求目标函数 $u=f(x,y,z)$的极值.引进**拉格朗日函数**:

$$L(x,y,z,\lambda)=f(x,y,z)+\lambda G(x,y,z),$$

它将有约束条件的极值问题化为普通的无条件的极值问题.

求 $f(x,y)$ 在约束条件 $\varphi(x,y)$ 下的极值，其步骤如下：

(1) 设 $F(x,y)=f(x,y)+\lambda\varphi(x,y)$，$\lambda$ 为待定常数；

(2) 解方程组

$$\begin{cases}F_x=0\\F_y=0\\\varphi(x,y)=0\end{cases}，\quad 即\begin{cases}f_x+\lambda\varphi_x(x,y)=0\\f_y+\lambda\varphi_y(x,y)=0,\\\varphi(x,y)=0\end{cases}$$

求出可能的极值点 (x_0,y_0).

【例 6】 利用拉格朗日乘数法求解例 5.

解 设箱子的长、宽、高分别为 x,y,z(单位：m)，

用料量是箱子的表面积 $S=2(xy+xz+yz)$，所要解决的问题是求函数 S 在条件 $xyz=8$ 下的最小值.

设 $L(x,y,z)=2(xy+xz+yz)+\lambda(xyz-8)$，$x>0,y>0,z>0$，

$$\begin{cases}L_x=2(y+z)+\lambda yz=0\\L_y=2(x+z)+\lambda xz=0\\L_z=2(x+y)+\lambda xy=0\\xyz=8\end{cases}.$$

解方程组得 $$x=y=z=2,$$

这是唯一可能的极值点，由问题本身的意义知，表面积 S 一定有最小值，该点就是所求最小值点. 即当长、宽、高都等于 2 时，所用材料最省.

习 题 7.5

1. 求函数 $f(x,y)=x^3-4x^2+2xy-y^2+1$ 的极值.
2. 求函数 $f(x,y)=4(x-y)-x^2-y^2$ 的极值.
3. 求函数 $f(x,y)=e^{2x}(x+y^2+2y)$ 的极值.
4. 求函数 $z=xy$ 在 $x+y=1$ 的条件下的极大值.
5. 求表面积为 a^2 而体积最大的长方体的体积.

7.6 二重积分的概念与性质

与定积分类似，二重积分的概念也是从实践中抽象出来的，它是定积分的推广，其中的数学思想与定积分一样，也是一种“和式的极限”. 所不同

的是：定积分的被积函数是一元函数，积分范围是一个区间；而二重积分的被积函数是二元函数，积分范围是平面上的一个区域. 它们之间存在着密切的联系，二重积分可以通过定积分来计算.

7.6.1　二重积分的概念

1. 引例导读

在一元函数定积分及其应用中，我们已熟习四步微元法，即分割、近似代替、求和、取极限. 请同学们自读引例，注意其中是通过对区域的分割达到体积的近似代替.

2. 二重积分的定义

定义　设 $f(x,y)$ 是有界闭区域 D 上的有界函数，将 D 任意分割为 n 个小的闭区域 $\Delta\sigma_i(i=1,2,\cdots,n)$，如图 7-3 所示. $\Delta\sigma_i$ 也表示其面积，在 $\Delta\sigma_i$ 上任取一点 (x_i,y_i) 并作和式 $\sum\limits_{i=1}^{n} f(x_i,y_i)\Delta\sigma_i$，若当各小闭区域的直径中的最大值 $\lambda\to 0$ 时，这个和式的极限存在，则称此极限为函数 $f(x,y)$ 在闭区域 D 上的**二重积分**，记作 $\iint\limits_D f(x,y)\mathrm{d}\sigma$，即

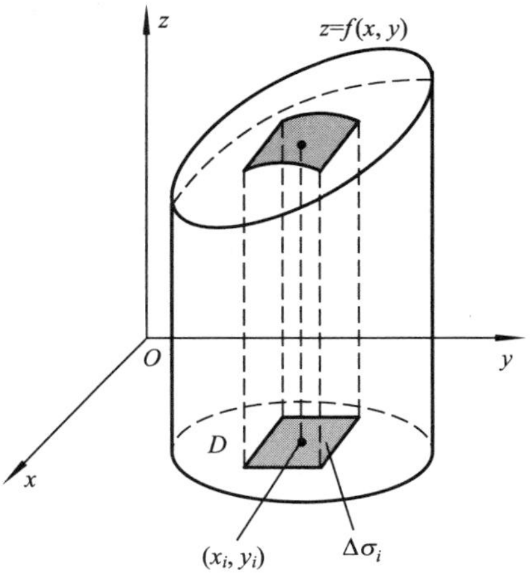

图　7-3

$$\iint\limits_D f(x,y)\mathrm{d}\sigma = \lim_{x\to\infty}\sum_{i=1}^{n} f(x_i,y_i)\Delta\sigma_i, \tag{1}$$

其中 $f(x,y)$ 称为**被积函数**，$f(x,y)\mathrm{d}\sigma$ 称为**被积表达式**，$\mathrm{d}\sigma$ 称为**面积元素**，x 与 y 称为**积分变量**，D 称为**积分区域**. $\sum\limits_{i=1}^{n} f(x_i,y_i)\Delta\sigma_i$ 称为**积分和式**. 当(1)中的极限存在时，称 $f(x,y)$ 在 D 上是**可积**的，事实上，D 上连续的函数都是可积的.

通常，在直角坐标系中，用平行 x 轴、y 轴的直线分割区域 D，得到的 $\Delta\sigma_i$ 大都是矩形闭区域，非矩形区域即 D 的边界点的那些小区域也近似看作矩形区域，因此，可设 $\Delta\sigma_i$ 的边长为 Δx_j 和 Δy_k，于是，直角坐标系中的面积元素 $\mathrm{d}\sigma$ 记作 $\mathrm{d}\sigma=\mathrm{d}x\mathrm{d}y$，二重积分记作 $\iint\limits_D f(x,y)\mathrm{d}\sigma=\iint\limits_D f(x,y)\mathrm{d}x\mathrm{d}y$.

二重积分的几何意义是明显的：

当被积函数 $f(x,y)\geqslant 0$ 时，$\iint\limits_D f(x,y)\mathrm{d}\sigma$ 表示曲顶柱体的体积（如引例）；$f(x,y)<0$ 时，曲顶柱体位于 xOy 平面下方，$\iint\limits_D f(x,y)\mathrm{d}\sigma$ 表示曲顶柱体体积的负值.

7.6.2 二重积分的性质

二重积分与定积分有类似的性质.

性质 1 $\iint\limits_D[\alpha f(x,y)\pm\beta g(x,y)]\mathrm{d}\sigma=\alpha\iint\limits_D f(x,y)\mathrm{d}\sigma\pm\beta\iint\limits_D g(x,y)\mathrm{d}\sigma.$

性质 2 如果闭区域 D 可被曲线分为两个没有公共内点的闭子区域 D_1 和 D_2，则

$$\iint\limits_D f(x,y)\mathrm{d}\sigma=\iint\limits_{D_1}f(x,y)\mathrm{d}\sigma+\iint\limits_{D_2}f(x,y)\mathrm{d}\sigma.$$

这个性质表明**二重积分对积分区域具有可加性**.

性质 3 如果在闭区域 D 上，$f(x,y)=1$，σ 为 D 的面积，则

$$\iint\limits_D 1\cdot\mathrm{d}\sigma=\iint\limits_D\mathrm{d}\sigma=\sigma.$$

这个性质的几何意义是：以 D 为底、高为 1 的平顶柱体的体积在数值上等于柱体的底面积.

性质 4 如果在闭区域 D 上，有 $f(x,y)\leqslant g(x,y)$，则

$$\iint\limits_D f(x,y)\mathrm{d}\sigma\leqslant\iint\limits_D g(x,y)\mathrm{d}\sigma.$$

特别地，有
$$\left|\iint\limits_D f(x,y)\mathrm{d}\sigma\right|\leqslant\iint\limits_D|f(x,y)|\mathrm{d}\sigma.$$

性质 5 设 M,m 分别是 $f(x,y)$ 在闭区域 D 上的最大值和最小值，σ 为 D 的面积，则

$$m\sigma\leqslant\iint\limits_D f(x,y)\mathrm{d}\sigma\leqslant M\sigma.$$

这个不等式称为二重积分的**估值不等式**.

性质 6(二重积分中值定理) 设 $f(x,y)$ 在 D 上连续，则在 D 内至少存在一点 (ξ,η)，使得下式成立：

$$\iint\limits_D f(x,y)\mathrm{d}\sigma=f(\xi,\eta)\sigma.$$

【例 1】 估计二重积分 $I=\iint\limits_D\dfrac{\mathrm{d}\sigma}{\sqrt{x^2+y^2+2xy+16}}$ 的值，其中积分区

域 D 为矩形闭区域$\{(x,y)\mid 0\leqslant x\leqslant 1,0\leqslant y\leqslant 2\}$.

解　因为 $f(x,y)=\dfrac{1}{\sqrt{(x+y)^2+16}}$,积分区域面积 $\sigma=2$,在 D 上 $f(x,y)$ 的最大值 $M=\dfrac{1}{4}$ $(x=y=0)$,最小值 $m=\dfrac{1}{\sqrt{3^2+4^2}}=\dfrac{1}{5}(x=1,y=2)$,

故

$$0.4\leqslant I\leqslant 0.5.$$

【例 2】　判断 $\iint\limits_{r\leqslant|x|+|y|\leqslant 1}\ln(x^2+y^2)\mathrm{d}x\mathrm{d}y$ 的符号.

解　当 $r\leqslant|x|+|y|\leqslant 1$ 时,$0<x^2+y^2\leqslant(|x|+|y|)^2\leqslant 1$,

故

$$\ln(x^2+y^2)\leqslant 0;$$

又当 $|x|+|y|<1$ 时,$\ln(x^2+y^2)<0$,

于是

$$\iint\limits_{r\leqslant|x|+|y|\leqslant 1}\ln(x^2+y^2)\mathrm{d}x\mathrm{d}y<0.$$

【例 3】　比较积分 $\iint\limits_D\ln(x+y)\mathrm{d}\sigma$ 与 $\iint\limits_D[\ln(x+y)]^2\mathrm{d}\sigma$ 的大小,其中区域 D 是三角形闭区域,三顶点各为$(1,0)$,$(1,1)$,$(2,0)$.

解　三角形斜边方程 $x+y=2$,在 D 内有 $1\leqslant x+y\leqslant 2<\mathrm{e}$,故

$$0\leqslant\ln(x+y)<1.$$

于是

$$\ln(x+y)>[\ln(x+y)]^2,$$

因此

$$\iint\limits_D\ln(x+y)\mathrm{d}\sigma>\iint\limits_D[\ln(x+y)]^2\mathrm{d}\sigma.$$

习　题　7.6

1. 比较积分 $\iint\limits_D(x+y)\mathrm{d}\sigma$ 和积分 $\iint\limits_D(x+y)^2\mathrm{d}\sigma$ 的大小,其中积分区域 D 是由圆周 $(x-2)^2+(y-1)^2=2$ 所围成的平面区域.

2. 比较积分 $\iint\limits_D(x+y)\mathrm{d}\sigma$ 和积分 $\iint\limits_D(x+y)^2\mathrm{d}\sigma$ 的大小,其中积分区域 D 是由 x 轴和 y 轴与直线 $y=1-x$ 所围成的平面区域.

3. 利用二重积分性质,估算二重积分 $\iint\limits_D\sqrt{x^2+y^2}\mathrm{d}\sigma$ 的取值范围,其中 $D=\{(x,y)\mid(x-2)^2+(y-1)^2\leqslant 1\}$.

7.7 二重积分的计算

7.7.1 积分区域的类型

计算二重积分的关键,在于把握积分区域的性态,准确写出积分区域的表达式.为此,先建立"区域分类"概念.

对 X-型区域(见图 7-4):$\{(x,y)\mid a\leqslant x\leqslant b,\varphi_1(x)\leqslant y\leqslant\varphi_2(x)\}$;

对 Y-型区域(见图 7-5):$\{(x,y)\mid c\leqslant y\leqslant d,\psi_1(y)\leqslant x\leqslant\psi_2(y)\}$.

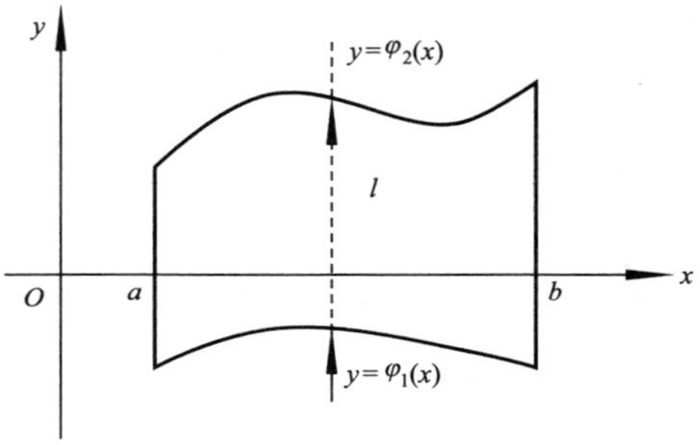

图 7-4

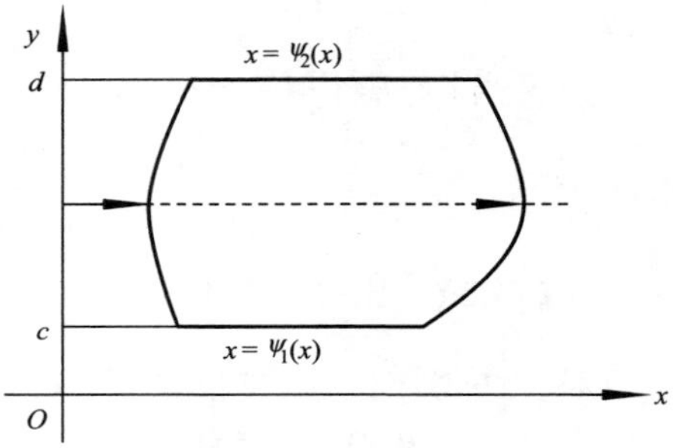

图 7-5

7.7.2 化二重积分为二次积分

若函数 $f(x,y)$在有界区域 D 上连续,并且 $f(x,y)>0$,则二重积分 $\iint\limits_D f(x,y)\mathrm{d}x\mathrm{d}y$ 表示以曲面 $z=f(x,y)$为顶的曲顶柱体的体积 V,应用定积分中求"平行截面面积为已知的立体体积"的方法来求 V.

设 D 为 X-型区域:$\{(x,y)\mid a\leqslant x\leqslant b,\varphi_1(x)\leqslant y\leqslant\varphi_2(x)\}$,先求截面积.如图 7-6 所示,在区间$[a,b]$上任取一点 x_0,过 x_0 作垂直于 x 轴的平面 $x=x_0$,截曲顶柱体可得一个以区间$[\varphi_1(x_0),\varphi_2(x_0)]$为底,以曲线 $z=f(x_0,y)$为曲边的曲边梯形截面.由定积分几何意义知,该截面面积为 $S(x_0)=\int_{\varphi_1(x_0)}^{\varphi_2(x_0)}f(x_0,y)\mathrm{d}y$.对于$[a,b]$上的任意点 x,相应的截面面积为

$$S=\int_{\varphi_1(x)}^{\varphi_2(x)}f(x,y)\mathrm{d}y\quad(a\leqslant x\leqslant b).$$

$$\iint\limits_D f(x,y)\mathrm{d}x\mathrm{d}y=\int_a^b s(x)\mathrm{d}x=\int_a^b\left[\int_{\varphi_1(x)}^{\varphi_2(x)}f(x,y)\mathrm{d}y\right]\mathrm{d}x,$$

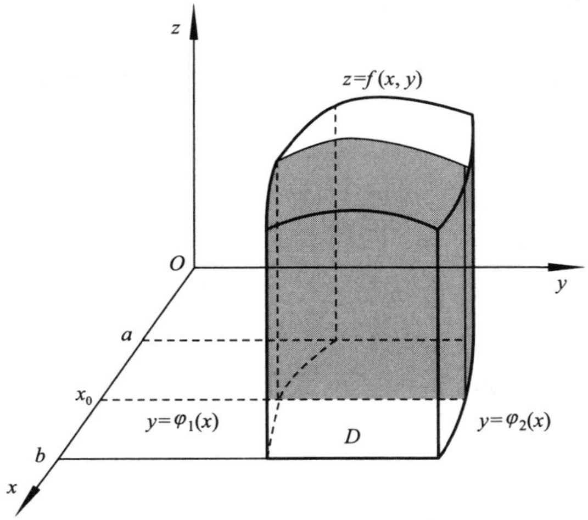

图　7-6

通常记作
$$\iint\limits_D f(x,y)\mathrm{d}x\mathrm{d}y=\int_a^b\mathrm{d}x\int_{\varphi_1(x)}^{\varphi_2(x)}f(x,y)\mathrm{d}y.$$

公式表明，X-型区域上的二重积分，可通过先计算 y 的定积分再计算关于 x 的定积分而求出. 即可化为先对 y 后对 x 的二次积分. 其中，关于 $x(y)$的定积分的上、下限，就是 D 的表达式中关于 $x(y)$的上、下限.

计算时，先把 $f(x,y)$中的 x 看作常量，计算关于 y 的定积分 $s=\int_{\varphi_1(x)}^{\varphi_2(x)}f(x,y)\mathrm{d}y$，计算的结果中不再含有 y 而仅是 x 的函数，然后计算关于 x 的定积分 $\int_a^b s(x)\mathrm{d}x$，求得积分值.

如果积分 D 为 Y-型区域：$\{(x,y)\mid c\leqslant y\leqslant d,\psi_1(y)\leqslant x\leqslant\psi_2(y)\}$，可类似推得
$$\iint\limits_D f(x,y)\mathrm{d}x\mathrm{d}y=\int_c^d\mathrm{d}y\int_{\psi_1(y)}^{\psi_2(y)}f(x,y)\mathrm{d}x.$$

如果二重积分的积分区域 D 为 X-Y 型区域，即 D 既可表示为
$$\varphi_1(x)\leqslant y\leqslant\varphi_2(x),\quad a\leqslant x\leqslant b,$$
又可表示为
$$\psi_1(x)\leqslant y\leqslant\psi_2(x),\quad c\leqslant y\leqslant d,$$
则
$$\int_a^b\mathrm{d}x\int_{\varphi_1(x)}^{\varphi_2(x)}f(x,y)\mathrm{d}y=\int_c^d\mathrm{d}y\int_{\psi_1(y)}^{\psi_2(y)}f(x,y)\mathrm{d}x.$$

【例 1】 计算$\iint\limits_D xy^2\,\mathrm{d}x\mathrm{d}y$，$D$ 由直线 $x=0$、$x=2$、$y=0$ 及 $y=1$ 围成.

解 D 是 $X-Y$ 型区域(见图 7-7)，把 D 看作 X-型区域，D：$0\leqslant y\leqslant 1$，$0\leqslant x\leqslant 2$.

$$\iint\limits_D xy^2\,\mathrm{d}x\mathrm{d}y=\int_0^2\mathrm{d}x\int_0^1 xy^2\,\mathrm{d}y=\int_0^2 x\left[\frac{1}{3}y^3\right]_0^1\mathrm{d}x$$

$$=\frac{1}{3}\int_0^2 x\,\mathrm{d}x=\frac{2}{3}.$$

把 D 看作 Y-型区域，D：$0\leqslant x\leqslant 2$，$0\leqslant y\leqslant 1$.

$$\iint\limits_D xy^2\,\mathrm{d}x\mathrm{d}y=\int_0^1\mathrm{d}y\int_0^2 xy^2\,\mathrm{d}x=\int_0^1 y^2\left[\frac{1}{2}x^2\right]_0^2\mathrm{d}y$$

$$=2\int_0^1 y^2\,\mathrm{d}y=\frac{2}{3}.$$

【例 2】 计算$\iint\limits_D 3x^2y^2\,\mathrm{d}x\mathrm{d}y$. D 是由 x 轴、y 轴和抛物线 $y=1-x^2$ 所围成的在第一象限内的闭区域.

解 D 是 $X-Y$ 型区域(见图 7-8).

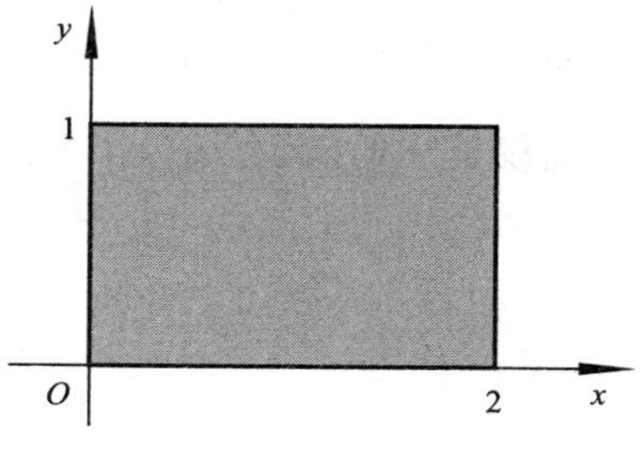

图 7-7

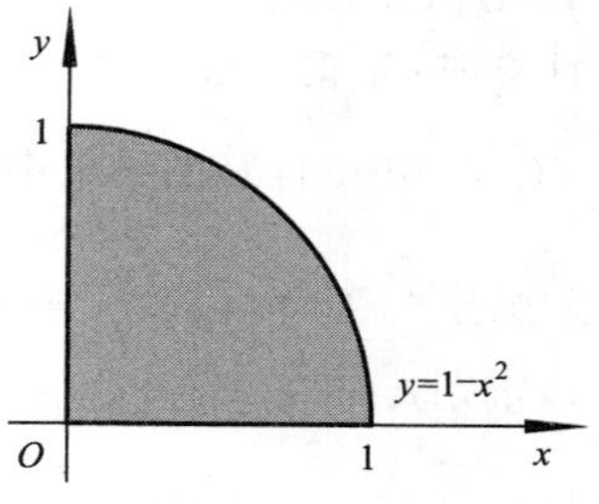

图 7-8

(1) 视 D 为 X-型区域，D：$0\leqslant y\leqslant 1-x^2$，$0\leqslant x\leqslant 1$.

$$\iint\limits_D 3x^2y^2\,\mathrm{d}x\mathrm{d}y=\int_0^1\mathrm{d}x\int_0^{1-x^2}3x^2y^2\,\mathrm{d}y=\int_0^1 x_0^2[y^3]_0^{1-x^2}\mathrm{d}x$$

$$=\int_0^1 x^2(1-x^2)^3\,\mathrm{d}x=\frac{7}{315}.$$

(2) 视 D 为 Y-型区域. D：$0\leqslant x\leqslant\sqrt{1-y}$，$0\leqslant y\leqslant 1$.

$$\iint_D 3x^2y^2\mathrm{d}x\mathrm{d}y=\int_0^1\mathrm{d}y\int_0^{\sqrt{1-y}}3x^2y^2\mathrm{d}x=\int_0^1 y^2[x^3]_0^{\sqrt{1-y}}\mathrm{d}y$$

$$=\int_0^1 y^2(1-y)^{\frac{3}{2}}\mathrm{d}y.$$

这个积分计算较难.此例说明,有些二重积分,不同积分次序的计算有难易之别.

【例 3】 交换 $\int_0^1\mathrm{d}x\int_x^1 \mathrm{e}^{-y^2}\mathrm{d}y$ 的积分次序并计算积分值.

解 由所给积分式知,积分区域 D 为:$x\leqslant y\leqslant 1,0\leqslant x\leqslant 1$.做出 D 的图形(见图 7-9).将 D 改写为:$0\leqslant x\leqslant y,0\leqslant y\leqslant 1$,据此知:

$$\int_0^1\mathrm{d}x\int_x^1\mathrm{e}^{-y^2}\mathrm{d}y=\int_0^1\mathrm{d}y\int_0^y\mathrm{e}^{-y^2}\mathrm{d}x=\int_0^1\mathrm{e}^{-y^2}[x]_0^y\mathrm{d}y$$

$$=\int_0^1 y\mathrm{e}^{-y^2}\mathrm{d}y=-\frac{1}{2}\int_0^1\mathrm{d}(\mathrm{e}^{-y^2})=\frac{1}{2}\left(1-\frac{1}{\mathrm{e}}\right).$$

如果不交换积分次序,$\int_0^1\mathrm{d}x\int_x^1\mathrm{e}^{-y^2}\mathrm{d}y$ 能否计算,请读者自行讨论.

【例 4】 设积分区域 $D=\{(x,y)\mid 0\leqslant x\leqslant 1,0\leqslant y\leqslant 1\}$,计算二重积分 $\iint_D \mathrm{e}^{x+y}\mathrm{d}x\mathrm{d}y$.

解 积分区域如图 7-10 所示.

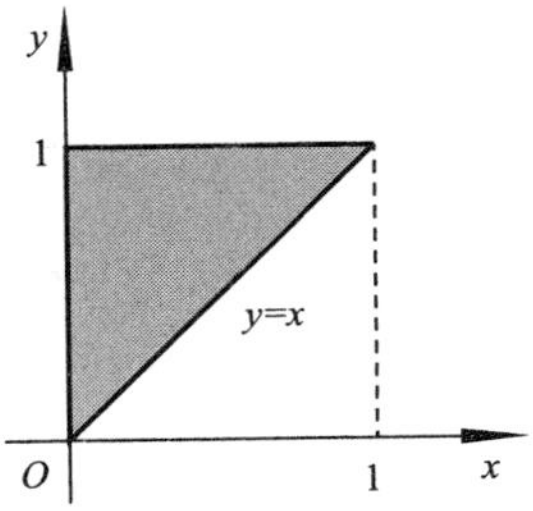

图　7-9

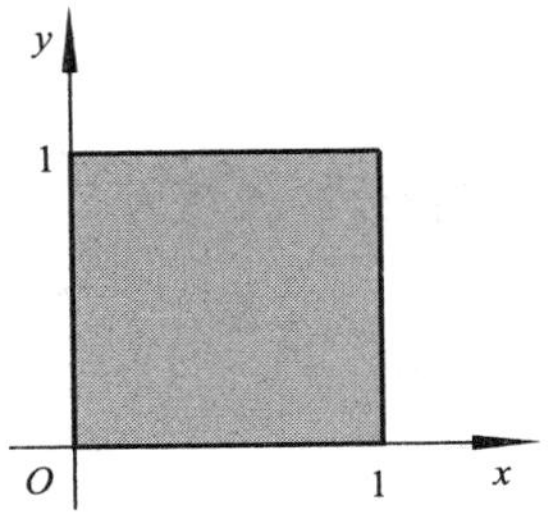

图　7-10

$$\iint_D\mathrm{e}^{x+y}\mathrm{d}x\mathrm{d}y=\int_0^1\left[\int_0^1\mathrm{e}^{x+y}\mathrm{d}x\right]\mathrm{d}y=\int_0^1\left[\int_0^1\mathrm{e}^{x+y}\mathrm{d}(x+y)\right]\mathrm{d}y$$

$$=\int_0^1\mathrm{e}^{x+y}\Big|_0^1\mathrm{d}y=\int_0^1(\mathrm{e}^{1+y}-\mathrm{e}^y)\mathrm{d}y$$

$$= \int_0^1 e^{x+y} dy - \int_0^1 e^y dy = \int_0^1 e^{1+y} d(1+y) - e^y \Big|_0^1$$

$$= e^{1+y} \Big|_0^1 - (e - e^0)$$

$$= e^2 - e - e + 1 = e^2 - 2e + 1 = (e-1)^2$$

【例 5】 计算$\iint\limits_D xy\,d\sigma$，其中 D 是由直线 $y=1, x=2, y=x$ 所围成的闭区域.

解法 1 如图 7-11 所示，将积分区域视为 X-型，

$$\iint\limits_D xy\,d\sigma = \int_1^2 \left[\int_1^x xy\,dy\right] dx = \int_1^2 \left[x \cdot \frac{y^2}{2}\right]_1^x dx$$

$$= \int_1^2 \left[\frac{x^3}{2} - \frac{x}{2}\right] dx = \left[\frac{x^4}{8} - \frac{x^2}{4}\right]_1^2 = 1\frac{1}{8}.$$

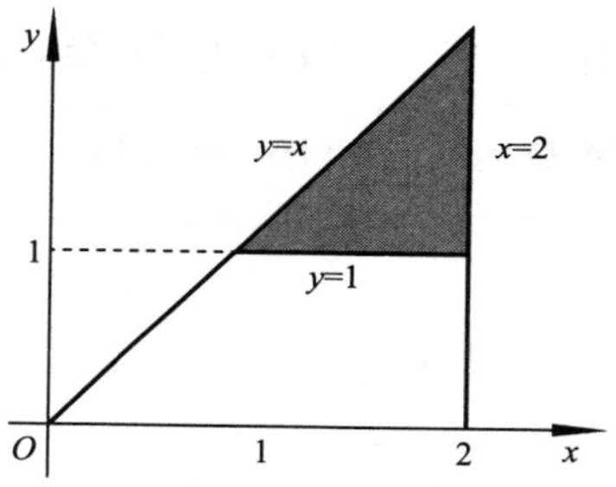

图 7-11

解法 2 将积分区域视为 Y-型，

$$\iint\limits_D xy\,d\sigma = \int_1^2 \left[\int_y^2 xy\,dx\right] dy = \int_1^2 \left[y \cdot \frac{x^2}{2}\right]_y^2 dy$$

$$= \int_1^2 \left[2y - \frac{y^3}{2}\right] dy = \left[y^2 - \frac{y^4}{8}\right]_1^2 = 1\frac{1}{8}.$$

【例 6】 计算二重积分$\iint\limits_D xy\,d\sigma$，其中 D 是由抛物线 $y^2=x$ 及直线 $y=x-2$ 所围成的闭区域.

解 如图 7-12 所示，D 既是 X-型，也是 Y-型. 但易见选择前者计算较

麻烦，需将积分区域划分为两部分来计算，故选择后者．

$$\iint\limits_D xy\,d\sigma=\int_{-1}^{2}\left[\int_{y^2}^{y+2}xy\,dx\right]dy=\int_{-1}^{2}\left[\frac{x^2}{2}y\right]_{y^2}^{y+2}dy$$

$$=\frac{1}{2}\int_{-1}^{2}[y(y+2)^2-y^5]dy$$

$$=\frac{1}{2}\left[\frac{y^4}{4}+\frac{4}{3}y^3+2y^2-\frac{y^6}{6}\right]_{-1}^{2}=5\frac{5}{8}.$$

【例 7】　计算 $\iint\limits_D e^{y^2}dxdy$，其中 D 是由 $y=x$，$y=1$ 及 y 轴所围成的闭区域．

解　画出区域 D 的图形，见图 7-13．将 D 表示成 X-型区域，得 D：$0\leqslant x\leqslant1$，$x\leqslant y\leqslant1$，

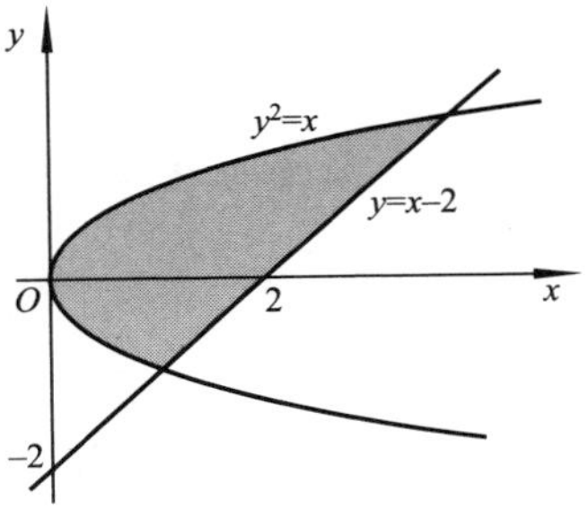

图　7-12

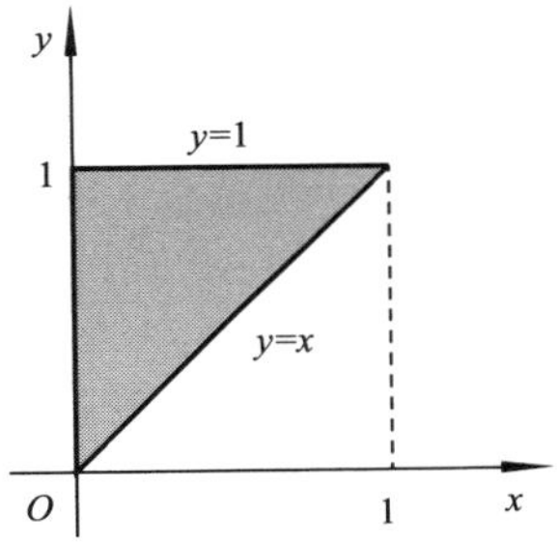

图　7-13

$$\iint\limits_D e^{y^2}dxdy=\int_0^1dx\int_x^1e^{y^2}dy.$$

因 $\int e^{y^2}dy$ 的原函数不能用初等函数表示．所以我们要变换积分次序．将 D 表成 Y-型区域，得 D：$0\leqslant y\leqslant1$，$0\leqslant x\leqslant y$，

$$\iint\limits_D e^{y^2}dxdy=\int_0^1dy\int_0^ye^{y^2}dx=\int_0^1e^{y^2}\cdot\left[x\Big|_0^y\right]dy$$

$$=\int_0^1ye^{y^2}dy=\frac{1}{2}\int_0^1e^{y^2}d(y^2)=\frac{1}{2}(e-1).$$

【例 8】　交换二次积分 $\int_0^1dx\int_0^{1-x}f(x,y)dy$ 的积分次序．

解　题设二次积分的积分限为：$0\leqslant x\leqslant1$，　$0\leqslant y\leqslant1-x$．

可改写为 $$0\leqslant y\leqslant 1,\quad 0\leqslant x\leqslant 1-y,$$

所以 $$\int_0^1 dx\int_0^{1-x} f(x,y)dy=\int_0^1 dy\int_0^{1-y} f(x,y)dx.$$

【例 9】 交换二次积分 $\int_0^1 dx\int_{x^2}^{x} f(x,y)dy$ 的积分次序.

解 题设二次积分的积分限为:$0\leqslant x\leqslant 1,\quad x^2\leqslant y\leqslant x.$

可改写为 $$0\leqslant y\leqslant 1,\quad y\leqslant x\leqslant \sqrt{y},$$

所以 $$\int_0^1 dx\int_{x^2}^{x} f(x,y)dy=\int_0^1 dy\int_{y}^{\sqrt{y}} f(x,y)dx.$$

【例 10】 证明 $\int_0^a dy\int_0^y e^{b(x-a)} f(x)dx=\int_0^a (a-x)e^{b(x-a)} f(x)dx.$ 其中 a、b 均为常数,且 $a>0$.

证 等式左端二次积分的积分限为:$0\leqslant y\leqslant a,\quad 0\leqslant x\leqslant y.$

可改写为 $$0\leqslant x\leqslant a,\quad x\leqslant y\leqslant a.$$

所以

$$\int_0^a dy\int_0^y e^{b(x-a)} f(x)dx=\int_0^a dx\int_x^a e^{b(x-a)} f(x)dy=\int_0^a\left[e^{b(x-a)} f(x)\int_x^a dy\right]dx$$

$$=\int_0^a (a-x)e^{b(x-a)} f(x)dx.$$

习 题 7.7

1. 计算二重积分 $\iint\limits_D (2x+y)dxdy$,其中 D 是由直线 $x=0$,$x=2$ 和 $y=x$ 所围成的平面区域.

2. 计算二重积分 $\iint\limits_D (4-x-y)dxdy$,其中 D 是由 $y=x$,$x=2$ 与 $y=0$ 的平面区域.

3. 计算二重积分 $\iint\limits_D e^{x-y}dxdy$,其中 D 是由直线 $x=0$,$x=2$ 和 $y=0$,$y=1$所围成的平面区域.

4. 交换二次积分 $\int_0^4 dx\int_{\frac{x}{2}}^{\sqrt{x}} f(x,y)dy$ 的积分次序.

应用实践项目七

项目 1　居民用电问题

在中国某些地区，由于电力紧张，政府鼓励“错峰”用电。某省电网居民生活电价表(单位:元/(kW·h))规定“一户一表”居民生活用电收费标准如下:

(1) 月用电量在 60 kW·h 及以下部分，每日 7:00～23:00 期间用电，每千瓦时 0.472 4 元;23:00 至次日 7:00 期间用电，每千瓦时 0.229 5 元。

(2) 月用电量在 61～100 kW·h 部分，每千瓦时提高标准 0.08 元。

(3) 月用电量在 100～150 kW·h 部分，每千瓦时提高标准 0.11 元。

(4) 月用电量在 150 kW·h 及以上部分，每千瓦时提高标准 0.16 元。

根据以上规定，建立该地“一户一表”居民用电量与电费之间的函数关系模型。若某户居民 6 月的用电量为:7:00～23:00 期间用了 200 kW·h，23:00 至次日 7:00 期间用电 100 kW·h，请计算这户居民 6 月应缴纳的电费，根据所建模型为居民提供一个合理化用电建议.

项目 2　学校选址问题

某乡政府准备在相邻的 5 个村庄间建一所小学，各村庄适龄小学生人数和与乡政府的距离见表 7-1.

表 7-1

编号	小学生人数/人	与乡政府的距离/km	方向角/(°)
村庄 1	33	5	40
村庄 2	41	4.5	42
村庄 3	27	4.7	30
村庄 4	19	3.5	37
村庄 5	38	4.5	34

其中方向角为村庄与乡政府的连线与水平方向的夹角.

问应如何选址使得全部小学生所走的总路程最短，并求出最短距离.

项目 3　生产资金分配问题

某制造商制造某种产品的两个生产要素——劳动力和资本分别为 x_1 与 x_2. 该产品的 Cobb-Douglas(柯布-道格拉斯)生产函数(单位为元):

$$y=f(x_1,x_2)=1\ 200x_1^{\frac{3}{5}}x_2^{\frac{2}{5}}.$$

倘若该制造商制造该产品所需的单位劳动力的成本和单位资本的成本分别为 240 元和 480 元，该制造商对本产品的总投入为 98 000 元，应如何分配资金使生产量达到最大值?

第8章　无穷级数

无穷级数是数与函数的一种重要表达形式，也是微积分理论研究与实际应用中极其有力的工具. 无穷级数在表达函数、研究函数的性质、计算函数值以及求解微分方程等方面都有着重要的应用. 本章先讨论常数项级数，介绍无穷级数的一些基本内容，然后讨论函数项级数，并着重讨论如何将函数展开成幂级数与三角级数的问题.

8.1　常数项级数的概念和性质

8.1.1　常数项级数的概念

定义1　设有数列 $u_1, u_2, \cdots, u_n, \cdots$，则表达式 $u_1+u_2+\cdots+u_n+\cdots$ 称为(常数项)**无穷级数**，记作 $\sum\limits_{n=1}^{\infty} u_n$，其中第 n 项 u_n 称为级数的**通项**或**一般项**.

(1) 等比数列 $a, aq, \cdots, aq^{n-1}, \cdots$ 各项的和 $a+aq+\cdots+aq^{n-1}+\cdots=\sum\limits_{n=0}^{\infty} aq^n$ 称为**几何级数**(又称**等比级数**).

例如：$2+4+8+\cdots+2^n+\cdots$ 是公比 $q=2$ 的几何级数.

再如：$1-1+1-1+\cdots+(-1)^{n-1}+\cdots$ 是公比 $q=-1$ 的几何级数.

(2) 级数 $1+\dfrac{1}{2^p}+\dfrac{1}{3^p}+\cdots+\dfrac{1}{n^p}+\cdots=\sum\limits_{n=1}^{\infty}\dfrac{1}{n^p}$ ($p>0$ 常数)，称为 ***p*-级数**. 特别地，当 $p=1$ 时，级数 $1+\dfrac{1}{2}+\dfrac{1}{3}+\cdots+\dfrac{1}{n}+\cdots=\sum\limits_{n=1}^{\infty}\dfrac{1}{n}$ 称为**调和级数**.

(3) 无限小数可以表示为无穷级数.

譬如：$\pi=3.141\,59\cdots=3+\dfrac{1}{10}+\dfrac{4}{100}+\dfrac{1}{10^3}+\dfrac{5}{10^4}+\dfrac{9}{10^5}+\cdots$；

$$0.\dot{6}\dot{3}=\frac{63}{100}+\frac{63}{100^2}+\frac{63}{100^3}+\cdots.$$

无穷级数是一个数列无限项的和. 这无限项的和是否存在？若存在，

和是多少？这是我们要讨论的问题——级数的敛散性.

定义 2　将级数 $\sum\limits_{n=1}^{\infty}u_n$ 的前 n 项的和记作 s_n，即 $s_n=u_1+u_2+\cdots+u_n$，称 s_n 为级数 $\sum\limits_{n=1}^{\infty}u_n$ 的前 n 项的和. 若 $\lim\limits_{n\to\infty}s_n$ 存在，即 $\lim\limits_{n\to\infty}s_n=s$（常数），则称 s 为级数 $\sum\limits_{n=1}^{\infty}u_n$ 的和，记作 $\sum\limits_{n=1}^{\infty}u_n=s$，此时称级数 $\sum\limits_{n=1}^{\infty}u_n$ **收敛**于 s. 若 $\lim\limits_{n\to\infty}s_n$ 不存在，则称级数 $\sum\limits_{n=1}^{\infty}u_n$ **发散**.

【例 1】　讨论**等比级数**（又称为**几何级数**）

$$\sum_{n=0}^{\infty}aq^n=a+aq+aq^2+\cdots+aq^n+\cdots \quad (a\neq 0)$$

的收敛性.

解　当 $q\neq 1$，有 $s_n=a+aq+aq^2+\cdots+aq^{n-1}=\dfrac{a(1-q^n)}{1-q}$.

若 $|q|<1$，有 $\lim\limits_{n\to\infty}q^n=0$，则 $\lim\limits_{n\to\infty}s^n=\dfrac{a}{1-q}$.

若 $|q|>1$，有 $\lim\limits_{n\to\infty}q^n=\infty$，则 $\lim\limits_{n\to\infty}s^n=\infty$.

若 $q=1$，有 $s_n=na$，$\lim\limits_{n\to\infty}s^n=\infty$.

若 $q=-1$，则级数变为

$$s_n=\underbrace{a-a+a-a+\cdots+(-1)^{n-1}a}_{n\text{个}}=\frac{1}{2}a[1-(-1)^n],$$

易见 $\lim\limits_{n\to\infty}s^n$ 不存在.

综上所述，当 $|q|<1$ 时，等比级数收敛，且 $\sum\limits_{n=0}^{\infty}aq^n=\dfrac{a}{1-q}$；$|q|\geqslant 1$ 时，$\sum\limits_{n=0}^{\infty}a\cdot q^n$ 发散.

【例 2】　证明级数 $\sum\limits_{n=1}^{\infty}\dfrac{1}{(2n-1)(2n+1)}$ 是收敛的且其和等于 $\dfrac{1}{2}$.

证明　因为 $u_n=\dfrac{1}{(2n-1)(2n+1)}=\dfrac{1}{2}\left(\dfrac{1}{2n-1}-\dfrac{1}{2n+1}\right)$

$$\begin{aligned}s_n&=\frac{1}{1\cdot 3}+\frac{1}{3\cdot 5}+\cdots+\frac{1}{(2n-1)(2n+1)}\\&=\frac{1}{2}\left[\left(1-\frac{1}{3}\right)+\left(\frac{1}{3}-\frac{1}{5}\right)+\cdots+\left(\frac{1}{2n-1}-\frac{1}{2n+1}\right)\right]\\&=\frac{1}{2}\left(1-\frac{1}{2n+1}\right)\to\frac{1}{2}\ (n\to\infty).\end{aligned}$$

所以，$\sum\limits_{n=1}^{\infty}\dfrac{1}{(2n-1)(2n+1)}$是收敛的且其和为$\dfrac{1}{2}$.

【例 3】 将无限循环小数 $0.\dot{6}\dot{3}$ 用分数表示出来.

解 $0.\dot{6}\dot{3}=\dfrac{63}{100}+\dfrac{63}{100^2}+\cdots+\dfrac{63}{100^n}+\cdots$.

这是$q=\dfrac{1}{100}$，首项$a=\dfrac{63}{100}$的几何级数，由例 4 可知它是收敛的且其和为$\dfrac{a}{1-q}=\dfrac{\dfrac{63}{100}}{1-\dfrac{1}{100}}=\dfrac{63}{99}=\dfrac{7}{11}$，故 $0.\dot{6}\dot{3}=\dfrac{7}{11}$.

8.1.2 级数的性质

性质 1 级数 $\sum\limits_{n=1}^{\infty}u_n$ 与级数$\sum\limits_{n=1}^{\infty}ku_n$（$k\neq0$ 为常数）具有相同的敛散性；若级数 $\sum\limits_{n=1}^{\infty}u_n$ 收敛于S，则级数 $\sum\limits_{n=1}^{\infty}ku_n$ 收敛于kS.

性质 2 若级数 $\sum\limits_{n=1}^{\infty}u_n$ 与级数$\sum\limits_{n=1}^{\infty}v_n$ 分别收敛于S和T，则级数 $\sum\limits_{n=1}^{\infty}(u_n\pm v_n)$ 也收敛且其和为$S\pm T$.

性质 3 在级数 $\sum\limits_{n=1}^{\infty}u_n$ 中去掉、添加或改变有限项，不会改变级数的敛散性（但收敛级数的和可能会变）.

性质 4 若级数 $\sum\limits_{n=1}^{\infty}u_n$ 收敛，将其中的项任意合并（即加上括号）后形成的级数$(u_1+u_2+\cdots+u_{n_1})+(u_{n_1+1}+u_{n_1+2}+\cdots+u_{n_2})+\cdots+(u_{n_k+1}+\cdots+u_{n_{k+1}})+\cdots$仍收敛且其和不变.

注意：反之则不然. 譬如：级数 $\sum\limits_{n=1}^{\infty}(-1)^n$.

推论 若级数 $\sum\limits_{n=1}^{\infty}u_n$ 加上括号后形成的级数发散，则原级数发散.

性质 5（级数收敛的必要条件） 若级数 $\sum\limits_{n=1}^{\infty}u_n$ 收敛，则 $\lim\limits_{n\to\infty}u_n=0$.

注意：$\lim\limits_{n\to\infty}u_n=0$ 仅是级数 $\sum\limits_{n=1}^{\infty}u_n$ 收敛的必要条件但不是充分条件. 譬如，级数 $\sum\limits_{n=1}^{\infty}\dfrac{1}{\sqrt{n}}$，$\lim\limits_{n\to\infty}\dfrac{1}{\sqrt{n}}=0$，但因为

$$s_n=1+\frac{1}{\sqrt{2}}+\cdots+\frac{1}{\sqrt{n}}>\frac{1}{\sqrt{n}}+\frac{1}{\sqrt{n}}+\cdots+\frac{1}{\sqrt{n}}=\sqrt{n}\to+\infty\quad(n\to\infty),$$

所以级数 $\sum_{n=1}^{\infty}\frac{1}{\sqrt{n}}$ 是发散的.

推论 设级数 $\sum_{n=1}^{\infty}u_n$ 的通项 u_n，若 $\lim_{n\to\infty}u_n\neq0$，则级数 $\sum_{n=1}^{\infty}u_n$ 是发散的.

【例 4】 证明级数 $\sum_{n=1}^{\infty}\frac{n+1}{2n-1}$ 是发散的.

证明 因为 $\lim_{n\to\infty}\frac{n+1}{2n-1}=\frac{1}{2}\neq0$，所以级数 $\sum_{n=1}^{\infty}\frac{n+1}{2n-1}$ 是发散的.

【例 5】 证明调和级数 $\sum_{n=1}^{\infty}\frac{1}{n}$ 是发散的.

证 取调和级数的前 2^n 项部分的和，

因为
$$\begin{aligned}s_{2^n}&=1+\frac{1}{2}+\frac{1}{3}+\cdots+\frac{1}{2^n}\\&=1+\frac{1}{2}+\left(\frac{1}{3}+\frac{1}{4}\right)+\left(\frac{1}{5}+\frac{1}{6}+\frac{1}{7}+\frac{1}{8}\right)+\left(\frac{1}{9}+\cdots+\frac{1}{16}\right)+\cdots+\\&\quad\left(\frac{1}{2^{n-1}+1}+\cdots+\frac{1}{2^n}\right)\\&>\frac{1}{2}+\frac{1}{2}+\cdots+\frac{1}{2}=\frac{n}{2}\to\infty\quad(n\to\infty),\end{aligned}$$

所以
$$\lim_{n\to\infty}s_{2^n}=+\infty.$$

因此，调和级数是发散的.

【例 6】 讨论级数 $\frac{1}{1\cdot2}+\frac{1}{2\cdot3}+\cdots+\frac{1}{n(n+1)}+\cdots$ 的收敛性.

解 $u_n=\frac{1}{n(n+1)}=\frac{1}{n}-\frac{1}{n+1}$，

$$\begin{aligned}s_n&=\frac{1}{1\cdot2}+\frac{1}{2\cdot3}+\cdots+\frac{1}{n(n+1)}\\&=\left(1-\frac{1}{2}\right)+\left(\frac{1}{2}-\frac{1}{3}\right)+\cdots+\left(\frac{1}{n}-\frac{1}{n+1}\right)\\&=1-\frac{1}{n+1}.\end{aligned}$$

所以$\lim\limits_{n\to\infty}s_n=\lim\limits_{n\to\infty}\left(1-\dfrac{1}{n+1}\right)=1$,即原级数收敛,其和为 1.

【例 7】 证明级数 $1+2+3+\cdots+n+\cdots$ 是发散的.

证明 级数的部分和为 $s_n=1+2+3+\cdots+n=\dfrac{n(n+1)}{2}$.
显然,$\lim\limits_{n\to\infty}s_n=\infty$,故原级数发散.

【例 8】 判断下列级数的收敛性.

(1) $\sum\limits_{n=1}^{\infty}\left(\dfrac{1}{2^n}+\dfrac{1}{3^n}\right)$;　　(2) $\dfrac{1}{2}+\dfrac{2}{3}+\dfrac{3}{4}+\cdots+\dfrac{n}{n+1}+\cdots$.

解 (1) 因为级数 $\sum\limits_{n=1}^{\infty}\dfrac{1}{2^n}$ 和 $\sum\limits_{n=1}^{\infty}\dfrac{1}{3^n}$ 都收敛,根据性质 1,所以级数 $\sum\limits_{n=1}^{\infty}\left(\dfrac{1}{2^n}+\dfrac{1}{3^n}\right)$ 一定收敛.

(2) 由于一般的极限$\lim\limits_{n\to\infty}u_n=\lim\limits_{n\to\infty}\dfrac{n}{n+1}=1\neq0$,不满足级数收敛的必要条件,所以级数 $\sum\limits_{n=1}^{\infty}\dfrac{n}{n+1}$ 发散.

【例 9】 设级数 $\sum\limits_{n=1}^{\infty}u_n$ 收敛,$\sum\limits_{n=1}^{\infty}v_n$ 发散,证明:级数 $\sum\limits_{n=1}^{\infty}(u_n+v_n)$ 发散.

证明 用反证法,已知 $\sum\limits_{n=1}^{\infty}u_n$ 收敛. 假定 $\sum\limits_{n=1}^{\infty}(u_n+v_n)$ 收敛,由 $v_n=(u_n+v_n)-u_n$ 与级数性质得知 $\sum\limits_{n=1}^{\infty}v_n$ 收敛,这与题设矛盾,所以级数 $\sum\limits_{n=1}^{\infty}(u_n+v_n)$ 发散.

【例 10】 判别级数 $\dfrac{1}{2}+\dfrac{1}{10}+\dfrac{1}{2^2}+\dfrac{1}{10\times2}+\cdots+\dfrac{1}{2^n}+\dfrac{1}{10n}+\cdots$ 是否收敛.

解 将所给级数每相邻两项加括号得到新级数 $\sum\limits_{n=1}^{\infty}\left(\dfrac{1}{2^n}+\dfrac{1}{10n}\right)$.

因为 $\sum\limits_{n=1}^{\infty}\dfrac{1}{2^n}$ 收敛,而级数 $\sum\limits_{n=1}^{\infty}\dfrac{1}{10n}=\dfrac{1}{10}\sum\limits_{n=1}^{\infty}\dfrac{1}{n}$ 发散,所以级数 $\sum\limits_{n=1}^{\infty}\left(\dfrac{1}{2^n}+\dfrac{1}{10n}\right)$ 发散. 根据性质 3 的推论 1,去括号后的级数$\dfrac{1}{2}+\dfrac{1}{10}+\dfrac{1}{2^2}+\dfrac{1}{2\times10}+\cdots+\dfrac{1}{2^n}+\dfrac{1}{10n}+\cdots$也发散.

习　题　8.1

1. 判断级数$\frac{1}{3}+\frac{1}{9}+\frac{1}{27}+\cdots+\frac{1}{3^n}+\cdots$的敛散性.

2. 判断级数 $\sum_{n=1}^{\infty}(-1)^n$ 的敛散性.

3. 判断级数$\frac{1}{1\cdot 3}+\frac{1}{3\cdot 5}+\frac{1}{5\cdot 7}\cdots+\frac{1}{(2n-1)(2n+1)}+\cdots$的敛散性.

4. 判别级数 $\sum_{n=1}^{\infty}(\sqrt{n+2}-2\sqrt{n+1}+\sqrt{n})$ 的敛散性.

5. 判别级数 $\sum_{n=1}^{\infty}n^2\left(1-\cos\frac{1}{n}\right)$ 的敛散性.

8.2　常数级数收敛的判别法

8.2.1　正项级数判别法

若级数 $\sum_{n=1}^{\infty}u_n$ 的通项 $u_n\geqslant 0(n=1,2,\cdots)$，则称级数 $\sum_{n=1}^{\infty}u_n$ 为**正项级数**.

正项级数的特点是部分和数列$\{s_n\}$单调递增，即：$s_n\leqslant s_{n+1}$，根据极限的收敛准则有：

定理 1　正项级数 $\sum_{n=1}^{\infty}u_n$ 收敛的充分必要条件是$\{s_n\}$有界.

【例 1】　证明级数 $\sum_{n=1}^{\infty}\frac{1}{n!}=1+\frac{1}{2!}+\frac{1}{3!}+\cdots+\frac{1}{n!}+\cdots$ 是收敛的.

证　因为$\frac{1}{n!}=\frac{1}{1\cdot 2\cdot\cdots\cdot n}\leqslant\frac{1}{1\cdot 2\cdot 2\cdot\cdots\cdot 2}=\frac{1}{2^{n-1}}\quad(n=2,3,\cdots)$，

所以

$$\begin{aligned}s_n&=1+\frac{1}{2!}+\cdots+\frac{1}{n!}\\&<1+\frac{1}{2}+\frac{1}{2^2}+\cdots+\frac{1}{2^{n-1}}\\&=\frac{1-\frac{1}{2^n}}{1-\frac{1}{2}}=2-\frac{1}{2^{n-1}}<2,\end{aligned}$$

即$\{s_n\}$有界，故级数 $\sum_{n=1}^{\infty}\frac{1}{n!}=1+\frac{1}{2!}+\frac{1}{3!}+\cdots+\frac{1}{n!}+\cdots$ 收敛.

定理 2(正项级数的比较判别法) 设 $\sum_{n=1}^{\infty} u_n$ 与 $\sum_{n=1}^{\infty} v_n$ 是正项级数，且 $u_n \leqslant v_n$，则

(1) 若级数 $\sum_{n=1}^{\infty} v_n$ 收敛，则级数 $\sum_{n=1}^{\infty} u_n$ 也收敛；

(2) 若级数 $\sum_{n=1}^{\infty} u_n$ 发散，则级数 $\sum_{n=1}^{\infty} v_n$ 也发散.

【例 2】 讨论 p-级数 $\sum_{n=1}^{\infty} \frac{1}{n^p} (p > 0)$ 的敛散性.

解 当 $p \leqslant 1$ 时，$\frac{1}{n^p} \geqslant \frac{1}{n}$，而 $\sum_{n=1}^{\infty} \frac{1}{n}$ 是发散的，故 $\sum_{n=1}^{\infty} \frac{1}{n^p}$ 发散.

当 $p > 1$ 时，

$$\begin{aligned}\sum_{n=1}^{\infty} \frac{1}{n^p} &= 1 + \left(\frac{1}{2^p} + \frac{1}{3^p}\right) + \left(\frac{1}{4^p} + \frac{1}{5^p} + \frac{1}{6^p} + \frac{1}{7^p}\right) + \left(\frac{1}{8^p} + \cdots + \frac{1}{15^p}\right) + \cdots \\ &\leqslant 1 + \left(\frac{1}{2^p} + \frac{1}{2^p}\right) + \left(\frac{1}{4^p} + \frac{1}{4^p} + \frac{1}{4^p} + \frac{1}{4^p}\right) + \\ &\quad \left(\frac{1}{8^p} + \frac{1}{8^p} + \cdots + \frac{1}{8^p}\right) + \cdots \\ &= 1 + \frac{1}{2^{p-1}} + \left(\frac{1}{2^{p-1}}\right)^2 + \left(\frac{1}{2^{p-1}}\right)^3 + \cdots = \sum_{n=0}^{\infty} \left(\frac{1}{2^{p-1}}\right)^n.\end{aligned}$$

$\sum_{n=0}^{\infty} \left(\frac{1}{2^{p-1}}\right)^n$ 是公比为 $\frac{1}{2^{p-1}}$ 的几何级数，它是收敛的，由正项级数的比较判别法知，此时 $\sum_{n=1}^{\infty} \frac{1}{n^p}$ 是收敛的.

综上：p-级数 $\sum_{n=1}^{\infty} \frac{1}{n^p} (p > 0)$，当 $p \leqslant 1$ 时，发散；当 $p > 1$ 时，收敛.

譬如：级数 $\sum_{n=1}^{\infty} \frac{1}{\sqrt{n}}$ 是 $p = \frac{1}{2}$ 的 p-级数，它是发散的；级数 $\sum_{n=1}^{\infty} \frac{1}{n^2}$ 是 $p=2$ 的 p-级数，它是收敛的.

【例 3】 判断级数 $\sum_{n=1}^{\infty} \frac{1}{n^2+1}$ 的敛散性.

解 因 $\frac{1}{n^2+1} < \frac{1}{n^2}$ 且 $\sum_{n=1}^{\infty} \frac{1}{n^2}$ 是收敛的，故 $\sum_{n=1}^{\infty} \frac{1}{n^2+1}$ 是收敛的.

【例 4】 判断级数 $\sum_{n=1}^{\infty} \frac{1}{(n+1) \cdot 2^n}$ 的敛散性.

解 因 $\frac{1}{(n+1) \cdot 2^n} < \frac{1}{2^n}$，且级数 $\sum_{n=1}^{\infty} \frac{1}{2^n}$ 是收敛的 $\left(q = \frac{1}{2}\right)$. 因此

$\sum_{n=1}^{\infty}\frac{1}{(n+1)\cdot 2^n}$ 是收敛的.

定理 3(比值判别法)　(达朗贝尔判别法)设 $\sum_{n=1}^{\infty}u_n$ 为正项级数,若 $\lim_{n\to\infty}\frac{u_{n+1}}{u_n}=\lambda$,则

(1) 当 $0<\lambda<1$ 时,级数 $\sum_{n=1}^{\infty}u_n$ 收敛;

(2) 当 $\lambda>1$ 时(或 $+\infty$),级数 $\sum_{n=1}^{\infty}u_n$ 发散;

(3) 当 $\lambda=1$ 时,级数 $\sum_{n=1}^{\infty}u_n$ 可能收敛,也可能发散.

注意:当正项级数 $\sum_{n=1}^{\infty}u_n$ 的通项 u_n 中包含 a^n 或 $n!$ 时,常常用比值判别法.

【例 5】　判别下列级数的收敛性:

(1) $\sum_{n=1}^{\infty}\frac{n}{2^n}$;　　(2) $\sum_{n=1}^{\infty}\frac{n!}{10^n}$.

解　(1) 因为

$$\lim_{n\to\infty}\frac{u_{n+1}}{u_n}=\lim_{n\to\infty}\frac{\frac{n+1}{2^{n+1}}}{\frac{n}{2^n}}=\lim_{n\to\infty}\frac{n+1}{2n}=\frac{1}{2}<1.$$

由比值判别法知,题设级数 $\sum_{n=1}^{\infty}\frac{n}{2^n}$ 是收敛的.

(2) $u_n=\frac{n!}{10^n}$,由于

$$\frac{u_{n+1}}{u_n}=\frac{(n+1)!}{10^{n+1}}\cdot\frac{10^n}{n!}\longrightarrow\infty\quad(n\to\infty),$$

所以级数 $\sum_{n=1}^{\infty}\frac{n!}{10^n}$ 发散.

【例 6】　判断 $\sum_{n=1}^{\infty}\frac{n^n}{n!}$ 的敛散性.

解　通项 $u_n=\frac{n^n}{n!}$.

$$\lambda=\lim_{n\to\infty}\frac{u_{n+1}}{u_n}=\lim_{n\to\infty}\frac{\frac{(n+1)^{n+1}}{(n+1)!}}{\frac{n^n}{n!}}=\lim_{n\to\infty}\left(\frac{n+1}{n}\right)^n=\lim_{n\to\infty}\left(1+\frac{1}{n}\right)^n=\mathrm{e}>1,$$

所以该级数是发散的.

【例 7】 证明级数 $\sum_{n=1}^{\infty}\frac{x^n}{n!}$ 对任何 $x>0$ 都是收敛的.

证 $x>0$,级数 $\sum_{n=1}^{\infty}\frac{x^n}{n!}$ 是正项级数,$u_n=\frac{x^n}{n!}$,

$$\lambda=\lim_{n\to\infty}\frac{u_{n+1}}{u_n}=\lim_{n\to\infty}\frac{\frac{x^{n+1}}{(n+1)!}}{\frac{x^n}{n!}}=x\lim_{n\to\infty}\frac{1}{n+1}=0<1,$$

所以级数 $\sum_{n=1}^{\infty}\frac{x^n}{n!}$ 对任何 $x>0$ 都是收敛的.

定理 4(根值判别法) (柯西判别法)设有正项级数 $\sum_{n=1}^{\infty}u_n$,若 $\lim_{n\to\infty}\sqrt[n]{u_n}=l$,则

(1) 当 $0<l<1$ 时,级数 $\sum_{n=1}^{\infty}u_n$ 收敛;

(2) 当 $l>1$ 时,级数 $\sum_{n=1}^{\infty}u_n$ 发散;

(3) 当 $l=1$ 时,级数 $\sum_{n=1}^{\infty}u_n$ 可能收敛也可能发散.

【例 8】 判断级数 $\sum_{n=1}^{\infty}\left(\frac{n}{2n+1}\right)^n$ 的敛散性.

解 因为 $\lim_{n\to\infty}\sqrt[n]{u_n}=\lim_{n\to\infty}\frac{n}{2n+1}=\frac{1}{2}<1$,所以 $\sum_{n=1}^{\infty}\left(\frac{n}{2n+2}\right)^n$ 是收敛的.

注意:当级数的通项中含有 n 次方幂时,常常考虑使用根值判别法.

8.2.2 交错级数敛散性的判别法

令 $u_n>0$,则称 $\sum_{n=1}^{\infty}(-1)^{n-1}u_n=u_1-u_2+u_3-u_4+\cdots$ 为**交错级数**.

定理 5 (莱布尼茨判别法)如交错级数 $\sum_{n=1}^{\infty}(-1)^{n-1}u_n$ 满足:

(1) $u_n \geqslant u_{n+1}(n=1,2,3,\cdots)$;

(2) $\lim\limits_{n\to\infty} u_n=0$,

则 $\sum\limits_{n=1}^{\infty}(-1)^{n-1}u_n$ 收敛.

【例 9】 判断交错级数 $\sum\limits_{n=1}^{\infty}(-1)^{n-1}\dfrac{1}{n}$ 的敛散性.

解 $u_n=\dfrac{1}{n}$,满足:(1)$u_n=\dfrac{1}{n}>\dfrac{1}{n+1}=u_{n+1}$;(2) $\lim\limits_{n\to\infty}\dfrac{1}{n}=0$.

由莱布尼茨判别法知,$\sum\limits_{n=1}^{\infty}(-1)^{n-1}\dfrac{1}{n}$ 是收敛的.

【例 10】 判断交错级数 $\sum\limits_{n=1}^{\infty}(-1)^{n-1}\dfrac{n}{3^n}$ 的敛散性.

解 $u_n=\dfrac{n}{3^n}$, $u_n-u_{n+1}=\dfrac{n}{3^n}-\dfrac{n+1}{3^{n+1}}=\dfrac{2n-1}{3^{n+1}}\geqslant 0$,所以 $u_n\geqslant u_{n+1}$.

又因为$\lim\limits_{n\to\infty}u_n=0$,由莱布尼茨判别法知,$\sum\limits_{n=1}^{\infty}(-1)^{n-1}\dfrac{n}{3^n}$ 是收敛的.

8.2.3 绝对收敛与条件收敛

对于 $\sum\limits_{n=1}^{\infty}u_n$,若 u_n 为任意实数,称 $\sum\limits_{n=1}^{\infty}u_n$ 为任意项级数.

如 $\sum\limits_{n=1}^{\infty}|u_n|$ 收敛,称 $\sum\limits_{n=1}^{\infty}u_n$ **绝对收敛**;如 $\sum\limits_{n=1}^{\infty}|u_n|$ 发散,$\sum\limits_{n=1}^{\infty}u_n$ 收敛,称 $\sum\limits_{n=1}^{\infty}u_n$ **条件收敛**.

定理 6 如 $\sum\limits_{n=1}^{\infty}|u_n|$ 收敛,则 $\sum\limits_{n=1}^{\infty}u_n$ 必收敛.

注意:此定理的逆命题是不成立的.譬如由例 8 知级数 $\sum\limits_{n=1}^{\infty}(-1)^{n-1}\dfrac{1}{n}$ 是收敛的,但它的每一项取绝对值后得到的级数 $\sum\limits_{n=1}^{\infty}\dfrac{1}{n}$ 是发散的.这就是我们定义的条件收敛.

【例 11】 判断级数 $\sum\limits_{n=1}^{\infty}\dfrac{\sin na}{2^n}$ 的敛散性.

解 级数 $\sum\limits_{n=1}^{\infty}\dfrac{\sin na}{2^n}$ 为任意项级数.

因为 $\left|\dfrac{\sin na}{2^n}\right| \leqslant \dfrac{1}{2^n}$，又 $\sum\limits_{n=1}^{\infty} \dfrac{1}{2^n}$ 收敛，因此由比较判别法知，级数 $\sum\limits_{n=1}^{\infty} \left|\dfrac{\sin na}{2^n}\right|$ 收敛.

再由定理 5 知，级数 $\sum\limits_{n=1}^{\infty} \dfrac{\sin na}{2^n}$ 收敛，且是绝对收敛的.

【例 12】 判断交错级数 $\sum\limits_{n=1}^{\infty} (-1)^{n-1} \dfrac{1}{\sqrt{n}}$ 的敛散性. 若收敛，指出是绝对收敛，还是条件收敛.

解 级数 $\sum\limits_{n=1}^{\infty} \dfrac{1}{\sqrt{n}}$ 是 $p=\dfrac{1}{2}$ 的 p-级数，它是分散的.

而级数 $\sum\limits_{n=1}^{\infty} (-1)^{n-1} \dfrac{1}{\sqrt{n}}$ 满足：(1) $\dfrac{1}{\sqrt{n}} > \dfrac{1}{\sqrt{n+1}}$；(2) $\lim\limits_{n\to\infty} \dfrac{1}{\sqrt{n}}=0$. 由交错级数的莱布尼茨判别法知，级数 $\sum\limits_{n=1}^{\infty} (-1)^{n-1} \dfrac{1}{\sqrt{n}}$ 是收敛的.

故级数 $\sum\limits_{n=1}^{\infty} (-1)^{n-1} \dfrac{1}{\sqrt{n}}$ 是条件收敛的.

习 题 8.2

1. 设正项级数 $\sum\limits_{n=1}^{\infty} u_n$ 收敛，能否推得 $\sum\limits_{n=1}^{\infty} u_n^2$ 收敛？反之是否成立？

2. 判别下列级数的收敛性.

(1) $\sum\limits_{n=1}^{\infty} \sin \dfrac{1}{n}$；　(2) $\sum\limits_{n=1}^{\infty} \dfrac{1}{\sqrt{n(n+1)}}$；　(3) $\sum\limits_{n=1}^{\infty} \dfrac{\sin n}{n^2}$.

3. 用比值审敛法判别下列级数的收敛性.

(1) $\sum\limits_{n=1}^{\infty} \dfrac{n^2}{3^n}$；　(2) $\sum\limits_{n=1}^{\infty} \dfrac{n+2}{2^n}$；　(3) $\sum\limits_{n=1}^{\infty} \dfrac{n!}{n^2}$.

4. 判别下列交错级数的收敛性.

(1) $\sum\limits_{n=1}^{\infty} \dfrac{(-1)^{n-1}}{n^4}$；　(2) $\sum\limits_{n=1}^{\infty} \dfrac{(-1)^{n-1}}{n}$；　(3) $\sum\limits_{n=1}^{\infty} \dfrac{(-1)^{n+1}}{\sqrt{n}}$.

8.3 幂级数

8.3.1 函数项级数的概念

函数项级数：设函数列 $u_1(x), u_2(x), \cdots, u_n(x), \cdots$ （x 在收敛区间内），则

$$u_1(x)+u_2(x)+\cdots+u_n(x)+\cdots, \quad (x \text{ 在收敛区间内})$$

称为**函数项级数**，记作 $\sum\limits_{n=1}^{\infty} u_n(x)$ （x 在收敛区间内）.

当给定 $x=x_0$ 时，则函数项级数 $\sum\limits_{n=1}^{\infty} u_n(x)$ 称为**常数项级数**，$u_1(x_0)+u_2(x_0)+\cdots+u_n(x_0)+\cdots$，记作 $\sum\limits_{n=1}^{\infty} u_n(x_0)$.

收敛点（发散点）：若 $\sum\limits_{n=1}^{\infty} u_n(x_0)$ 收敛（发散），则称 x_0 为函数项级数 $\sum\limits_{n=1}^{\infty} u_n(x)$ 的**收敛点（发散点）**.

收敛域：函数项级数 $\sum\limits_{n=1}^{\infty} u_n(x)$收敛点的全体称为它的**收敛域**，记收敛域为 D. 函数项级数在某区域的收敛性问题，是指函数项级数在该区域内任意一点的收敛性问题，而函数项级数在某点 x 的收敛问题，实质上是常数项级数的收敛问题. 这样，仍可利用常数项级数的收敛性判别法来判断函数项级数的收敛性.

和函数：对于任意一收敛点 $x\in D$，则 $\sum\limits_{n=1}^{\infty} u_n(x)$收敛，因而有一个确定的和，因此，$\sum\limits_{n=1}^{\infty} u_n(x)$的和是关于 x 的函数，记作 $S(x)$. 称 $S(x)$为 $\sum\limits_{n=1}^{\infty} u_n(x)$的和函数，其定义域是收敛域 D，即在收敛域 D 上有

$$S(x)=u_1(x)+u_2(x)+\cdots+u_n(x)+\cdots, \quad (x \text{ 在收敛区间内}).$$

函数项级数的余项：若用 $S_n(x)$表示函数项级数的前 n 项的和，即

$$S_n(x)=u_1(x)+u_2(x)+\cdots+u_n(x),$$

则在收敛域上有

$$\lim_{n\to\infty} S_n(x)=S(x).$$

记 $R_n(x)=S(x)-S_n(x)$，称 $R_n(x)$为函数项级数 $\sum\limits_{n=1}^{\infty} u_n(x)$ 的**余项**，

且在 $\sum_{n=1}^{\infty}u_n(x)$ 的收敛域上有

$$\lim_{n\to\infty}R_n(x)=0.$$

8.3.2 幂级数的概念

当函数项级数的每一项都是幂函数时，即 $u_n(x)=a_nx^n(n=0,1,2,\cdots)$，函数项级数

$$a_0+a_1x+a_2x^2+\cdots+a_nx^n+\cdots=\sum_{n=0}^{\infty}a_nx^n \tag{1}$$

称为关于 x 的**幂级数**，并称 $a_0,a_1,a_2,\cdots a_n,\cdots$ 为幂级数(1)的**系数**.

幂级数更一般的形式

$$\begin{aligned}&a_0+a_1(x-x_0)+a_2(x-x_0)^2+\cdots+a_n(x-x_0)^n+\cdots\\&=\sum_{n=0}^{\infty}a_n(x-x_0)^n\end{aligned} \tag{2}$$

称为 $x-x_0$ 幂级数. 如果在幂级数(2)中令 $t=x-x_0$，则幂级数(2)就化为幂级数(1)的形式. 因此，我们将着重讨论幂级数(1). 下面将讨论幂级数(1)的收敛半径及收敛域的求法.

定理 1 设有幂级数 $\sum_{n=0}^{\infty}a_nx^n$，如果其系数满足

$$\lim_{n\to\infty}\left|\frac{a_{n+1}}{a_n}\right|=\rho.$$

记 $R=\dfrac{1}{\rho}$，则

(1) 当 $0<\rho<+\infty$ 时，$\sum_{n=0}^{\infty}a_nx^n$ 在 $(-R,+R)$ 内收敛；

(2) 当 $\rho=0$ 时，$\sum_{n=0}^{\infty}a_nx^n$ 在 $(-\infty,+\infty)$ 内收敛；

(3) 当 $\rho=+\infty$ 时，$\sum_{n=0}^{\infty}a_nx^n$ 仅在 $x=0$ 点收敛.

称 R 为幂级数 $\sum_{n=0}^{\infty}a_nx^n$ 的**收敛半径**，称 $(-R,+R)$ 为**收敛区间**.

注意：对于幂级数的收敛域，可先求出收敛半径 R 和收敛区间，再将区间的端点 $x=\pm R$ 代入幂级数中化为常数项级数讨论其敛散性，就可得到幂级数的收敛域.

【例 1】 求下列幂级数的收敛域.

(1) $\sum\limits_{n=0}^{\infty}\frac{x^n}{n!}$；　　(2) $\sum\limits_{n=0}^{\infty}\frac{x^n}{n}$；　　(3) $\sum\limits_{n=1}^{\infty}n^n x^n$.

解 (1) $a_n=\frac{1}{n!}$.

$$\rho=\lim_{n\to\infty}\left|\frac{a_{n+1}}{a_n}\right|=\lim_{n\to\infty}\frac{n!}{(n+1)!}=\lim_{n\to\infty}\frac{1}{n+1}=0.$$

故 $R=+\infty$，即收敛域为$(-\infty,+\infty)$.

(2) $a_n=\frac{1}{n}$，

$$\rho=\lim_{n\to\infty}\left|\frac{a_{n+1}}{a_n}\right|=\lim_{n\to\infty}\frac{n}{n+1}=1.$$

故 $R=1$，收敛区间为$(-1,1)$.

对于 $x=1$，幂级数化为 $\sum\limits_{n=0}^{\infty}\frac{1}{n}$，为调和级数可知其发散；

对于 $x=-1$，幂级数化为 $\sum\limits_{n=1}^{\infty}(-1)^n\frac{1}{n}$，为交错级数可知其收敛，故收敛域为$[-1,1)$.

(3) $a_n=n^n$，$\rho=\lim\limits_{n\to\infty}\left|\frac{a_{n+1}}{a_n}\right|=\lim\limits_{n\to\infty}\frac{(n+1)^{n+1}}{n^n}=\lim\limits_{n\to\infty}\left(1+\frac{1}{n}\right)^n=+\infty$，

故 $R=0$，级数仅在 $x=0$ 处收敛.

【例 2】 求幂级数 $\sum\limits_{n=1}^{\infty}\frac{(x-1)^n}{n\cdot 2^n}$ 的收敛域.

解 作变换 $t=x-1$，将 $\sum\limits_{n=1}^{\infty}\frac{(x-1)^n}{n\cdot 2^n}$ 化为 $\sum\limits_{n=1}^{\infty}\frac{t^n}{n\cdot 2^n}$.

$$\rho=\lim_{n\to\infty}\left|\frac{a_{n+1}}{a_n}\right|=\lim_{n\to\infty}\frac{n\cdot 2^n}{(n+1)2^{n+1}}=\lim_{n\to\infty}\frac{n}{2(n+1)}=\frac{1}{2}.$$

所以 $\sum\limits_{n=1}^{\infty}\frac{t^n}{n\cdot 2^n}$ 的收敛半径为 $R=2$.

当 $t=2$ 时 $\sum\limits_{n=1}^{\infty}\frac{2^n}{n\cdot 2^n}=\sum\limits_{n=1}^{\infty}\frac{1}{n}$ 是发散的；当 $t=-2$ 时，$\sum\limits_{n=1}^{\infty}\frac{(-1)^n\cdot 2^n}{n\cdot 2^n}=\sum\limits_{n=1}^{\infty}\frac{(-1)^n}{n}$ 是收敛的. 故 $\sum\limits_{n=1}^{\infty}\frac{t^n}{n\cdot 2^n}$ 的收敛域为 $-2\leqslant t<2$，即 $-2\leqslant x-1<2$，得 $-1\leqslant x<3$.

所以 $\sum\limits_{n=1}^{\infty}\frac{(x-1)^n}{n\cdot 2^n}$ 收敛域为$[-1,3)$.

【例 3】 求幂级数 $\sum_{n=1}^{\infty}\frac{n^2}{3^n}x^{2n-1}$ 的收敛域.

解 所给级数缺少 x 的偶数次项,不能用定理 2 求收敛半径,因此用比值判别法求,有

$$\lim_{n\to\infty}\left|\frac{u_{n+1}}{u_n}\right|=\lim_{n\to\infty}\left|\frac{\frac{(n+1)^2}{3^{n+1}}x^{2n+1}}{\frac{n^2}{3^n}x^{2n-1}}\right|=\lim_{n\to\infty}\frac{1}{3}\left(\frac{n+1}{n}\right)^2x^2=\frac{1}{3}x^2.$$

当 $\frac{1}{3}x^2<1$,即 $|x|<\sqrt{3}$ 时,级数绝对收敛;当 $\frac{1}{3}x^2>1$ 时,即 $|x|>\sqrt{3}$ 时,级数发散.所以收敛区间为 $(-\sqrt{3},\sqrt{3})$.

当 $x=\sqrt{3}$ 时,级数为 $\sum_{n=1}^{\infty}\frac{n^2}{3^n}(\sqrt{3})^{2n-1}=\sum_{n=1}^{\infty}\frac{n^2}{\sqrt{3}}$ 是发散的;当 $x=-\sqrt{3}$ 时,级数为 $\sum_{n=1}^{\infty}\left(-\frac{n^2}{\sqrt{3}}\right)$ 仍为发散的,故原级数的收敛域为 $(-\sqrt{3},\sqrt{3})$.

8.3.3 幂级数的运算

定理 2 设有两幂级数 $\sum_{n=0}^{\infty}a_nx^n$,$\sum_{n=0}^{\infty}b_nx^n$.收敛半径分别为 R_1,R_2;和函数分别为 $S_1(x)$,$S_2(x)$.

即

$$\sum_{n=0}^{\infty}a_nx^n=S_1(x)\quad x\in(-R_1,R_1);$$

$$\sum_{n=0}^{\infty}b_nx^n=S_2(x)\quad x\in(-R_2,R_2).$$

则在区间 $(-R,R)$ $(R=\min(R_1,R_2))$ 内,两幂级数可作加法、减法及乘法运算:

$$\sum_{n=0}^{\infty}a_nx^n\pm\sum_{n=0}^{\infty}b_nx^n=\sum_{n=0}^{\infty}(a_n\pm b_n)x^n=S_1(x)\pm S_2(x),\quad x\in(-R,R),$$

$$\left(\sum_{n=0}^{\infty}a_nx^n\right)\cdot\left(\sum_{n=0}^{\infty}b_nx^n\right)=a_0b_0+(a_0b_1+a_1b_0)x+(a_0b_2+a_1b_1+a_2b_0)x^2+\cdots+$$
$$(a_0b_n+a_1b_{n-1}+\cdots a_nb_0)x^n,\quad x\in(-R,R).$$

注意:两个幂级数的加减乘法运算与两个多项式的相应运算完全相同.

定理 3 设幂级数 $\sum_{n=0}^{\infty}a_nx^n$ 的收敛半径为 R,则它的和函数 $S(x)$ 在 $(-R,R)$ 内具有以下性质:

（1）$S(x)$是连续的；

（2）$S(x)$是可导的，且有逐项求导公式：

$$S'(x)=\sum_{n=0}^{\infty}(a_nx^n)'=\sum_{n=1}^{\infty}na_nx^{n-1},\quad x\in(-R,R),$$

逐项求导后所得到的幂级数的收敛半径仍为 R.

（3）$S(x)$是可积的，且有积分公式：

$$\int_0^x S(x)\mathrm{d}x=\int_0^x\left(\sum_{n=0}^{\infty}a_nx^n\right)\mathrm{d}x=\sum_{n=0}^{\infty}\int_0^x a_nx^n\mathrm{d}x=\sum_{n=0}^{\infty}\frac{a_n}{n+1}x^{n+1},\quad x\in(-R,R),$$

逐项积分后所得到的幂级数的收敛半径仍为 R.

例如幂级数 $\sum\limits_{n=0}^{\infty}x^n$ 的收敛域为$(-1,1)$，且和函数为 $S(x)=\dfrac{1}{1-x}$，即

$$\frac{1}{1-x}=1+x+x^2+\cdots+x^n+\cdots,\quad x\in(-1,1).\tag{3}$$

显然 $S(x)=\dfrac{1}{1-x}$在$(-1,1)$内是连续的，对(1)式逐项求导，得

$$\frac{1}{(1-x)^2}=1+2x+3x^2+\cdots+nx^{n-1}+\cdots,\quad x\in(-1,1).\tag{4}$$

对(3)式逐项积分得

$$\int_0^x\frac{1}{1-x}\mathrm{d}x=\int_0^x 1\cdot\mathrm{d}x+\int_0^x x\mathrm{d}x+\int_0^x x^2\mathrm{d}x+\cdots\int_0^x x^n\mathrm{d}x+\cdots,\quad x\in(-1,1),$$

即
$$-\ln(1-x)=x+\frac{x^2}{2}+\frac{x^3}{3}+\cdots+\frac{x^{n+1}}{n+1}+\cdots,\quad x\in(-1,1).$$

这样，我们求出了幂级数 $\sum\limits_{n=1}^{\infty}nx^{n-1}$ 的和函数为$\dfrac{1}{(1-x)^2}$，幂级数 $\sum\limits_{n=1}^{\infty}\dfrac{x^n}{n}$ 的和函数为$-\ln(1-x)$且收敛半径都是 1.

如果幂级数有缺项，如缺少奇数次幂的项等，则应将幂级数视为函数项级数，并利用比值判别法或根值判别法确定其收敛域.

几何级数的和函数

$$1+x+x^2+\cdots+x^n+\cdots=\frac{1}{1-x},\quad(-1<x<1)$$

是幂级数求和中的一个基本的结果. 我们所讨论的许多级数求和的问题都可以利用幂级数的运算性质转化为几何级数的求和问题来解决.

8.3.4 将函数展开为幂级数

1. 泰勒(Taylor)公式与麦克劳林 (Maclauron) 公式

定理1 如果函数 $f(x)$在 x_0的某邻域内有直到 $n+1$ 阶导数,则对此邻域内任一 x,有 $f(x)=f(x_0)+f'(x_0)(x-x_0)+\frac{f''(x_0)}{2!}(x-x_0)^2+\cdots \frac{f^{(n)}(x_0)}{n!}(x-x_0)^n+\frac{f^{(n+1)}(\xi)}{(n+1)!}(x-x_0)^{n+1}$,其中 ξ 介于 x_0与 x 之间.

上式称为 $f(x)$的**泰勒展开式或泰勒公式**.

记 $R_n(x)=\frac{f^{(n+1)}(\xi)}{(n+1)!}(x-x_0)^{n+1}$,称为**泰勒余项**.

特别地,当 $x_0=0$ 时,将 ξ 记为 $\theta x(0<\theta<1)$,泰勒公式为

$$f(x)=f(0)+f'(0)x+\frac{f''(0)}{2!}x^2+\cdots\frac{f^{(n)}(0)}{n!}x^n+\frac{f^{(n+1)}(\theta x)}{(n+1)!}x^{n+1},$$

称为 $f(x)$的**麦克劳林公式**.

2. 泰勒级数

泰勒级数是泰勒公式从有限项到无限项的推广.

定义 设函数 $f(x)$在 x_0某个邻域内具有任意阶导数 $f'(x),f''(x),\cdots f^{(n)}(x),\cdots$,称级数

$$f(x_0)+f'(x_0)(x-x_0)+\frac{f''(x_0)}{2!}(x-x_0)^2+\cdots\frac{f^{(n)}(x_0)}{n!}(x-x_0)^n+\cdots$$

为 $f(x)$在 $x=x_0$的**泰勒级数**. 特别地,当 $x_0=0$ 时,称其为 $f(x)$的**麦克劳林级数**,即

$$f(0)+f'(0)x+\frac{f''(0)}{2!}x^2+\cdots\frac{f^{(n)}(0)}{n!}x^n+\cdots.$$

一个函数的在什么条件下收敛,如果收敛是否收敛于该函数? 下面的定理2给出答案.

定理2 设函数 $f(x)$在 x_0的某邻域内具有各阶导数,则在该邻域内,泰勒级数 $\sum\limits_{n=0}^{\infty}\frac{f^{(n)}(x_0)}{n!}(x-x_0)^n$ 收敛于 $f(x)$的充分必要条件是:$\lim\limits_{n\to\infty}R_n(x)=0$.

【例1】 将函数 $f(x)=e^x$展开为 x 的幂级数.

解 由函数 e^x的麦克劳林公式知,其余项 $R_n(x)$为:$R_n(x)=\frac{x^{n+1}}{(n+1)!}e^{\theta x}(0<\theta<1)$.

考察 $R_n(x)$的绝对值

$$|R_n(x)|=\left|\frac{x^{n+1}}{(n+1)!}e^{\theta x}\right|\leqslant\frac{|x|^{n+1}}{(n+1)!}e^{|x|}.$$

对于任意 $x\in(-\infty,+\infty)$，$e^{|x|}$ 是有限值而级数 $\sum\limits_{n=0}^{\infty}\frac{|x|^{n+1}}{(n+1)!}$ 收敛. 由级数收敛的必要条件得

$$\lim_{n\to\infty}\frac{x^{n+1}}{(n+1)!}=0.$$

从而当 $n\to\infty$ 时，$R_n(x)\to 0$，因此 e^x 有展开式：

$$e^x=1+x+\frac{x^2}{2}+\frac{x^3}{3}+\cdots+\frac{x^n}{n!}+\cdots\quad(-\infty<x<+\infty).$$

类似地，我们可以求得以下展开式：

$$\sin x=x-\frac{x^3}{3!}+\frac{x^5}{5!}-\frac{x^7}{7!}+\cdots+(-1)^{n-1}\frac{x^{2n-1}}{(2n-1)!}+\cdots\quad(-\infty<x<+\infty);$$

$$(1+x)^\alpha=1+\alpha x+\frac{\alpha(\alpha-1)}{2!}x^2+\cdots+\frac{\alpha(\alpha-1)\cdots(\alpha-n+1)}{n!}x^n+\cdots\quad(-\infty<x<+\infty).$$

上面把函数展开为幂级数的方法，称为**直接展开法**. 往往比较麻烦. 我们可以利用已知函数的展开式，通过幂级数的运算性质及变量代换等，将所给函数展开为幂级数，这种方法称为**间接展开法**.

【例 2】 写出 $\cos x$ 的麦克劳林级数.

解 将 $\sin x$ 的展开式

$$\sin x=x-\frac{x^3}{3!}+\frac{x^5}{5!}-\frac{x^7}{7!}+\cdots+(-1)^{n-1}\frac{x^{2n-1}}{(2n-1)!}+\cdots\quad(-\infty<x<+\infty)$$

逐项求导，得

$$\cos x=1-\frac{x^2}{2!}+\frac{x^4}{4!}-\frac{x^6}{6!}+\cdots+(-1)^n\frac{x^{2n}}{(2n)!}+\cdots\quad(-\infty<x<+\infty).$$

【例 3】 写出 $f(x)=\ln(1+x)$ 的麦克劳林级数.

解 因为 $f'(x)=\frac{1}{1+x}$，而 $\frac{1}{1+x}$ 的展开式为：

$$\frac{1}{1+x}=1-x+x^2-x^3+\cdots+(-1)^nx^n+\cdots,(-1<x<1).$$

将上式从 0 到 x 逐项积分，并注意到 $f(0)=\ln 1=0$，得

$$\ln(1+x)=x-\frac{x^2}{2}+\frac{x^3}{3}-\frac{x^4}{4}+\cdots+(-1)^n\frac{x^{n+1}}{n+1}+\cdots\quad(-1<x<+1).$$

【例 4】 将 e^{-x^2} 展开为 x 的幂级数.

解 e^x 的展开式为 $e^x=1+x+\frac{x^2}{2!}+\frac{x^3}{3!}+\cdots+\frac{x^n}{n!}+\cdots \quad (-\infty<x<+\infty)$.
用 $-x^2$ 代换上式中 x 的,得

$$e^{-x^2}=1-x^2+\frac{x^4}{2!}-\frac{x^6}{3!}+\cdots+(-1)^n\frac{x^{2n}}{n!}+\cdots \quad (-\infty<x<+\infty).$$

【例 5】 将 $x\cos^2 x$ 展开为 x 的幂级数.

解 因 $\cos x=1-\frac{x^2}{2!}+\frac{x^4}{4!}-\frac{x^6}{6!}+\cdots+(-1)^n\frac{x^{2n}}{(2n)!}+\cdots \quad (-\infty<x<+\infty)$.

而
$$x\cos^2 x=x\cdot\frac{1+\cos 2x}{2}=\frac{x}{2}+\frac{x}{2}\cos 2x=\frac{x}{2}+\frac{x}{2}\sum_{n=0}^{\infty}(-1)^n\frac{(2x)^{2n}}{(2n)!}$$
$$=\frac{x}{2}+\sum_{n=0}^{\infty}(-1)^n\frac{2^{2n-1}x^{2n+1}}{(2n)!} \quad (-\infty<x<+\infty).$$

【例 6】 将 $\sin x$ 展开为 $x-\frac{\pi}{4}$ 的幂级数.

解
$$\sin x=\sin\left[\frac{\pi}{4}+\left(x-\frac{\pi}{4}\right)\right]$$
$$=\sin\frac{\pi}{4}\cos\left(x-\frac{\pi}{4}\right)+\cos\frac{\pi}{4}\sin\left(x-\frac{\pi}{4}\right)$$
$$=\frac{\sqrt{2}}{2}\left[\sin\left(x-\frac{\pi}{4}\right)+\cos\left(x-\frac{\pi}{4}\right)\right].$$

而
$$\sin\left(x-\frac{\pi}{4}\right)=\left(x-\frac{\pi}{4}\right)-\frac{1}{3!}\left(x-\frac{\pi}{4}\right)^3+\frac{1}{5!}\left(x-\frac{\pi}{4}\right)^5-\cdots;$$
$$\cos\left(x-\frac{\pi}{4}\right)=1-\frac{1}{2!}\left(x-\frac{\pi}{4}\right)^2+\frac{1}{4!}\left(x-\frac{\pi}{4}\right)^4-\cdots.$$

所以

$$\sin x=\frac{\sqrt{2}}{2}\left[1+\left(x-\frac{\pi}{4}\right)-\frac{1}{2!}\left(x-\frac{\pi}{4}\right)^2-\frac{1}{3!}\left(x-\frac{\pi}{4}\right)^3+\right.$$
$$\left.\frac{1}{4!}\left(x-\frac{\pi}{4}\right)^4+\frac{1}{5!}\left(x-\frac{\pi}{4}\right)^5-\cdots\right] \quad (-\infty<x<+\infty).$$

【例 7】 将 $\frac{1}{3-x}$ 展开为 $x-1$ 的幂级数.

解 因为 $\frac{1}{3-x}=\frac{1}{2-(x-1)}=\frac{1}{2}\cdot\frac{1}{1-\frac{x-1}{2}}$.

而　$\frac{1}{1-x}=1+x+x^2\cdots+\cdots+x^n+\cdots,(-1<x<1)$.

所以
$$\frac{1}{3-x}=\frac{1}{2}\left[1+\frac{x-1}{2}+\frac{(x-1)^2}{2^2}+\cdots\frac{(x-1)^n}{2^n}+\cdots\right]$$
$$=\frac{1}{2}+\frac{x-1}{2^2}+\frac{(x-1)^3}{2^3}+\cdots+\frac{(x-1)^n}{2^{n+1}}+\cdots$$
$$=\sum_{n=0}^{\infty}\frac{1}{2^{n+1}}(x-1)^n.$$

由 $-1<\frac{x-1}{2}<1$，得 $-1<x<3$.

【例 8】 求下列幂级数的收敛区间：

(1) $\sum_{n=1}^{\infty}(-1)^n\frac{x^n}{n}$；　　(2) $\sum_{n=1}^{\infty}\frac{x^n}{n!}$.

解 (1) 因为

$$\rho=\lim_{n\to\infty}\left|\frac{a_{n+1}}{a_n}\right|=\lim_{n\to\infty}\frac{1/(n+1)}{1/n}=\lim_{n\to\infty}\frac{n}{n+1}=1,$$

所以收敛半径 $R=1$. 所求收敛区间为 $(-1,1)$.

(2) 因为　$\rho=\lim_{n\to\infty}\left|\frac{a_{n+1}}{a_n}\right|=\lim_{n\to\infty}\frac{\frac{1}{(n+1)!}}{\frac{1}{n!}}=\lim_{n\to\infty}\frac{1}{n+1}=0,$

所以收敛半径 $\rho=+\infty$. 所求收敛区间为 $(-\infty,+\infty)$.

【例 9】 求幂级数 $\sum_{n=1}^{\infty}(-1)^n\frac{2^n}{\sqrt{n}}\left(x-\frac{1}{2}\right)^n$ 的收敛区间.

解 令 $t=x-\frac{1}{2}$，题设级数化为

$$\sum_{n=1}^{\infty}(-1)^n\frac{2^n}{\sqrt{n}}t^n.$$

因为　$$\rho=\lim_{n\to\infty}\left|\frac{a_{n+1}}{a_n}\right|=\lim_{n\to\infty}\frac{2^{n+1}}{\sqrt{n+1}}\cdot\frac{\sqrt{n}}{2^n}=2,$$

所以收敛半径 $R=\frac{1}{2}$，收敛区间为 $|t|<\frac{1}{2}$，即 $0<x<1$.

【例 10】 求幂级数 $\sum_{n=1}^{\infty}\frac{x^{2n-1}}{2^n}$ 的收敛区间.

解 题设级数缺少偶数次幂，此时可直接利用比值判别法：

$$\lim_{n\to\infty}\left|\frac{u_{n+1}(x)}{u_n(x)}\right|=\lim_{n\to\infty}\frac{x^{2n+1}}{2^{n+1}}\cdot\frac{2^n}{x^{2n-1}}=\frac{1}{2}|x|^2.$$

当$\frac{1}{2}|x^2|<1$即$|x|<\sqrt{2}$时，级数收敛；

当$\frac{1}{2}|x|^2>1$即$|x|>\sqrt{2}$时，级数发散，所以收敛半径$R=\sqrt{2}$.

故所求收敛区间为$(-\sqrt{2},\sqrt{2})$.

【例 11】 求幂级数$\sum_{n=1}^{\infty}(-1)^{n-1}\frac{x^n}{n}$，$x\in(-1,1)$的和函数.

解 易知题设级数的收敛半径为 1. 设其和函数为$s(x)$，即

$$S(x)=x-\frac{x^2}{2}+\frac{x^3}{3}-\frac{x^4}{4}+\cdots+(-1)^{n-1}\frac{x^n}{n}+\cdots.$$

显然$S(0)=0$，且

$$S'(x)=1-x+x^2+\cdots+(-1)^{n-1}x^{n-1}+\cdots=\frac{1}{1+x}\quad(-1<x<1).$$

由积分公式$\int_0^x S'(x)\mathrm{d}x=S(x)-S(0)$，得

$$S(x)=S(0)+\int_0^x S'(x)\mathrm{d}x=\int_0^x\frac{1}{1+x}\mathrm{d}x=\ln(1+x).$$

【例 12】 求幂级数$\sum_{n=0}^{\infty}(n+1)x^n$，$x\in(-1,1)$的和函数.

解 易知题设级数的收敛半径$R=1$，设其和函数为$s(x)$，即

$$S(x)=1+2x+3x^2+4x^3\cdots+(n+1)x^n+\cdots.$$

对上式两端求导，得和函数

$$\int_0^x S(x)\mathrm{d}x=\sum_{n=0}^{\infty}\int_0^x(n+1)x^n\mathrm{d}x=\sum_{n=0}^{\infty}x^{n+1}=x\sum_{n=0}^{\infty}x^n=\frac{x}{1-x}.$$

再对上式两端求导，得和函数

$$S(x)=\left(\int_0^x S(x)\mathrm{d}x\right)'=\left(\frac{x}{1-x}\right)'=\frac{1}{(1-x)^2},\quad x\in(-1,1).$$

【例 13】 将函数$f(x)=\ln(1+x)$展开为x的幂级数.

解 因为$f'(x)=\frac{1}{1+x}$，

而 $$\frac{1}{1+x}=1-x+x^2-x^3+\cdots+(-1)^n x^n+\cdots,\quad x\in(-1,1).$$

对上式两端从 0 到 x 逐项积分，

得　$\ln(1+x)=x-\frac{x^2}{2!}+\frac{x^3}{3!}-\cdots+(-1)^n\frac{x^{n+1}}{n+1}+\cdots,\quad x\in(-1,1]$.

【例 14】 将函数 $f(x)=\frac{1}{4}\ln\frac{1+x}{1-x}+\frac{1}{2}\arctan x-x$ 展开为 x 的幂级数.

解　由于 $f'(x)=\frac{1}{4}\left(\frac{1}{1+x}+\frac{1}{1-x}\right)+\frac{1}{2}\cdot\frac{1}{1+x^2}-1$

$$=\frac{1}{1-x^4}-1=\sum_{n=0}^{\infty}x^{4n}-1=\sum_{n=1}^{\infty}x^{4n}.$$

且 $f(0)=0$,所以

$$f(x)=\int_0^x f'(x)\mathrm{d}x=\int_0^x\left(\sum_{n=1}^{\infty}x^{4n}\right)\mathrm{d}x=\sum_{n=1}^{\infty}\frac{x^{4n+1}}{4n+1},\quad x\in(-1,1).$$

【例 15】 将 $f(x)=\frac{1}{3-x}$在 $x=1$ 处展开为泰勒级数.

解　由$\frac{1}{3-x}=\frac{1}{2-(x-1)}=\frac{1}{2}\frac{1}{1-\frac{x-1}{2}}$. 令$\frac{x-1}{2}=t$,有

$$\frac{1}{3-x}=\frac{1}{2}\frac{1}{1-t}=\frac{1}{2}(1+t+t^2+\cdots+t^n+\cdots),\quad t\in(-1,1).$$

将 t 换成$\frac{x-1}{2}$,得

$$\frac{1}{3-x}=\frac{1}{2}\left(1+\frac{x-1}{2}+\frac{(x-1)^2}{2^2}+\cdots+\frac{(x-1)^n}{2^n}+\cdots\right),\quad t\in(-1,3).$$

【例 16】 将函数 $f(x)=\frac{1}{x^2+4x+3}$展开为$(x-1)$的幂级数.

解　$f(x)=\frac{1}{x^2+4x+3}=\frac{1}{(x+1)(x+3)}=\frac{1}{2(1+x)}-\frac{1}{2(3+x)}$

$$=\frac{1}{4\left(1+\frac{x-1}{2}\right)}-\frac{1}{8\left(1+\frac{x-1}{4}\right)}.$$

而
$$\frac{1}{4\left(1+\frac{x-1}{2}\right)}=\frac{1}{4}\sum_{n=0}^{\infty}\frac{(-1)^n}{2^n}(x-1)^n\quad(-1<x<3);$$

$$\frac{1}{8\left(1+\frac{x-1}{4}\right)}=\frac{1}{8}\sum_{n=0}^{\infty}\frac{(-1)^n}{4^n}(x-1)^n\quad(-3<x<5).$$

故 $\frac{1}{x^2+4x+3}=\sum_{n=0}^{\infty}(-1)^n\left(\frac{1}{2^{n+2}}-\frac{1}{2^{2n+3}}\right)(x-1)^n\quad(-1<x<3).$

习 题 8.3

1. 求幂级数的收敛半径：

(1) $\sum_{n=1}^{\infty}\frac{3^n}{n}x^n$；　　(2) $\sum_{n=1}^{\infty}\frac{(-1)^n}{\sqrt{n}}x^n$；

(3) $\sum_{n=1}^{\infty}nx^n$；　　(4) $\sum_{n=1}^{\infty}\frac{2^n}{n^2}x^n$.

2. 求幂级数 $\sum_{n=1}^{\infty}\frac{n+2}{2^n}x^n$ 的收敛半径和收敛域.

3. 利用逐项求导或求积分，求 $\sum_{n=1}^{\infty}nx^{n-1}$ 的和函数.

4. 将函数 $f(x)=\ln(1+x-2x^2)$ 展开为 x 的幂级数.

阅读材料

阿贝尔(Abel Nicls Henrik，1802—1829)

阿贝尔，挪威数学家，1802 年 8 月 5 日生于挪威芬岛；1829 年 4 月 6 日卒于挪威弗鲁兰.

阿贝尔出身贫寒，未能受到系统教育，启蒙教育得自于他的父亲. 1813 年，年仅 13 岁的阿贝尔进入奥斯陆的一所教会学校学习. 起初，学校里缺乏生机的教育方法没有引起他对数学的兴趣. 15 岁时，他幸运地遇到一位优秀的数学教师，使他对数学产生了兴趣. 阿贝尔迅速学完了初等数学课程. 然后，他在老师的指导下攻读高等数学，同时还自学了许多数学大师的著作. 1821 年秋，阿贝尔在一些教授资助下进入了奥斯陆大学学习.

1825 年大学毕业后，他决定申请经费出国，继续深造和谋求职位．在德国他结识了一位很有影响力的工程师 A.L. 克雷尔，在阿贝尔及朋友的赞助下，克雷尔于 1826 年创办了著名的数学刊物《纯粹数学与应用数学》杂志，后被称为《克雷尔杂志》．它的第一卷刊登了 7 篇阿贝尔的文章，克雷尔杂志头三篇共发表了他的 22 篇包括方程、无穷级数、椭圆函数等方面的开创性论文．从此，欧洲大陆数学家才开始注意他的工作．

1826 年 7 月，阿贝尔从柏林来到巴黎，遇见了勒让德和柯西等著名数学家，他写了一篇题为"关于一类广泛的超越函数的一个一般性质"的文章，于 1826 年 10 月 30 日提交给法国科学院，不幸未得到重视，当时科学院的秘书傅里叶读了论文的引言，然后委托勒让德和柯西对论文作出评价，柯西是主要负责人，这篇论文很长而且难懂，因为它饱含了许多新概念．柯西把它放在一边，醉心自己的工作．勒让德也把它忘记了．事实上，这篇论文直到阿贝尔去世后的 1841 年才发表．

1826 年底，阿贝尔回到柏林．不久，他染上了肺结核，克雷尔帮助了他，请他担任《克雷尔杂志》的编辑，同时为他谋求教授职位，但未获得成功．

1827 年 5 月 20 日，阿贝尔回到奥斯陆．回国后更失望，仍然没有找到职位的期望，他不得不靠作家庭教师维持生活．在贫病交迫、含辛茹苦的逆境中，他并未倒下去，仍然坚持研究，取得了许多重大成果．他写下了一系列关于椭圆函数的文章，发现了椭圆函数的定理、双周期性，并引进了椭圆函数的反演．正是这些重大发现才使欧洲数学家们认识到他的价值．1828 年 9 月，四名法国科学院院士上书给挪威国王，请他为这位天才安排一个合适的职位．勒让德在 1829 年 2 月 25 日科学院会议上，也对阿贝尔及其工作大加称赞．同年 4 月 6 日，阿贝尔怀着强烈的求生欲望和继续为科学事业做贡献的理想，在病魔侵袭的忧伤中，与世长辞了．就在他去两天后，克雷尔来信通知他已被柏林大学任命为数学教授．此后荣誉和褒奖接踵而来，1830 年 6 月 28 日，他和雅可比共同获得了法国科学院大奖．

应用实践项目八

项目 1　小球下落问题

一只小球从 100 m 高空落下，每次弹回的高度为上次高度的 $\frac{2}{3}$，这样运动下去，直至无穷，求小球运动的总路程.

项目 2　家庭教育基金规划问题

为了保障子女将来的教育经费，小张夫妇从他们的儿子出生开始，每年向银行存入 x 元作为家庭教育基金. 若银行的年复利为 r，试写出第 n 年后教育基金总额的表达式. 预计当子女 18 岁进入大学时所需费用为 30 000 元，按年利率 5%计算，小张每年应向银行存入多少元？

项目 3　药物残留问题

患有某种心脏病的病人经常要服用洋地黄毒苷(digitoxin). 洋地黄毒苷在体内的清除速率正比于体内洋地黄毒苷的药量. 一天(24 h)大约有 10%的药物被清除. 假设每天给某病人 0.05 mg 的维持剂量，试估算治疗几个月后该病人体内的洋地黄毒苷的总量.

项目 4　芝诺悖论问题

公元前 5 世纪，古希腊哲学家和数学家芝诺(Zeno)提出了 4 个问题，这些问题后来被公认为芝诺悖论. 在其中的第 2 个问题中，芝诺提出，阿基里斯永远追不上一只乌龟. 阿基里斯是古希腊神话中善跑的英雄. 假设在他和乌龟的竞赛中，他的速度为乌龟的 10 倍，一开始乌龟在前面 100 m 跑，他在后面追，但他不可能追上乌龟。因为在竞赛中，追者首先必须到达被追者的出发点，当阿基里斯追到 100 m 时，乌龟已经又向前爬了 10 m，于是，一个新的起点产生了；阿基里斯必须继续追，而当他追到乌龟爬的这 10 m 时，乌龟又已经向前爬了 1 m，阿基里斯只能再追向那个 1 m，…，就这样，乌龟会制造出无穷个起点，它总能在起点与自己之间制造出一个距离，不管这个距离有多小，但只要乌龟不停地奋力向前爬，阿基里斯就永远也追不上乌龟！试用无穷级数的知识解释芝诺悖论是错误的.

第9章　线性代数

线性代数是代数学的一个分支，主要处理线性关系问题. 线性关系意即数学对象之间的关系是以一次形式来表达的. 含有 n 个未知量的一次方程称为**线性方程**. 关于变量是一次的函数称为**线性函数**. 线性关系问题简称**线性问题**.

9.1　行列式的概念

行列式的概念是在研究线性方程组的解的过程中产生的. 如今，它在数学的许多分支和其他众多科学技术领域（如物理学、力学、工程技术等）都有着非常广泛的应用，是常用的一种计算工具.

9.1.1　二阶行列式

通过推导二元方程组的解的公式，引出二阶行列式的概念.

在线性代数中，将含两个未知量两个方程式的线性方程组的一般形式写为

$$\begin{cases} a_{11}x_1 + a_{12}x_2 = b_1 \\ a_{21}x_1 + a_{22}x_2 = b_2 \end{cases}. \tag{1}$$

用加减消元法容易求出未知量 x_1, x_2 的值，当 $a_{11}a_{22} - a_{12}a_{21} \neq 0$ 时，有

$$\begin{cases} x_1 = \dfrac{b_1 a_{22} - a_{12} b_2}{a_{11}a_{22} - a_{12}a_{21}} \\ x_2 = \dfrac{a_{11} b_2 - b_1 a_{21}}{a_{11}a_{22} - a_{12}a_{21}} \end{cases}. \tag{2}$$

这就是二元方程组的解的公式，为了便于记这个公式，于是引进二阶行列式的概念.

定义1　我们称记号 $\begin{vmatrix} a_{11} & a_{12} \\ a_{21} & a_{22} \end{vmatrix}$ 为**二阶行列式**，它表示算式 $a_{11}a_{22} - a_{12}a_{21}$，

即

$$\begin{vmatrix} a_{11} & a_{12} \\ a_{21} & a_{22} \end{vmatrix} = a_{11}a_{22} - a_{12}a_{21}. \tag{3}$$

其中，$a_{ij}(i=1,2;j=1,2)$称为二阶行列式的**元素**.这四个元素排成两行两列，横排称**行**，竖排称**列**.元素 a_{ij} 的右下角有两个下标，第一个下标 i 称为**行标**，它表示元素所在的行，第二个下标 j 称为**列标**，它表示元素所在的列.如 a_{12}是位于第 1 行第 2 列上的元素，而 a_{21}是位于第 2 行第 1 列上的元素.

行列式左上角到右下角的连线称为行列式的**主对角线**，从行列式右上角到左下角的连线称为行列式的**副对角线**.

从式(3)可知二阶行列式是两项的代数和，一项是主对角线上 2 个元素的乘积，取正号；另一项是副对角线上 2 个元素的乘积，取负号.于是二阶行列式的值可用对角线法则记忆，如图 9-1 所示，二阶行列式等于对角线上 2 个元素的乘积减去副对角线上 2 个元素的乘积.

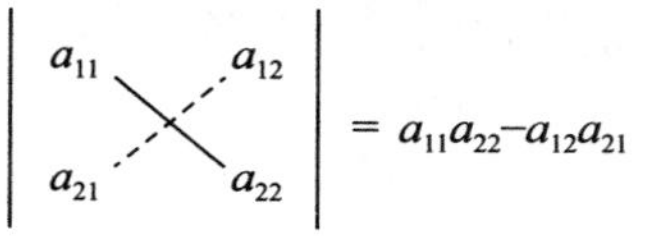

图 9-1

利用二阶行列式的概念，式(2)中 x_1,x_2 的分母和分子可以用行列式表示

$$D=\begin{vmatrix} a_{11} & a_{12} \\ a_{21} & a_{22} \end{vmatrix} = a_{11}a_{22} - a_{12}a_{21};$$

$$D_1=\begin{vmatrix} b_1 & a_{12} \\ b_2 & a_{22} \end{vmatrix} = b_1a_{22} - b_2a_{12};$$

$$D_2=\begin{vmatrix} a_{11} & b_1 \\ a_{21} & b_2 \end{vmatrix} = a_{11}b_2 - a_{21}b_1.$$

当 $D\neq 0$ 时，方程组(1)的解公式可以简洁明了地表示为

$$x_1=\frac{D_1}{D};\quad x_2=\frac{D_2}{D}.$$

其中分母 D 是由方程组(1)中未知量的 4 个系数确定的行列式，称为方程组(1)的**系数行列式**，而 D_j 是将系数行列式 D 的第 $j(j=1,2)$列元素用方程组右端的常数项替换后所得的二阶行列式.

【例 1】 计算下列行列式.

(1) $\begin{vmatrix} 5 & 2 \\ 3 & 4 \end{vmatrix}$；　　(2) $\begin{vmatrix} x & 2 \\ 3 & 4 \end{vmatrix}$.

解　(1) $\begin{vmatrix} 5 & 2 \\ 3 & 4 \end{vmatrix}=5\times 4-3\times 2=14$；

(2) $\begin{vmatrix} x & 2 \\ 3 & 4 \end{vmatrix}=x\times 4-3\times 2=4x-6$.

【例 2】 求解二元线性方程组$\begin{cases} 3x_1-2x_2=12 \\ 2x_1+x_2=1 \end{cases}$.

解　方程组的系数行列式

$$D=\begin{vmatrix} 3 & -2 \\ 2 & 1 \end{vmatrix}=7\neq 0.$$

而 $D_1=\begin{vmatrix} 12 & -2 \\ 1 & 1 \end{vmatrix}=14$；　$D_2=\begin{vmatrix} 3 & 12 \\ 2 & 1 \end{vmatrix}=-21$.

因此方程组的解为

$$\begin{cases} x_1=\dfrac{D_1}{D}=\dfrac{14}{7}=2 \\ x_2=\dfrac{D_2}{D}=\dfrac{-21}{7}=-3 \end{cases}.$$

9.1.2　三阶行列式

对于含有三个未知量 x_1,x_2,x_3 的线性方程组

$$\begin{cases} a_{11}x_1+a_{12}x_2+a_{13}x_3=b_1 \\ a_{21}x_1+a_{22}x_2+a_{23}x_3=b_2 \\ a_{31}x_1+a_{32}x_2+a_{33}x_3=b_3 \end{cases}, \tag{4}$$

当 $a_{11}a_{22}a_{33}+a_{12}a_{23}a_{31}+a_{13}a_{21}a_{32}-a_{11}a_{23}a_{32}-a_{12}a_{21}a_{33}-a_{13}a_{22}a_{31}\neq 0$ 时，用消元法可求得方程组(4)的解为

$$
\begin{cases}
x_1=\dfrac{b_1a_{22}a_{33}+a_{12}a_{23}b_3+a_{13}b_2a_{32}-b_1a_{23}a_{32}-a_{12}b_2a_{33}-a_{13}a_{22}b_3}{a_{11}a_{22}a_{33}+a_{12}a_{23}a_{31}+a_{13}a_{21}a_{32}-a_{11}a_{23}a_{32}-a_{12}a_{21}a_{33}-a_{13}a_{22}a_{31}} \\
x_2=\dfrac{a_{11}b_2a_{33}+b_1a_{23}a_{31}+a_{13}a_{21}b_3-a_{11}a_{23}b_3-b_1a_{21}a_{33}-a_{13}b_2a_{31}}{a_{11}a_{22}a_{33}+a_{12}a_{23}a_{31}+a_{13}a_{21}a_{32}-a_{11}a_{23}a_{32}-a_{12}a_{21}a_{33}-a_{13}a_{22}a_{31}} \\
x_3=\dfrac{a_{11}a_{22}b_3+a_{12}b_2a_{31}+b_1a_{21}a_{32}-a_{11}b_2a_{32}-a_{12}a_{21}b_3-b_1a_{22}a_{31}}{a_{11}a_{22}a_{33}+a_{12}a_{23}a_{31}+a_{13}a_{21}a_{32}-a_{11}a_{23}a_{32}-a_{12}a_{21}a_{33}-a_{13}a_{22}a_{31}}
\end{cases}. \tag{5}
$$

这就是三元线性方程组(4)的解公式. 显然,要记住这个公式相当困难,为了便于方程组的求解和记忆,引出三阶行列式的概念.

定义 2 我们称记号

$$
\begin{vmatrix} a_{11} & a_{12} & a_{13} \\ a_{21} & a_{22} & a_{23} \\ a_{31} & a_{32} & a_{33} \end{vmatrix}
$$

为**三阶行列式**. 它由 $3\times3=3^2$ 个元素 a_{ij} $(i=1,2,3;j=1,2,3)$ 排成三行三列,表示

$$
a_{11}a_{22}a_{33}+a_{12}a_{23}a_{31}+a_{13}a_{21}a_{32}-a_{11}a_{23}a_{32}-a_{12}a_{21}a_{33}-a_{13}a_{22}a_{31}
$$

这样一个算式,即

$$
\begin{vmatrix} a_{11} & a_{12} & a_{13} \\ a_{21} & a_{22} & a_{23} \\ a_{31} & a_{32} & a_{33} \end{vmatrix}=a_{11}a_{22}a_{33}+a_{12}a_{23}a_{31}+a_{13}a_{21}a_{32}-a_{11}a_{23}a_{32}-a_{12}a_{21}a_{33}-a_{13}a_{22}a_{31}. \tag{6}
$$

由(6)可见,三阶行列式共含 6 项,每一项都是位于不同行、不同列的 3 个元素的乘积,其中 3 项冠以正号,3 项冠以负号. 三阶行列式的计算也可借助于对角线法则来记忆,如图 9-2 所示,图中有 3 条实线和 3 条虚线,每条实线所连 3 个元素的乘积取正号,每条虚线所连 3 个元素的乘积取负号,三阶行列式等于这 6 个乘积的代数和.

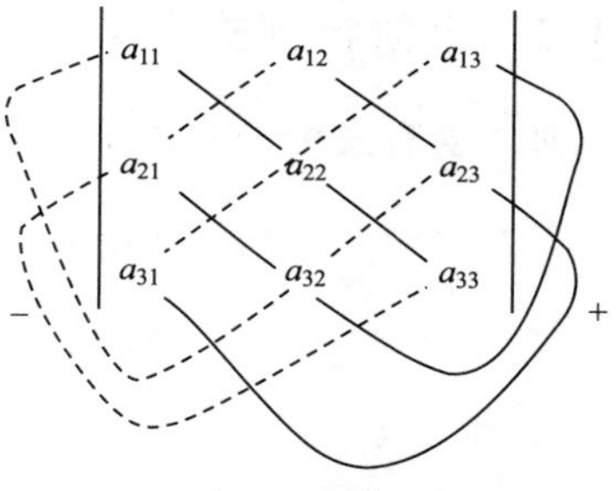

$$
=a_{11}a_{22}a_{33}+a_{12}a_{23}a_{31}+a_{13}a_{21}a_{32}
-a_{11}a_{23}a_{32}-a_{12}a_{23}a_{33}-a_{13}a_{22}a_{32}
$$

图 9-2

注意　计算行列式的对角线法则只适用于二阶与三阶行列式.

【例 3】　计算三阶行列式 $D=\begin{vmatrix}1 & 2 & -4\\-2 & 2 & 1\\-3 & 4 & -2\end{vmatrix}$.

解　$D=\begin{vmatrix}1 & 2 & -4\\-2 & 2 & 1\\-3 & 4 & -2\end{vmatrix}$

$=1\times2\times(-2)+2\times1\times(-3)+(-4)\times(-2)\times4-$
$(-4)\times2\times(-3)-2\times(-2)\times(-2)-1\times1\times4$
$=-14.$

与二元方程组类似,称

$$D=\begin{vmatrix}a_{11} & a_{12} & a_{13}\\a_{21} & a_{22} & a_{23}\\a_{31} & a_{32} & a_{33}\end{vmatrix}$$

为三元线性方程组(4)的**系数行列式**. 将方程组(4)中常数项 b_1,b_2,b_3 依次替换 D 中第 1 列、第 2 列、第 3 列所得行列式分别记为

$$D_1=\begin{vmatrix}b_1 & a_{12} & a_{13}\\b_2 & a_{22} & a_{23}\\b_3 & a_{32} & a_{33}\end{vmatrix};\quad D_2=\begin{vmatrix}a_{11} & b_1 & a_{13}\\a_{21} & b_2 & a_{23}\\a_{31} & b_3 & a_{33}\end{vmatrix};\quad D_3=\begin{vmatrix}a_{11} & a_{12} & b_1\\a_{21} & a_{22} & b_2\\a_{31} & a_{32} & b_3\end{vmatrix}.$$

按照三阶行列式的定义计算 D_1,D_2,D_3,发现三者恰为公式(5)中 x_1,x_2,x_3 的表达式的分子,而系数行列式 D 是它们的分母. 当 $D\neq0$ 时,三元线性方程组(4)的解可写为:

$$x_1=\frac{D_1}{D};\quad x_2=\frac{D_2}{D};\quad x_3=\frac{D_3}{D}.$$

【例 4】　求解三元线性方程组

$$\begin{cases}x_1-2x_2+x_3=-2\\2x_1+x_2-3x_3=1\\-x_1+x_2-x_3=0\end{cases}.$$

解　方程组的系数行列式

$$D=\begin{vmatrix}1 & -2 & 1\\2 & 1 & -3\\-1 & 1 & -1\end{vmatrix}=1\times1\times(-1)+(-2)\times(-3)\times(-1)+$$

$$1\times2\times1-(-1)\times1\times1-1\times(-3)\times1-(-2)\times2\times(-1)$$
$$=-5\neq0,$$

而

$$D_1=\begin{vmatrix}-2&-2&1\\1&1&-3\\0&1&-1\end{vmatrix}=-5;\quad D_2=\begin{vmatrix}1&-2&1\\2&1&-3\\-1&0&-1\end{vmatrix}=-10;$$

$$D_3=\begin{vmatrix}1&-2&-2\\2&1&1\\-1&1&0\end{vmatrix}=-5.$$

故所求方程组的解为：

$$x_1=\frac{D_1}{D}=1;\quad x_2=\frac{D_2}{D}=2;\quad x_3=\frac{D_3}{D}=1.$$

9.1.3 n 阶行列式的定义

1. 余子式和代数余子式

从二、三阶行列式定义可以看出，二阶行列式是 2^2 个元素排成 2 行、2 列的表，它表示 2 项，即 2！项的代数和；三阶行列式是 3^2 个元素排成 3 行、3 列的表，它表示 6 项，即 3！项的代数和. 可以想象，n 阶行列式应由 n^2 个元素排成 n 行 n 列的表构成，即

$$\begin{vmatrix}a_{11}&a_{12}&\cdots&a_{1n}\\a_{21}&a_{22}&\cdots&a_{2n}\\\vdots&\vdots&&\vdots\\a_{n1}&a_{n2}&\cdots&a_{nn}\end{vmatrix}.$$

n 阶行列式表示多少项的代数和？具体的表达式如何表示？要解决上述问题，需要对二阶和三阶行列式做进一步的研究，找出行列式共有的特性和它们之间的联系.

对于三阶行列式，容易验证：

$$D=\begin{vmatrix}a_{11}&a_{12}&a_{13}\\a_{21}&a_{22}&a_{23}\\a_{31}&a_{32}&a_{33}\end{vmatrix}$$
$$=a_{11}a_{22}a_{33}+a_{12}a_{23}a_{31}+a_{13}a_{21}a_{32}-a_{11}a_{23}a_{32}-a_{12}a_{21}a_{33}-a_{13}a_{22}a_{31}$$

$$=a_{11}\begin{vmatrix} a_{22} & a_{23} \\ a_{32} & a_{33} \end{vmatrix}-a_{12}\begin{vmatrix} a_{21} & a_{23} \\ a_{31} & a_{33} \end{vmatrix}+a_{13}\begin{vmatrix} a_{21} & a_{22} \\ a_{31} & a_{32} \end{vmatrix}. \tag{7}$$

从上式可以看出:三阶行列式可按第一行“展开”,即三阶行列式等于它的第 1 行每个元素分别与一个二阶行列式的乘积的代数和. 为进一步了解这 3 个二阶行列式和原来三阶行列式的关系,我们引入**余子式**和**代数余子式**的概念.

在三阶行列式

$$D=\begin{vmatrix} a_{11} & a_{12} & a_{13} \\ a_{21} & a_{22} & a_{23} \\ a_{31} & a_{32} & a_{33} \end{vmatrix}$$

中,划去元素 a_{ij}($i=1,2,3;j=1,2,3$ 所在的第 i 行和第 j 列,剩下的 2^2 个元素保持原来的相对位置不变而构成的二阶行列式称为元素 a_{ij} 的**余子式**,记作 M_{ij}. 而称 $A_{ij}=(-1)^{i+j}M_{ij}$ 为元素 a_{ij} 的**代数余子式**.

例如在三阶行列式 D 中,元素 a_{11} 的余子式是在 D 中划去第 1 行和第 1 列后所构成的二阶行列式 $M_{11}=\begin{vmatrix} a_{22} & a_{23} \\ a_{32} & a_{33} \end{vmatrix}$;元素 a_{12} 的代数余子式 $A_{12}=(-1)^{1+2}M_{12}=-\begin{vmatrix} a_{21} & a_{23} \\ a_{31} & a_{33} \end{vmatrix}$.

又如,三阶行列式 $\begin{vmatrix} 1 & 3 & 0 \\ 2 & -1 & 1 \\ 1 & 4 & 1 \end{vmatrix}$ 中元素 $a_{21}=2$ 的余子式和代数余子式分别为

$$M_{21}=\begin{vmatrix} 3 & 0 \\ 4 & 1 \end{vmatrix};\quad A_{21}=(-1)^{2+1}M_{21}=-\begin{vmatrix} 3 & 0 \\ 4 & 1 \end{vmatrix}.$$

应用余子式和代数余子式的概念,式(7)可以表示为

$$D=a_{11}A_{11}+a_{12}A_{12}+a_{13}A_{13}.$$

由此可见,三阶行列式的计算就转化为二行列式的计算,即三阶行列式等于第一行元素与其对应的代数余子式乘积之和(也称为行列式按第一行展开).

既然三阶行列式可以用二阶行列式定义,那么按照这一规律,我们可以用三阶行列式定义四阶行列式,以此类推,用 $n-1$ 阶行列式定义 n 阶行列式.

2. n 阶行列式的定义

定义 3 由 n^2 个元素排成 n 行 n 列的算式.

$$D=\begin{vmatrix} a_{11} & a_{12} & \cdots & a_{1n} \\ a_{21} & a_{22} & \cdots & a_{2n} \\ \vdots & \vdots & & \vdots \\ a_{n1} & a_{n2} & \cdots & a_{nn} \end{vmatrix}$$

称为 n **阶行列式**,简称**行列式**,其中 a_{ij} 称为 D 的第 i 行第 j 列的**元素**$(i,j=1,2,\cdots,n)$.

n 阶行列式的计算规则如下:

当 $n=1$ 时,$D=|a_{11}|=a_{11}$;

当 $n\geqslant 2$ 时,$D=a_{11}A_{11}+a_{12}A_{12}+\cdots+a_{1n}A_{1n}=\sum\limits_{j=1}^{n}a_{1j}A_{1j}$.

其中 A_{1j} 为元素 a_{1j} 的**代数余子式**.

注意 n 阶行列式的展开式中共有 $n!$ 个乘积项;每个乘积项中含有 n 个取自不同行、不同列的元素;带正号和带负号的项各占一半.

【例 5】 计算行列式 $D_4=\begin{vmatrix} 3 & 0 & 0 & -5 \\ -4 & 1 & 0 & 2 \\ 6 & 5 & 7 & 0 \\ -3 & 4 & -2 & -1 \end{vmatrix}$.

解 由行列式的定义,有

$$D_4=3\cdot(-1)^{1+1}\begin{vmatrix} 1 & 0 & 2 \\ 5 & 7 & 0 \\ 4 & -2 & -1 \end{vmatrix}+(-5)\cdot(-1)^{1+4}\begin{vmatrix} -4 & 1 & 0 \\ 6 & 5 & 7 \\ -3 & 4 & -2 \end{vmatrix}$$

$$=3\left[1\cdot(-1)^{1+1}\begin{vmatrix} 7 & 0 \\ -2 & -1 \end{vmatrix}+2\cdot(-1)^{1+3}\begin{vmatrix} 5 & 7 \\ 4 & -2 \end{vmatrix}\right]+$$

$$5\left[(-4)\cdot(-1)^{1+1}\begin{vmatrix} 5 & 7 \\ 4 & -2 \end{vmatrix}+1\cdot(-1)^{1+2}\begin{vmatrix} 6 & 7 \\ -3 & -2 \end{vmatrix}\right]$$

$$=3[-7+2(-10-28)]+5[(-4)\cdot(-10-28)-(-12+21)]$$

$$=466.$$

【例 6】 计算行列式 $D_1=\begin{vmatrix} 0 & a_{12} & 0 & 0 \\ 0 & 0 & 0 & a_{24} \\ a_{31} & 0 & 0 & 0 \\ 0 & 0 & a_{43} & 0 \end{vmatrix}$.

解 由行列式的定义,有

$$D_1=a_{12}\cdot(-1)^{1+2}\cdot\begin{vmatrix} 0 & 0 & a_{24} \\ a_{31} & 0 & 0 \\ 0 & a_{43} & 0 \end{vmatrix}$$

$$=-a_{12}\cdot a_{24}(-1)^{1+3}\cdot\begin{vmatrix} a_{31} & 0 \\ 0 & a_{43} \end{vmatrix}=-a_{12}a_{24}a_{31}a_{43}.$$

3. 几种特殊的行列式

(1) 上三角形行列式(主对角线下方元素全为零的行列式).

$$\begin{vmatrix} a_{11} & a_{12} & \cdots & a_{1n} \\ 0 & a_{22} & \cdots & a_{2n} \\ \vdots & \vdots & & \vdots \\ 0 & 0 & \cdots & a_{nn} \end{vmatrix}=a_{11}a_{22}\cdots a_{nn}.$$

(2) 下三角形行列式(主对角线上方元素全为零的行列式).

$$\begin{vmatrix} a_{11} & 0 & \cdots & 0 \\ a_{21} & a_{22} & \cdots & 0 \\ \vdots & \vdots & & \vdots \\ a_{n1} & a_{n2} & \cdots & a_{nn} \end{vmatrix}=a_{11}a_{22}\cdots a_{nn}.$$

(3) 对角形行列式(主对角线以外元素全为零的行列式).

$$\begin{vmatrix} \lambda_1 & & & \\ & \lambda_2 & & \\ & & \ddots & \\ & & & \lambda_n \end{vmatrix}=\lambda_1\lambda_2\cdots\lambda_n.$$

习 题 9.1

1. 设 $D=\begin{vmatrix} a & 1 & 0 \\ 1 & a & 0 \\ 4 & 0 & 1 \end{vmatrix}$，试给出 $D>0$ 的充分必要条件.

2. 计算四阶行列式：

$$D=\begin{vmatrix} 0 & 2 & 1 & 0 \\ -1 & 3 & 0 & -2 \\ 4 & -7 & -1 & 0 \\ -3 & 2 & 4 & 1 \end{vmatrix}.$$

3. 计算下列行列式：

(1) $\begin{vmatrix} 2 & 1 \\ -1 & 2 \end{vmatrix}$； (2) $\begin{vmatrix} 3 & 2 \\ 1 & -3 \end{vmatrix}$； (3) $\begin{vmatrix} 1 & -1 & 0 \\ 4 & -5 & -3 \\ 2 & 3 & 6 \end{vmatrix}$；

(4) $\begin{vmatrix} -2 & -4 & 1 \\ 3 & 0 & 3 \\ 5 & 4 & -2 \end{vmatrix}$； (5) $\begin{vmatrix} 1 & 0 & 0 & 0 \\ 2 & 3 & 0 & 0 \\ 4 & 5 & 6 & 0 \\ 7 & 8 & 9 & 0 \end{vmatrix}$； (6) $\begin{vmatrix} 6 & 0 & 0 & 5 \\ 1 & 7 & 2 & -5 \\ 2 & 0 & 0 & 0 \\ 8 & 3 & 1 & 8 \end{vmatrix}$.

4. 用行列式求解下列方程组：

(1) $\begin{cases} 3x_1-2x_2=-1 \\ -x_1+4x_2=3 \end{cases}$； (2) $\begin{cases} 2x_1+x_2+x_3=3 \\ 3x_1-x_2-2x_3=0. \\ x_1+2x_2+2x_3=1 \end{cases}$

5. 求行列式 $\begin{vmatrix} -3 & 0 & 4 \\ 5 & 0 & 3 \\ 2 & -2 & 1 \end{vmatrix}$ 中元素 2 和 -2 的代数余子式.

9.2 行列式的性质与计算

当 n 很大时，直接利用行列式的定义计算行列式的值，计算量是非常

大的. 例如，计算下面的五阶行列式

$$\begin{vmatrix} 1 & 2 & 4 & 3 & 6 \\ 3 & 1 & 4 & 7 & 8 \\ 5 & 2 & 2 & 4 & 3 \\ 3 & 2 & 6 & 5 & 5 \\ 4 & 8 & 9 & 1 & 3 \end{vmatrix}$$

我们需要先分成五个四阶行列式，然后再把每个四阶行列式分成四个三阶行列式，可见计算一个高阶行列式的工作量的繁重. 为了简化 n 阶行列式的计算，本节将讨论 n 阶行列式的性质，进而简化行列式的计算.

9.2.1　行列式的性质

将行列式 D 的行与列互换后得到的新行列式称为 D 的**转置行列式**，记为 D^{T}，即若

$$D=\begin{vmatrix} a_{11} & a_{12} & \cdots & a_{1n} \\ a_{21} & a_{22} & \cdots & a_{2n} \\ \vdots & \vdots & & \vdots \\ a_{n1} & a_{n2} & \cdots & a_{nn} \end{vmatrix},\quad 则\ D^{\mathrm{T}}=\begin{vmatrix} a_{11} & a_{21} & \cdots & a_{n1} \\ a_{12} & a_{22} & \cdots & a_{n2} \\ \vdots & \vdots & & \vdots \\ a_{1n} & a_{2n} & \cdots & a_{nn} \end{vmatrix}.$$

性质 1　行列式与它的转置行列式相等，即 $D=D^{\mathrm{T}}$.

注意　由性质 1 知道，行列式中的行与列具有相同的地位，行列式的行具有的性质，它的列也同样具有.

例如，若 $D=\begin{vmatrix} 1 & 2 & 3 \\ -1 & 0 & 1 \\ 0 & 1 & \sqrt{2} \end{vmatrix}$，则 $D^{\mathrm{T}}=\begin{vmatrix} 1 & -1 & 0 \\ 2 & 0 & 1 \\ 3 & 1 & \sqrt{2} \end{vmatrix}=D$.

性质 2　交换行列式的两行(列)，行列式的值仅改变符号.

通常情况下，我们用 r_i 表示行列式的第 i 行，用 c_j 表示行列式的第 j 列，交换 i,j 两行，记作 $r_i \leftrightarrow r_j$，交换 i,j 两列，记作 $c_i \leftrightarrow c_j$.

例如：(1) $\begin{vmatrix} 1 & 2 & 4 \\ 3 & 2 & 5 \\ -3 & 0 & 1 \end{vmatrix} \xlongequal{r_2 \leftrightarrow r_3} -\begin{vmatrix} 1 & 2 & 4 \\ -3 & 0 & 1 \\ 3 & 2 & 5 \end{vmatrix}$　(第 2、3 行互换)；

(2) $\begin{vmatrix} 1 & 2 & 4 \\ 3 & 2 & 5 \\ -3 & 0 & 1 \end{vmatrix} \xlongequal{c_2 \leftrightarrow c_3} -\begin{vmatrix} 1 & 4 & 2 \\ 3 & 5 & 2 \\ -3 & 1 & 0 \end{vmatrix}$　(第 2、3 列互换).

推论 1　若行列式中有两行(列)的对应元素相同，则此行列式为零.

证明 把行列式中对应元素相同的这两行(列)互换，根据性质 2 有 $D=-D$，故 $D=0$.

例如：(1) $\begin{vmatrix} 1 & 1 & 0 \\ 1 & 1 & 0 \\ 5 & \sqrt{2} & 7 \end{vmatrix}=0$(第 1、2 两行相等)

(2) $\begin{vmatrix} -2 & 1 & 1 \\ 4 & 2 & 2 \\ 7 & -3 & -3 \end{vmatrix}=0$(第 2、3 列相等)

性质 3 用数 k 乘行列式的某一行(列)，等于用数 k 乘此行列式，即

$$D_1=\begin{vmatrix} a_{11} & a_{12} & \cdots & a_{1n} \\ \vdots & \vdots & & \vdots \\ ka_{i1} & ka_{i2} & \cdots & ka_{in} \\ \vdots & \vdots & & \vdots \\ a_{n1} & a_{n2} & \cdots & a_{nn} \end{vmatrix}=k\begin{vmatrix} a_{11} & a_{12} & \cdots & a_{1n} \\ \vdots & \vdots & & \vdots \\ a_{i1} & a_{i2} & \cdots & a_{in} \\ \vdots & \vdots & & \vdots \\ a_{n1} & a_{n2} & \cdots & a_{nn} \end{vmatrix}=kD.$$

第 i 行(列)乘以 k，记为 $r_i\times k$(或 $c_i\times k$).

推论 2 行列式的某一行(列)中所有元素的公因子可以提到行列式符号的外面.

推论 3 行列式中若有两行(列)对应元素成比例，则此行列式为零.

例如：(1) $\begin{vmatrix} 1 & -1 & 2 \\ 0 & 1 & 5 \\ \sqrt{2} & -\sqrt{2} & 2\sqrt{2} \end{vmatrix}=0$，因为第 3 行是第 1 行的$\sqrt{2}$倍.

(2) $\begin{vmatrix} 1 & 4 & 1 & 0 \\ 2 & 8 & 3 & 5 \\ 0 & 0 & 1 & 4 \\ -1 & -4 & -5 & 7 \end{vmatrix}=0$，因为第 1 列与第 2 列成比例，即第 2 列是第 1 列的 4 倍.

(3) 若 $D=\begin{vmatrix} 1 & 0 & 2 \\ 3 & -1 & 0 \\ 1 & 2 & -1 \end{vmatrix}$，

则 $$\begin{vmatrix} -2 & 0 & -4 \\ 3 & -1 & 0 \\ 1 & 2 & -1 \end{vmatrix}=(-2)\begin{vmatrix} 1 & 0 & 2 \\ 3 & -1 & 0 \\ 1 & 2 & -1 \end{vmatrix}=-2D,$$

又
$$\begin{vmatrix} 4 & 0 & 2 \\ 12 & -1 & 0 \\ 4 & 2 & -1 \end{vmatrix} = 4\begin{vmatrix} 1 & 0 & 2 \\ 3 & -1 & 0 \\ 1 & 2 & -1 \end{vmatrix} = 4D.$$

【例 1】 设 $\begin{vmatrix} a_{11} & a_{12} & a_{13} \\ a_{21} & a_{22} & a_{23} \\ a_{31} & a_{32} & a_{33} \end{vmatrix} = 1$，求 $\begin{vmatrix} 6a_{11} & -2a_{12} & -10a_{13} \\ -3a_{21} & a_{22} & 5a_{23} \\ -3a_{31} & a_{32} & 5a_{33} \end{vmatrix}$.

解 利用行列式性质 3，有

$$\begin{vmatrix} 6a_{11} & -2a_{12} & -10a_{13} \\ -3a_{21} & a_{22} & 5a_{23} \\ -3a_{31} & a_{32} & 5a_{33} \end{vmatrix} = -2\begin{vmatrix} -3a_{11} & a_{12} & 5a_{13} \\ -3a_{21} & a_{22} & 5a_{23} \\ -3a_{31} & a_{32} & 5a_{33} \end{vmatrix}$$
$$= -2 \cdot (-3) \cdot 5\begin{vmatrix} a_{11} & a_{12} & a_{13} \\ a_{21} & a_{22} & a_{23} \\ a_{31} & a_{32} & a_{33} \end{vmatrix}$$
$$= -2 \cdot (-3) \cdot 5 \cdot 1 = 30.$$

性质 4 若行列式的某一行(列)的元素都是两数之和，例如，

$$D = \begin{vmatrix} a_{11} & a_{12} & \cdots & a_{1n} \\ \vdots & \vdots & & \vdots \\ b_{i1}+c_{i1} & b_{i2}+c_{i2} & \cdots & b_{in}+c_{in} \\ \vdots & \vdots & & \vdots \\ a_{n1} & a_{n2} & \cdots & a_{nn} \end{vmatrix}.$$

则

$$D = \begin{vmatrix} a_{11} & a_{12} & \cdots & a_{1n} \\ \vdots & \vdots & & \vdots \\ b_{i1} & b_{i2} & \cdots & b_{in} \\ \vdots & \vdots & & \vdots \\ a_{n1} & a_{n2} & \cdots & a_{nn} \end{vmatrix} + \begin{vmatrix} a_{11} & a_{12} & \cdots & a_{1n} \\ \vdots & \vdots & & \vdots \\ c_{i1} & c_{i2} & \cdots & c_{in} \\ \vdots & \vdots & & \vdots \\ a_{n1} & a_{n2} & \cdots & a_{nn} \end{vmatrix} = D_1 + D_2.$$

例如，(1) $\begin{vmatrix} 2 & 3 \\ 1 & 1 \end{vmatrix} = \begin{vmatrix} 1+1 & 3+0 \\ 1 & 1 \end{vmatrix} = \begin{vmatrix} 1 & 3 \\ 1 & 1 \end{vmatrix} + \begin{vmatrix} 1 & 0 \\ 1 & 1 \end{vmatrix}$.

(2) $\begin{vmatrix} 1 & 1+\sqrt{2} & 5 \\ 0 & 3-2 & 7 \\ 2 & -1-\sqrt{2} & -1 \end{vmatrix} = \begin{vmatrix} 1 & 1+(\sqrt{2}) & 5 \\ 0 & 3+(-2) & 7 \\ 2 & -1+(-\sqrt{2}) & -1 \end{vmatrix}$

$$= \begin{vmatrix} 1 & 1 & 5 \\ 0 & 3 & 7 \\ 2 & -1 & -1 \end{vmatrix} + \begin{vmatrix} 1 & \sqrt{2} & 5 \\ 0 & -2 & 7 \\ 2 & -\sqrt{2} & -1 \end{vmatrix}.$$

性质 5 将行列式的某一行(列)的所有元素都乘以数 k 后加到另一行(列)对应位置的元素上,行列式的值不变.

注意 以数 k 乘第 j 行加到第 i 行上,记作 r_i+kr_j;以数 k 乘第 j 列加到第 i 列上,记作 c_i+kc_j.

例如,(1) $\begin{vmatrix} 1 & 3 & -1 \\ 1 & 4 & -1 \\ 2 & 3 & 1 \end{vmatrix} \xlongequal{r_2-r_1} \begin{vmatrix} 1 & 3 & -1 \\ 0 & 1 & 0 \\ 2 & 3 & 1 \end{vmatrix}$,上式表示第 1 行乘以 -1 后加第 2 行上去,其值不变;

(2) $\begin{vmatrix} 1 & 3 & -1 \\ 1 & 4 & -1 \\ 2 & 3 & 1 \end{vmatrix} \xlongequal{c_3+c_1} \begin{vmatrix} 1 & 3 & 0 \\ 1 & 4 & 0 \\ 2 & 3 & 3 \end{vmatrix}$,上式表示第 1 列乘以 1 后加到第 3 列上去,其值不变.

性质 6 行列式 D 等于它的任意一行或列中所有元素与它们各自的代数余子式乘积之和,即

$$D=\sum_{k=1}^{n} a_{ik}A_{ik} \quad 或 \quad D=\sum_{k=1}^{n} a_{kj}A_{kj},$$

其中 $i,j=1,2,\cdots,n$. 换句话说,行列式可以按任意一行或列展开. 综合性质 6 和推论 2,可以得到

$$\sum_{k=1}^{n} a_{ik}A_{jk}=\begin{cases} D & 当\ i=j \\ 0 & 当\ i\neq j \end{cases};$$

$$\sum_{k=1}^{n} a_{ki}A_{kj}=\begin{cases} D & 当\ i=j \\ 0 & 当\ i\neq j \end{cases}.$$

【例 2】 计算行列式 $D=\begin{vmatrix} 3 & 6 & 12 \\ 2 & -3 & 0 \\ 5 & 1 & 2 \end{vmatrix}$.

解 先将第一行的公因子 3 提出来:

$$\begin{vmatrix} 3 & 6 & 12 \\ 2 & -3 & 0 \\ 5 & 1 & 2 \end{vmatrix}=3\begin{vmatrix} 1 & 2 & 4 \\ 2 & -3 & 0 \\ 5 & 1 & 2 \end{vmatrix}.$$

再计算

$$D=3\begin{vmatrix} 1 & 2 & 4 \\ 2 & -3 & 0 \\ 5 & 1 & 2 \end{vmatrix}=3\begin{vmatrix} 1 & 2 & 4 \\ 0 & -7 & -8 \\ 0 & -9 & -18 \end{vmatrix}=27\begin{vmatrix} 1 & 2 & 4 \\ 0 & 7 & 8 \\ 0 & 1 & 2 \end{vmatrix}$$

$$=54\begin{vmatrix}1&2&2\\0&7&4\\0&1&1\end{vmatrix}=54\begin{vmatrix}1&0&2\\0&3&4\\0&0&1\end{vmatrix}=54\times3=162.$$

【例 3】 计算行列式 $D=\begin{vmatrix}3&2&0&8\\4&-9&2&10\\-1&6&0&-7\\0&0&0&5\end{vmatrix}$.

解　因为第 3 列中有 3 个零元素,可按第 3 列展开,得

$$D=2\cdot(-1)^{2+3}\begin{vmatrix}3&2&8\\-1&6&-7\\0&0&5\end{vmatrix},$$

对于上面的三阶行列式,按第 3 行展开,得

$$D=12\cdot5\cdot(-1)^{3+3}\begin{vmatrix}3&2\\-1&6\end{vmatrix}=-200.$$

注意:由此可见,计算行列式时,选择先按零元素多的行或列展开可大大简化行列式的计算,这是计算行列式的常用技巧之一.

9.2.2 行列式的计算

行列式的计算方法不唯一,常用的方法总结如下:

(1) 计算二阶和三阶行列式时可用对角线法则.

(2) n 阶行列式的计算常用以下方法:

① 定义法:按某行(列)展开(一般选择零元素较多的行或列展开).

② 化三角形法:利用行列式的性质,把它逐步化为上(或下)三角形行列式,这时行列式的值就是对角线上元素的乘积.这种方法一般称为**化三角形法**.

③ 降阶法:先利用行列式的性质把某一行(或列)的元素化为仅有一个非零元素,然后再按这一行(或列)展开,转化为低阶行列式的计算.

【例 4】 计算 $D=\begin{vmatrix}3&1&-1&2\\-5&1&3&-4\\2&0&1&-1\\1&-5&3&-3\end{vmatrix}$.

解 $D\xlongequal{c_1\leftrightarrow c_2}-\begin{vmatrix}1&3&-1&2\\1&-5&3&-4\\0&2&1&-1\\-5&1&3&-3\end{vmatrix}\xlongequal[r_4+5r_1]{r_2-r_1}-\begin{vmatrix}1&3&-1&2\\0&-8&4&-6\\0&2&1&-1\\0&16&-2&7\end{vmatrix}$

$\xlongequal{r_2\leftrightarrow r_3}\begin{vmatrix}1&3&-1&2\\0&2&1&-1\\0&-8&4&-6\\0&16&-2&7\end{vmatrix}\xlongequal[r_4-8r_2]{r_3+4r_2}\begin{vmatrix}1&3&-1&2\\0&2&1&-1\\0&0&8&-10\\0&0&-10&15\end{vmatrix}$

$\xlongequal{r_4+\frac{5}{4}r_3}\begin{vmatrix}1&3&-1&2\\0&2&1&-1\\0&0&8&-10\\0&0&0&5/2\end{vmatrix}=40.$

【例 5】 计算行列式 $D=\begin{vmatrix}1&2&3&4\\1&0&1&2\\3&-1&-1&0\\1&2&0&-5\end{vmatrix}$.

解 $D=\begin{vmatrix}1&2&3&4\\1&0&1&2\\3&-1&-1&0\\1&2&0&-5\end{vmatrix}\xlongequal[r_4+2r_3]{r_1+2r_3}\begin{vmatrix}7&0&1&4\\1&0&1&2\\3&-1&-1&0\\7&0&-2&-5\end{vmatrix}$

$=(-1)\times(-1)^{3+2}\begin{vmatrix}7&1&4\\1&1&2\\7&-2&-5\end{vmatrix}\xlongequal[r_3+2r_2]{r_1-r_2}\begin{vmatrix}6&0&2\\1&1&2\\9&0&-1\end{vmatrix}$

$=1\times(-1)^{2+2}\begin{vmatrix}6&2\\9&-1\end{vmatrix}=-6-18=-24.$

【例 6】 计算行列式 $D=\begin{vmatrix}5&3&-1&2&0\\1&7&2&5&2\\0&-2&3&1&0\\0&-4&-1&4&0\\0&2&3&5&0\end{vmatrix}$.

解　$D=\begin{vmatrix}5&3&-1&2&0\\1&7&2&5&2\\0&-2&3&1&0\\0&-4&-1&4&0\\0&2&3&5&0\end{vmatrix}=2\times(-1)^{2+5}\begin{vmatrix}5&3&-1&2\\0&-2&3&1\\0&-4&-1&4\\0&2&3&5\end{vmatrix}$

$=-10\begin{vmatrix}-2&3&1\\-4&-1&4\\2&3&5\end{vmatrix}\xlongequal[r_3+r_1]{r_2+(-2)r_1}-10\begin{vmatrix}-2&3&1\\0&-7&2\\0&6&6\end{vmatrix}$

$=-10\times(-2)\begin{vmatrix}-7&2\\6&6\end{vmatrix}=20(-42-12)=-1\,080.$

【例 7】　计算行列式 $D=\begin{vmatrix}3&1&1&1\\1&3&1&1\\1&1&3&1\\1&1&1&3\end{vmatrix}$.

解　该行列式的特点是每一行元素的和都等于同一个数 6，故把第 2，3，4 行同时加到第 1 行，可提出公因子 6，再由各行减去第 1 行化为上三角形行列式.

$$D\xlongequal{r_1+r_2+r_3+r_4}\begin{vmatrix}6&6&6&6\\1&3&1&1\\1&1&3&1\\1&1&1&3\end{vmatrix}=6\begin{vmatrix}1&1&1&1\\1&3&1&1\\1&1&3&1\\1&1&1&3\end{vmatrix}\xlongequal[\substack{r_3-r_1\\r_4-r_1}]{r_2-r_1}6\begin{vmatrix}1&1&1&1\\0&2&0&0\\0&0&2&0\\0&0&0&2\end{vmatrix}=48.$$

注意：仿照上述方法可得到更一般的结果：

$$\begin{vmatrix}a&b&b&\cdots\\b&a&b&\cdots\\\vdots&\vdots&\vdots&\\b&b&b&\cdots\end{vmatrix}=[a+(n-1)b](a-b)^{n-1}.$$

【例 8】　计算行列式 $D=\begin{vmatrix}1&1&1&1\\x_1&x_2&x_3&x_4\\x_1^2&x_2^2&x_3^2&x_4^2\\x_1^3&x_2^3&x_3^3&x_4^3\end{vmatrix}$ $(x_i\neq 0,\quad i=1,2,3,4)$.

解　根据行列式特点

$$D=\begin{vmatrix}1&1&1&1\\x_1&x_2&x_3&x_4\\x_1^2&x_2^2&x_3^2&x_4^2\\x_1^3&x_2^3&x_3^3&x_4^3\end{vmatrix}\xlongequal[r_2-x_1r_1]{\substack{r_4-x_1r_3\\r_3-x_1r_2}}\begin{vmatrix}1&1&1&1\\0&x_2-x_1&x_3-x_1&x_4-x_1\\0&x_2(x_2-x_1)&x_3(x_3-x_1)&x_4(x_4-x_1)\\0&x_2^2(x_2-x_1)&x_3^2(x_3-x_1)&x_4^2(x_4-x_1)\end{vmatrix}$$

$$=\begin{vmatrix}x_2-x_1&x_3-x_1&x_4-x_1\\x_2(x_2-x_1)&x_3(x_3-x_1)&x_4(x_4-x_1)\\x_2^2(x_2-x_1)&x_3^2(x_3-x_1)&x_4^2(x_4-x_1)\end{vmatrix}$$

$$=(x_2-x_1)(x_3-x_1)(x_4-x_1)\begin{vmatrix}1&1&1\\x_2&x_3&x_4\\x_2^2&x_3^2&x_4^2\end{vmatrix}$$

$$=(x_2-x_1)(x_3-x_1)(x_4-x_1)\begin{vmatrix}1&1&1\\0&x_3-x_2&x_4-x_2\\0&x_3(x_3-x_2)&x_4(x_4-x_2)\end{vmatrix}$$

$$=(x_2-x_1)(x_3-x_1)(x_4-x_1)(x_3-x_2)(x_4-x_2)(x_4-x_3).$$

此行列式称为**四阶范德蒙行列式**，按照同样的方法可求出 n 阶范德蒙行列式的值.

$$D_n=\begin{vmatrix}1&1&\cdots&1\\a_1&a_2&\cdots&a_n\\a_1^2&a_2^2&\cdots&a_n^2\\\vdots&\vdots&&\vdots\\a_1^{n-1}&a_2^{n-1}&\cdots&a_n^{n-1}\end{vmatrix}=\prod_{1\leqslant i<j\leqslant n}(a_j-a_i).$$

习　题　9.2

1. 下列每个方程说明行列式的一个性质，叙述这些性质.

(1) $\begin{vmatrix}0&5&-2\\1&-3&6\\4&-1&8\end{vmatrix}=-\begin{vmatrix}1&-3&6\\0&5&-2\\4&-1&8\end{vmatrix}$；

(2) $\begin{vmatrix}2&-6&4\\3&5&-2\\1&6&3\end{vmatrix}=2\begin{vmatrix}1&-3&2\\3&5&-2\\1&6&3\end{vmatrix}$；

(3) $\begin{vmatrix} 1 & 3 & -4 \\ 2 & 0 & 3 \\ 5 & -4 & 7 \end{vmatrix} = \begin{vmatrix} 1 & 3 & -4 \\ 0 & -6 & 11 \\ 5 & -4 & 7 \end{vmatrix}$.

2. 利用行列式的性质计算下列行列式：

(1) $\begin{vmatrix} 7 & 10 & 13 \\ 8 & 11 & 14 \\ 9 & 12 & 15 \end{vmatrix}$；(2) $\begin{vmatrix} 1 & 5 & -6 \\ -1 & -4 & 4 \\ -2 & -7 & 9 \end{vmatrix}$；(3) $\begin{vmatrix} 1 & 1 & 1 \\ x & y & z \\ x^2 & y^2 & z^2 \end{vmatrix}$.

3. 计算下列行列式：

(1) $D=\begin{vmatrix} 0 & -1 & -1 & 2 \\ 1 & -1 & 0 & 2 \\ -1 & 2 & -1 & 0 \\ 2 & 1 & 1 & 0 \end{vmatrix}$；　(2) $D=\begin{vmatrix} 1 & 1 & 1 & 4 \\ 1 & 1 & 4 & 1 \\ 1 & 4 & 1 & 1 \\ 4 & 1 & 1 & 1 \end{vmatrix}$；

(3) $D=\begin{vmatrix} 1 & 2 & -3 & 4 \\ 0 & 1 & -2 & 0 \\ 0 & -1 & -1 & 0 \\ 0 & -1 & 0 & -2 \end{vmatrix}$.

9.3　线性方程组($m=n$)的解法

通过前面的学习，我们可能会猜想：对 n 个未知数 $x_1, x_2, \cdots, x_n$，n 个方程组成的 n 元线性方程组的解与系数的关系的规律与二元、三元线性方程组是否一样呢？我们本节来讨论方程个数与未知数个数相等的线性方程组解法.

我们先介绍有关 n 元线性方程组的概念. n 个方程的 n 元线性方程组的一般形式为

$$\begin{cases} a_{11}x_1+a_{12}x_2+\cdots+a_{1n}x_n=b_1 \\ a_{21}x_1+a_{22}x_2+\cdots+a_{2n}x_n=b_2 \\ \cdots\cdots \\ a_{n1}x_1+a_{n2}x_2+\cdots+a_{nn}x_n=b_n \end{cases}, \tag{1}$$

称为 n 元线性方程组. 当其右端的常数项 $b_1, b_2, \cdots, b_n$ 不全为零时，线性方程组(1)称为非齐次线性方程组；当 $b_1, b_2, \cdots, b_n$ 全为零时，线性方程组(1)称为齐次线性方程组，即

$$\begin{cases} a_{11}x_1+a_{12}x_2+\cdots+a_{1n}x_n=0 \\ a_{21}x_1+a_{22}x_2+\cdots+a_{2n}x_n=0 \\ \cdots\cdots \\ a_{n1}x_1+a_{n2}x_2+\cdots+a_{nn}x_n=0 \end{cases}. \tag{2}$$

线性方程组(1)的系数 a_{ij} 构成的行列式称为该方程组的系数行列式 D,即

$$D=\begin{vmatrix} a_{11} & a_{12} & \cdots & a_{1n} \\ a_{21} & a_{22} & \cdots & a_{2n} \\ \vdots & \vdots & & \vdots \\ a_{n1} & a_{n2} & \cdots & a_{nn} \end{vmatrix}.$$

定理 1(克莱姆法则) 若线性方程组(1)的系数行列式 $D\neq0$,则线性方程组(1)有唯一解,其解为

$$x_j=\frac{D_j}{D} \quad (j=1,2,\cdots,n), \tag{3}$$

其中 $D_j(j=1,2,\cdots,n)$是把 D 中第 j 列元素 $a_{1j},a_{2j},\cdots,a_{nj}$ 对应地换成常数项 $b_1,b_2,\cdots,b_n$,而其余各列保持不变所得到的行列式.

注意:用克莱姆法则解 n 元线性方程组的前提条件:

(1) 线性方程组中方程个数与未知量个数相等;

(2) 方程组的系数行列式 $D\neq0$.

克莱姆法则在一定条件下给出了线性方程组解的存在性、唯一性,与其在计算方面的作用相比,克莱姆法则更具有重大的理论价值. 撇开求解公式(3),克莱姆法则可叙述为下面的定理.

定理 2 如果线性方程组(1)的系数行列式 $D\neq0$,则(1)一定有解且解是唯一的.

定理 2′ 如果线性方程组(1)无解或有两个不同的解,则它的系数行列式必为零.

对齐次线性方程组(2),易见 $x_1=x_2=\cdots=x_n=0$ 一定是该方程组的解,称其为齐次线性方程组(2)的**零解**. 把定理 2 应用于齐次线性方程组(2),可得到下列结论.

定理 3 如果齐次线性方程组(2)的系数行列式 $D\neq0$,则齐次线性方程组(2)只有零解.

定理 3′ 如果齐次方程组(2)有非零解,则它的系数行列式 $D=0$.

注意:在后面还将进一步证明,如果齐次线性方程组的系数行列式 $D=0$,则齐次线性方程组(2)有非零解.

【例 1】 用克莱姆法则求解线性方程组：

$$\begin{cases}2x_1+3x_2+5x_3=2\\ x_1+2x_2=5\\ 3x_2+5x_3=4\end{cases}.$$

解 $D=\begin{vmatrix}2&3&5\\1&2&0\\0&3&5\end{vmatrix}\xlongequal{r_1-r_3}\begin{vmatrix}2&0&0\\1&2&0\\0&3&5\end{vmatrix}=2\begin{vmatrix}2&0\\3&5\end{vmatrix}=2\times2\times5=20$；

$D_1=\begin{vmatrix}2&3&5\\5&2&0\\4&3&5\end{vmatrix}\xlongequal{r_1-r_3}\begin{vmatrix}-2&0&0\\5&2&0\\4&3&5\end{vmatrix}=(-2)\times2\times5=-20$；

$D_2=\begin{vmatrix}2&2&5\\1&5&0\\0&4&5\end{vmatrix}\xlongequal{r_1-2r_2}\begin{vmatrix}0&-8&5\\1&5&0\\0&4&5\end{vmatrix}\xlongequal{r_1\leftrightarrow r_2}-\begin{vmatrix}1&5&0\\0&-8&5\\0&4&5\end{vmatrix}$

$=-\begin{vmatrix}-8&5\\4&5\end{vmatrix}=60$；

$D_3=\begin{vmatrix}2&3&2\\1&2&5\\0&3&4\end{vmatrix}\xlongequal{r_1-2r_2}\begin{vmatrix}0&-1&-8\\1&2&5\\0&3&4\end{vmatrix}\xlongequal{r_1\leftrightarrow r_2}-\begin{vmatrix}1&2&5\\0&-1&-8\\0&3&4\end{vmatrix}$

$=-\begin{vmatrix}-1&-8\\3&4\end{vmatrix}=-20$.

由克莱姆法则，

$$x_1=\frac{D_1}{D}=-1；\quad x_2=\frac{D_2}{D}=3；\quad x_3=\frac{D_3}{D}=-1.$$

【例 2】 用克莱姆法则解方程组$\begin{cases}2x_1+x_2-5x_3+x_4=8\\ x_1-3x_2-6x_4=9\\ 2x_2-x_3+2x_4=-5\\ x_1+4x_2-7x_3+6x_4=0\end{cases}$.

解 $D=\begin{vmatrix}2&1&-5&1\\1&-3&0&-6\\0&2&-1&2\\1&4&-7&6\end{vmatrix}\xlongequal[r_4-r_2]{r_1-2r_2}\begin{vmatrix}0&7&-5&13\\1&-3&0&-6\\0&2&-1&2\\0&7&-7&12\end{vmatrix}$

$$=-\begin{vmatrix}7&-5&13\\2&-1&2\\7&-7&12\end{vmatrix}\xlongequal[c_3+2c_2]{c_1+2c_2}-\begin{vmatrix}-3&-5&3\\0&-1&0\\-7&-7&-2\end{vmatrix}$$

$$=\begin{vmatrix}-3&3\\-7&-2\end{vmatrix}=27;$$

$$D_1=\begin{vmatrix}8&1&-5&1\\9&-3&0&-6\\-5&2&-1&2\\0&4&-7&6\end{vmatrix}=81;\quad D_2=\begin{vmatrix}2&8&-5&1\\1&9&0&-6\\0&-5&-1&2\\1&0&-7&6\end{vmatrix}=-108;$$

$$D_3=\begin{vmatrix}2&1&8&1\\1&-3&9&-6\\0&2&-5&2\\1&4&0&6\end{vmatrix}=-27;\quad D_4=\begin{vmatrix}2&1&-5&8\\1&-3&0&9\\0&2&-1&-5\\1&4&-7&0\end{vmatrix}=27.$$

由克莱姆法则得 $x_1=\dfrac{D_1}{D}=\dfrac{81}{27}=3$； $x_2=\dfrac{D_2}{D}=\dfrac{-108}{27}=-4$；

$$x_3=\frac{D_3}{D}=\frac{-27}{27}=-1;\quad x_4=\frac{D_4}{D}=\frac{27}{27}=1.$$

【例 3】 问 λ 为何值时，齐次方程组 $\begin{cases}x_1+x_2+\lambda x_3=0\\-x_1+\lambda x_2+x_3=0\\x_1-x_2+2x_3=0\end{cases}$ 有非零解？

解

$$D=\begin{vmatrix}1&1&\lambda\\-1&\lambda&1\\1&-1&2\end{vmatrix}=\begin{vmatrix}1&1&\lambda\\0&\lambda+1&\lambda+1\\0&-2&2-\lambda\end{vmatrix}=\begin{vmatrix}\lambda+1&\lambda+1\\-2&2-\lambda\end{vmatrix}$$

$$=(\lambda+1)(2-\lambda)+2(1+\lambda)=(\lambda+1)(4-\lambda).$$

齐次线性方程组有非零解，则 $D=0$，所以 $\lambda=-1$ 或 $\lambda=4$ 时齐次线性方程组有非零解.

习　题　9.3

1. 如果下列齐次线性方程组有非零解，k 应取何值？

$$\begin{cases}kx_1+x_4=0\\x_1+2x_2-x_4=0\\(k+2)x_1-x_2+4x_4=0\\2x_1+x_2+3x_3+kx_4=0\end{cases}.$$

2. 用克莱姆法则解下列线性方程组：

(1) $\begin{cases}3x_1+2x_2+2x_3=1\\ x_1+x_2+2x_3=2\\ x_1+x_2+x_3=3\end{cases}$；　(2) $\begin{cases}x+3y-2z=0\\ 3x-2y+z=7\\ 2x+y+3z=7\end{cases}$.

3. k 取何值时，齐次线性方程组

$$\begin{cases}kx_1+x_2+x_3=0\\ x_1+kx_2+x_3=0\\ x_1+x_2+x_3=0\end{cases},$$

(1) 只有零解；(2) 有非零解.

4. 判定齐次线性方程组 $\begin{cases}x_1+x_2+2x_3+3x_4=0\\ x_1+2x_2+3x_3-x_4=0\\ 3x_1-x_2-x_3-2x_4=0\\ 2x_1+3x_2-x_3-x_4=0\end{cases}$ 是否仅有零解.

阅读材料

行列式理论的创立和发展

行列式出现于线性方程组的求解，它最早是一种速记的表达式，现在已经是数学中一种非常有用的工具. 行列式是由莱布尼茨和日本数学家关孝和发明的. 1693 年 4 月，莱布尼茨在写给洛必达的一封信中使用并给出了行列式，并给出方程组的系数行列式为零的条件. 同时代的日本数学家关孝和在其著作《解伏题元法》中也提出了行列式的概念与算法.

1750 年，瑞士数学家克莱姆(G. Cramer，1704—1752)在其著作《线性代数分析导引》中，对行列式的定义和展开法则给出了比较完整、明确的阐述，并给出了现在我们所称的解线性方程组的克莱姆法则. 稍后，数学家贝祖(E. Bezout，1730—1783)将确定行列式每一项符号的方法进行了系统化，利用系数行列式概念指出了如何判断一个齐次线性方程组有非零解.

总之,在很长一段时间内,行列式只是作为解线性方程组的一种工具使用,并没有人意识到它可以独立于线性方程组之外,单独形成一门理论加以研究.

在行列式的发展史上,第一个对行列式理论做出连贯的逻辑的阐述,即把行列式理论与线性方程组求解相分离的人,是法国数学家范德蒙(A-T. Vandermonde,1735—1796).范德蒙自幼在父亲的指导下学习音乐,但对数学有浓厚的兴趣,后来终于成为法兰西科学院院士.特别地,他给出了用二阶子式和它们的余子式来展开行列式的法则.就对行列式本身这一点来说,他是这门理论的奠基人. 1772 年,拉普拉斯在一篇论文中证明了范德蒙提出的一些规则,推广了他的展开行列式的方法.

继范德蒙之后,在行列式的理论方面,又一位做出突出贡献的是另一位法国大数学家柯西. 1815 年,柯西在一篇论文中给出了行列式的第一个系统的、几乎是近代的处理.其中主要结果之一是行列式的乘法定理.另外,他第一个把行列式的元素排成方阵,采用双足标记法;引进了行列式特征方程的术语;给出了相似行列式概念;改进了拉普拉斯的行列式展开定理并给出了一个证明等.

19 世纪的半个多世纪中,对行列式理论研究始终不渝的作者之一是詹姆士·西尔维斯特(J. Sylvester,1814—1894).他是一个活泼、敏感、兴奋、热情,甚至容易激动的人,然而由于是犹太人的缘故,他受到剑桥大学的不平等对待.西尔维斯特用火一般的热情介绍他的学术思想,他的重要成就之一是改进了从一个 n 次和一个 m 次的多项式中消去 x 的方法,他称为配析法,并给出形成的行列式为零时这两个多项式方程有公共根充分必要条件这一结果,但没有给出证明.

继柯西之后,在行列式理论方面最多产的人是德国数学家雅可比(J. Jacobi,1804—1851),他引进了函数行列式,即"雅可比行列式",指出函数行列式在多重积分的变量替换中的作用,给出了函数行列式的导数公式.雅可比的著名论文《论行列式的形成和性质》标志着行列式系统理论的建成.由于行列式在数学分析、几何学、线性方程组理论、二次型理论等多方面的应用,促使行列式理论自身在 19 世纪也得到了很大发展.整个 19 世纪都有行列式的新结果.除了一般行列式的大量定理之外,还有许多有关特殊行列式的其他定理都相继出现.

9.4　矩阵的概念及运算

矩阵是代数研究的主要对象和工具，它在数学的其他分支以及自然科学、现代经济学、管理学和工程技术领域等方面具有广泛的应用. 矩阵是研究线性变换、向量的线性相关性及线性方程组求解等的有力且不可替代的工具，在线性代数中具有重要地位.

本节将介绍矩阵的概念及矩阵的加法、减法、乘法、转置等基本运算.

9.4.1　矩阵的概念

【引例 1】 某地区计划建筑甲、乙、丙三种不同标准的房屋，预计每 1 000 m^2 需用水泥、钢筋、木材的数量(单位：t)见表 9-1.

表 9-1

房屋标准	水　泥	钢　筋	木　材
甲	19	2	19
乙	18	2	14
丙	12	0.3	27

表 9-1 可简化为数表

$$\begin{pmatrix} 19 & 2 & 19 \\ 18 & 2 & 14 \\ 12 & 0.3 & 27 \end{pmatrix}$$

【引例 2】 生产 m 种产品需用 n 种材料，如果以 a_{ij} 表示生产第 i 种产品($i=1,2,\cdots,m$)耗用第 j 种材料($i=1,2,\cdots,n$)的定额，则消耗定额可以用一个矩形表 9-2 来表示.

表 9-2

编号	1	2	…	n
1	a_{11}	a_{12}	…	a_{1n}
2	a_{21}	a_{22}	…	a_{2n}
⋮	⋮	⋮		⋮
m	a_{m1}	a_{m2}	…	a_{mn}

这个表也可以简单地表示为 m 行 n 列的数表：

$$\begin{pmatrix} a_{11} & a_{12} & \cdots & a_{1n} \\ a_{21} & a_{22} & \cdots & a_{2n} \\ \vdots & \vdots & & \vdots \\ a_{m1} & a_{m2} & \cdots & a_{mn} \end{pmatrix},$$

这个矩形数表描述了生产过程中产出的产品与投入材料的数量关系.

【引例 3】 含有 n 个未知量、m 个方程的线性方程组

$$\begin{cases} a_{11}x_1+a_{12}x_2+\cdots+a_{1n}x_n=b_1 \\ x_{21}x_1+a_{22}x_2+\cdots+a_{2n}x_n=b_2 \\ \cdots\cdots \\ a_{m1}x_1+a_{m2}x_2+\cdots+a_{mn}x_n=b_m \end{cases},$$

如果把它的系数 $a_{ij}(i=1,2,\cdots,m;j=1,2,\cdots,n)$ 和常数项 $b_i(i=1,2,\cdots,m)$ 按原来顺序写出，就可以得到一个 m 行、$n+1$ 列的数表

$$\begin{pmatrix} a_{11} & a_{12} & \cdots & a_{1n} & b_1 \\ a_{21} & a_{22} & \cdots & a_{2n} & b_2 \\ \vdots & \vdots & & \vdots & \vdots \\ a_{m1} & a_{m2} & \cdots & a_{mn} & b_m \end{pmatrix},$$

那么，这个数表就可以清晰地表达这一线性方程组.

类似的问题还有火车时刻表、网络通信等，都是数据表问题，由此抽象出矩阵的概念.

定义 1 有 $m\times n$ 个数 $a_{ij}(i=1,2,\cdots,m;j=1,2,\cdots,n)$ 排列成一个 m 行 n 列，并括以圆括弧（或方括弧）的数表

$$\begin{pmatrix} a_{11} & a_{12} & \cdots & a_{1n} \\ a_{21} & a_{22} & \cdots & a_{2n} \\ \vdots & \vdots & & \vdots \\ a_{m1} & a_{m2} & \cdots & a_{mn} \end{pmatrix}$$

称为 m 行 n 列矩阵，简称 $m\times n$ 矩阵. 矩阵通常用大写字母 $\boldsymbol{A},\boldsymbol{B},\boldsymbol{C}\cdots$ 表示，例如上述矩阵可以记作 $\boldsymbol{A}$ 或 $\boldsymbol{A}_{m\times n}$，有时也记作

$$\boldsymbol{A}=(a_{ij})_{m\times n},$$

其中 a_{ij} 称为矩阵 $\boldsymbol{A}$ 的第 i 行第 j 列元素.

特别地，当 $m=n$ 时，称 $\boldsymbol{A}$ 为 n 阶矩阵，或 n 阶方阵.

当 $m=1$ 或 $n=1$ 时，矩阵只有 1 行或只有 1 列，即

$$\boldsymbol{A}=(a_{11} \quad a_{12} \quad \cdots \quad a_{1n}) \quad 或 \quad \boldsymbol{A}=\begin{pmatrix} a_{11} \\ a_{21} \\ \vdots \\ a_{m1} \end{pmatrix},$$

分别称为**行矩阵**和**列矩阵**.

在 n 阶矩阵中,从左上角到右下角的对角线称为**主对角线**,从右上角到左下角的对角线称为**次对角线**.

所有元素全为零的 $m\times n$ 矩阵,称为**零矩阵**,记作 $\boldsymbol{O}_{m\times n}$ 或 $\boldsymbol{O}$.

在矩阵 $\boldsymbol{A}=(a_{ij})_{m\times n}$ 中各个元素的前面都添加上负号(即取相反数)得到的矩阵,称为 $\boldsymbol{A}$ 的**负矩阵**,记作 $-\boldsymbol{A}$,即 $-\boldsymbol{A}=(-a_{ij})_{m\times n}$.

9.4.2　特殊矩阵

主对角线下(或上)方的元素全都是零的 n 阶矩阵,称为 n 阶上(或下)三角矩阵. 上三角矩阵($\boldsymbol{A}$)、下三角矩阵($\boldsymbol{B}$)统称为**三角矩阵**.

$$\boldsymbol{A}=\begin{pmatrix} a_{11} & a_{12} & \cdots & a_{1n} \\ 0 & a_{22} & \cdots & a_{2n} \\ \vdots & \vdots & & \vdots \\ 0 & 0 & \cdots & a_{nn} \end{pmatrix},\quad B=\begin{pmatrix} b_{11} & 0 & \cdots & 0 \\ b_{21} & b_{22} & \cdots & 0 \\ \vdots & \vdots & & \vdots \\ b_{n1} & b_{n2} & \cdots & b_{nn} \end{pmatrix}.$$

如果一个矩阵 $\boldsymbol{A}$ 既是上三角矩阵,又是下三角矩阵,则称其为 n 阶**对角矩阵**.

$$\begin{pmatrix} a_1 & 0 & \cdots & 0 \\ 0 & a_2 & \cdots & 0 \\ \vdots & \vdots & & \vdots \\ 0 & 0 & \cdots & a_n \end{pmatrix},$$

经常将对角矩阵记作 $\mathrm{diag}(a_1\quad a_2\quad \cdots\quad a_n)$. 当然允许 $a_1,a_2,\cdots,a_n$ 中某些为零.

主对角线上元素是 1,其余元素全部是零的 n 阶矩阵,称为 n 阶**单位矩阵**,记作 $\boldsymbol{E}_n$ 或 $\boldsymbol{E}$,即

$$\begin{pmatrix} 1 & 0 & \cdots & 0 \\ 0 & 1 & \cdots & 0 \\ \vdots & \vdots & & \vdots \\ 0 & 0 & \cdots & 1 \end{pmatrix}.$$

当一个 n 阶对角矩阵 $\boldsymbol{A}$ 的对角元素全部相等且等于某一数 a 时,称 $\boldsymbol{A}$ 为 n 阶**数量矩阵**, 即

$$\boldsymbol{A}=\begin{pmatrix} a & 0 & \cdots & 0 \\ 0 & a & \cdots & 0 \\ \vdots & \vdots & & \vdots \\ 0 & 0 & \cdots & a \end{pmatrix}.$$

9.4.3 矩阵的运算

1. 矩阵相等

如果两个矩阵具有相同的行数与相同的列数,则称这两个矩阵为**同型矩阵**.

定义 2 如果两个矩阵 $\boldsymbol{A}=(a_{ij})$,$\boldsymbol{B}=(b_{ij})$为同型矩阵,而且各对应元素相等,则称矩阵 $\boldsymbol{A}$ 与矩阵 $\boldsymbol{B}$ 相等,记作

$$\boldsymbol{A}=\boldsymbol{B}.$$

即如果 $\boldsymbol{A}=(a_{ij})_{m\times n}$和 $\boldsymbol{B}=(b_{ij})_{m\times n}$,且 $a_{ij}=b_{ij}(i=1,2,\cdots,m;j=1,2,\cdots,n)$,那么 $\boldsymbol{A}=\boldsymbol{B}$.

【例 1】 设 $\boldsymbol{A}=\begin{pmatrix}1 & 2-x & 3\\ 2 & 6 & 5z\end{pmatrix}$,$\boldsymbol{B}=\begin{pmatrix}1 & x & 3\\ y & 6 & z-8\end{pmatrix}$,已知 $\boldsymbol{A}=\boldsymbol{B}$,求 x,y,z.

解 因为 $2-x=x$; $2=y$; $5z=z-8$,
所以 $x=1$; $y=2$; $z=-2$.

2. 矩阵的加法

定义 3 设 $\boldsymbol{A}=(a_{ij})_{m\times n}$,$\boldsymbol{B}=(b_{ij})_{m\times n}$是两个 $m\times n$ 的矩阵,规定:

$$\boldsymbol{A}+\boldsymbol{B}=(a_{ij}+b_{ij})_{n\times m}=\begin{pmatrix}a_{11}+b_{11} & a_{12}+b_{12} & \cdots & a_{1n}+b_{1n}\\ a_{21}+b_{21} & a_{22}+b_{22} & \cdots & a_{2n}+b_{2n}\\ \vdots & \vdots & & \vdots\\ a_{m1}+b_{m1} & a_{m2}+b_{m2} & \cdots & a_{mn}+b_{mn}\end{pmatrix}.$$

称矩阵 $\boldsymbol{A}+\boldsymbol{B}$ 为 $\boldsymbol{A}$ 与 $\boldsymbol{B}$ 的和.

注意:只有两个矩阵是同型矩阵时,才能进行矩阵的加法运算. 两个同型矩阵的和,即为两个矩阵对应位置元素相加得到的矩阵.

如果 $\boldsymbol{A}=(a_{ij})_{m\times n}$,$\boldsymbol{B}=(b_{ij})_{m\times n}$,规定:

$$\boldsymbol{A}-\boldsymbol{B}=\boldsymbol{A}+(-\boldsymbol{B})=(a_{ij})_{m\times n}+(-b_{ij})_{m\times n}=(a_{ij}-b_{ij})_{m\times n}$$

称矩阵 $\boldsymbol{A}-\boldsymbol{B}$ 为 $\boldsymbol{A}$ 与 $\boldsymbol{B}$ 的差.

设 $\boldsymbol{A}$,$\boldsymbol{B}$,$\boldsymbol{C}$,$\boldsymbol{O}$ 都是 $m\times n$ 矩阵,则矩阵的加法满足以下运算规则:

(1) 加法交换律 $\boldsymbol{A}+\boldsymbol{B}=\boldsymbol{B}+\boldsymbol{A}$;

(2) 加法结合律$(\boldsymbol{A}+\boldsymbol{B})+\boldsymbol{C}=\boldsymbol{A}+(\boldsymbol{B}+\boldsymbol{C})$;

(3) 零矩阵满足 $\boldsymbol{A}+\boldsymbol{O}=\boldsymbol{A}$;

(4) 存在矩阵$-\boldsymbol{A}$,满 $\boldsymbol{A}-\boldsymbol{A}=\boldsymbol{A}+(-\boldsymbol{A})=\boldsymbol{O}$.

3. 矩阵的数乘

定义 4 设 k 是任意一个实数,$\boldsymbol{A}=(a_{ij})$是一个 $m\times n$ 矩阵,规定:

$$k\boldsymbol{A}=(ka_{ij})_{m\times n}=\begin{pmatrix}ka_{11} & ka_{12} & \cdots & ka_{1n}\\ ka_{21} & ka_{22} & \cdots & ka_{2n}\\ \vdots & \vdots & & \vdots\\ ka_{m1} & ka_{m2} & \cdots & ka_{mn}\end{pmatrix},$$

称该矩阵为数 k 与矩阵 $\boldsymbol{A}$ 的乘积，或称之为矩阵的**数乘**.

特别地，当 $k=-1$ 时，$k\boldsymbol{A}=-\boldsymbol{A}$，得到 $\boldsymbol{A}$ 的负矩阵.

对数 k,l 和矩阵 $\boldsymbol{A}=(a_{ij})_{m\times n},\boldsymbol{B}=(b_{ij})_{m\times n}$满足以下运算规则：

(1) 数对矩阵的分配律 $k(\boldsymbol{A}+\boldsymbol{B})=k\boldsymbol{A}+k\boldsymbol{B}$；

(2) 矩阵对数的分配律$(k+l)\boldsymbol{A}=k\boldsymbol{A}+l\boldsymbol{A}$；

(3) 数与矩阵的结合律$(kl)\boldsymbol{A}=k(l\boldsymbol{A})=l(k\boldsymbol{A})$；

(4) 数 1 与矩阵满足 $1\boldsymbol{A}=\boldsymbol{A}$.

【例 2】 已知 $\boldsymbol{A}=\begin{pmatrix}-1 & 2 & 3 & 1\\ 0 & 3 & -2 & 1\\ 4 & 0 & 3 & 2\end{pmatrix}$，$\boldsymbol{B}=\begin{pmatrix}4 & 3 & 2 & -1\\ 5 & -3 & 0 & 1\\ 1 & 2 & -5 & 0\end{pmatrix}$，求 $3\boldsymbol{A}-2\boldsymbol{B}$.

解
$$3\boldsymbol{A}-2\boldsymbol{B}=3\begin{pmatrix}-1 & 2 & 3 & 1\\ 0 & 3 & -2 & 1\\ 4 & 0 & 3 & 2\end{pmatrix}-2\begin{pmatrix}4 & 3 & 2 & -1\\ 5 & -3 & 0 & 1\\ 1 & 2 & -5 & 0\end{pmatrix}$$
$$=\begin{pmatrix}-3-8 & 6-6 & 9-4 & 3+2\\ 0-10 & 9+6 & -6-0 & 3-2\\ 12-2 & 0-4 & 9+10 & 6-0\end{pmatrix}$$
$$=\begin{pmatrix}-11 & 0 & 5 & 5\\ -10 & 15 & -6 & 1\\ 10 & -4 & 19 & 6\end{pmatrix}.$$

【例 3】 已知 $\boldsymbol{A}=\begin{pmatrix}3 & -1 & 2 & 0\\ 1 & 5 & 7 & 9\\ 2 & 4 & 6 & 8\end{pmatrix}$，$\boldsymbol{B}=\begin{pmatrix}7 & 5 & -2 & 4\\ 5 & 1 & 9 & 7\\ 3 & 2 & -1 & 6\end{pmatrix}$，且 $\boldsymbol{A}+2\boldsymbol{X}=\boldsymbol{B}$，求 $\boldsymbol{X}$.

解
$$\boldsymbol{X}=\frac{1}{2}(\boldsymbol{B}-\boldsymbol{A})=\frac{1}{2}\begin{pmatrix}4 & 6 & -4 & 4\\ 4 & -4 & 2 & -2\\ 1 & -2 & -7 & -2\end{pmatrix}=\begin{pmatrix}2 & 3 & -2 & 2\\ 2 & -2 & 1 & -1\\ \frac{1}{2} & -1 & -\frac{7}{2} & -1\end{pmatrix}.$$

4. 矩阵的乘法

定义 5 设

$$A=(a_{ij})_{m\times s}=\begin{pmatrix} a_{11} & a_{12} & \cdots & a_{1s} \\ a_{2s} & a_{2s} & \cdots & a_{2s} \\ \vdots & \vdots & & \vdots \\ a_{m1} & a_{m2} & \cdots & a_{ms} \end{pmatrix};\quad B=(b_{ij})_{s\times n}=\begin{pmatrix} b_{11} & b_{12} & \cdots & b_{1n} \\ b_{21} & b_{22} & \cdots & b_{2n} \\ \vdots & \vdots & & \vdots \\ b_{s1} & b_{s2} & \cdots & b_{sn} \end{pmatrix}.$$

矩阵 A 与矩阵 B 的乘积记作 AB，规定为

$$AB=(c_{ij})_{m\times n}=\begin{pmatrix} c_{11} & c_{12} & \cdots & c_{1n} \\ c_{21} & c_{22} & \cdots & c_{2n} \\ \vdots & \vdots & & \vdots \\ c_{m1} & c_{m2} & \cdots & c_{mn} \end{pmatrix},$$

其中 $c_{ij}=a_{i1}b_{1j}+a_{i2}b_{2j}+\cdots+a_{is}b_{sj}=\sum_{k=1}^{s}a_{ik}b_{kj}\ (i=1,2,\cdots,m;j=1,2,\cdots,n)$.

记号 AB 常读作 **A 左乘 B 或 B 右乘 A.**

注 (1) 只有当左矩阵 A 的列数等于右矩阵 B 的行数时，A，B 才能作乘法运算 $C=AB$；

(2) 两个矩阵的乘积 $C=AB$ 亦是矩阵，它的行数等于左矩阵 A 的行数，它的列数等于右矩阵 B 的列数；

(3) 乘积矩阵 $C=AB$ 中的第 i 行第 j 列的元素等于 A 的第 i 行元素与 B 的第 j 列对应元素的乘积之和.

【例 4】 若 $A=\begin{pmatrix} 2 & 3 \\ 1 & -2 \\ 3 & 1 \end{pmatrix}$，$B=\begin{pmatrix} 1 & -2 & -3 \\ 2 & -1 & 0 \end{pmatrix}$，求 AB.

解

$$\begin{aligned} AB &= \begin{pmatrix} 2 & 3 \\ 1 & -2 \\ 3 & 1 \end{pmatrix}\begin{pmatrix} 1 & -2 & -3 \\ 2 & -1 & 0 \end{pmatrix} \\ &= \begin{pmatrix} 2\times 1+3\times 2 & 2\times(-2)+3\times(-1) & 2\times(-3)+3\times 0 \\ 1\times 1+(-2)\times 2 & 1\times(-2)+(-2)\times(-1) & 1\times(-3)+(-2)\times 0 \\ 3\times 1+1\times 2 & 3\times(-2)+1\times(-1) & 3\times(-3)+1\times 0 \end{pmatrix} \\ &= \begin{pmatrix} 8 & -7 & -6 \\ -3 & 0 & -3 \\ 5 & -7 & -9 \end{pmatrix}. \end{aligned}$$

就此例顺便求一下 BA.

$$\boldsymbol{BA}=\begin{pmatrix}1&-2&-3\\2&-1&0\end{pmatrix}\begin{pmatrix}2&3\\1&-2\\3&1\end{pmatrix}$$

$$=\begin{pmatrix}1\times2+(-2)\times1+(-3)\times3 & 1\times3+(-2)\times(-2)+(-3)\times1\\2\times2+(-1)\times1+0\times3 & 2\times3+(-1)\times(-2)+0\times1\end{pmatrix}$$

$$=\begin{pmatrix}-9&4\\3&8\end{pmatrix},$$

显然 $\boldsymbol{AB}\neq\boldsymbol{BA}$.

【例 5】 设 $\boldsymbol{A}=(1,0,4)$，$\boldsymbol{B}=\begin{pmatrix}1\\1\\0\end{pmatrix}$. $\boldsymbol{A}$ 是一个 1×3 矩阵，$\boldsymbol{B}$ 是 3×1 矩阵，因此 $\boldsymbol{AB}$ 有意义，$\boldsymbol{BA}$ 也有意义. 但

$$\boldsymbol{AB}=(1\quad0\quad4)\begin{pmatrix}1\\1\\0\end{pmatrix}=1\times1+0\times1+4\times0=1;$$

$$\boldsymbol{BA}=\begin{pmatrix}1\\1\\0\end{pmatrix}(1\quad0\quad4)=\begin{pmatrix}1\times1&1\times0&1\times4\\1\times1&1\times0&1\times4\\0\times1&0\times0&0\times4\end{pmatrix}=\begin{pmatrix}1&0&4\\1&0&4\\0&0&0\end{pmatrix}.$$

矩阵的乘法满足下列运算规律(假定运算都是可行的)：

(1) $(\boldsymbol{AB})\boldsymbol{C}=\boldsymbol{A}(\boldsymbol{BC})$；

(2) $(\boldsymbol{A}+\boldsymbol{B})\boldsymbol{C}=\boldsymbol{AC}+\boldsymbol{BC}$；

(3) $\boldsymbol{C}(\boldsymbol{A}+\boldsymbol{B})=\boldsymbol{CA}+\boldsymbol{CB}$；

(4) $k(\boldsymbol{AB})=(k\boldsymbol{A})\boldsymbol{B}=\boldsymbol{A}(k\boldsymbol{B})$.

注意：矩阵的乘法一般不满足交换律，即 $\boldsymbol{AB}\neq\boldsymbol{BA}$.

例如，设 $\boldsymbol{A}=\begin{pmatrix}-2&4\\1&-2\end{pmatrix}$； $\boldsymbol{B}=\begin{pmatrix}2&4\\-3&-6\end{pmatrix}$. 则

$$\boldsymbol{AB}=\begin{pmatrix}-2&4\\1&-2\end{pmatrix}\begin{pmatrix}2&4\\-3&-6\end{pmatrix}=\begin{pmatrix}-16&-32\\8&16\end{pmatrix};$$

而

$$\boldsymbol{BA}=\begin{pmatrix}2&4\\-3&-6\end{pmatrix}\begin{pmatrix}-2&4\\1&-2\end{pmatrix}=\begin{pmatrix}0&0\\0&0\end{pmatrix}.$$

于是 $\boldsymbol{AB}\neq\boldsymbol{BA}$；且 $\boldsymbol{BA}=\boldsymbol{O}$.

从上例还可看出：两个非零矩阵相乘，可能是零矩阵，故不能从 $\boldsymbol{AB}=\boldsymbol{O}$ 必然推出 $\boldsymbol{A}=\boldsymbol{O}$ 或 $\boldsymbol{B}=\boldsymbol{O}$.

此外，矩阵乘法一般也不满足消去律，即不能从 $\boldsymbol{AC}=\boldsymbol{BC}$ 必然推出 $\boldsymbol{A}=$

$\boldsymbol{B}$. 例如，设

$$\boldsymbol{A}=\begin{pmatrix}1&2\\0&3\end{pmatrix};\quad \boldsymbol{B}=\begin{pmatrix}1&0\\0&4\end{pmatrix};\quad \boldsymbol{C}=\begin{pmatrix}1&1\\0&0\end{pmatrix}.$$

则
$$\boldsymbol{AC}=\begin{pmatrix}1&2\\0&3\end{pmatrix}\begin{pmatrix}1&1\\0&0\end{pmatrix}=\begin{pmatrix}1&1\\0&0\end{pmatrix}=\begin{pmatrix}1&0\\0&4\end{pmatrix}\begin{pmatrix}1&1\\0&0\end{pmatrix}=\boldsymbol{BC},$$

但 $\boldsymbol{A}\neq\boldsymbol{B}$.

如果两矩阵相乘，有

$$\boldsymbol{AB}=\boldsymbol{BA},$$

则称矩阵 $\boldsymbol{A}$ 与矩阵 $\boldsymbol{B}$ **可交换**. 简称 $\boldsymbol{A}$ 与 $\boldsymbol{B}$ 可换.

注意：对于单位矩阵 $\boldsymbol{E}$，容易证明

$$\boldsymbol{E}_m\boldsymbol{A}_{m\times n}=\boldsymbol{A}_{m\times n},\quad \boldsymbol{A}_{m\times n}\boldsymbol{E}_n=\boldsymbol{A}_{m\times n}.$$

或简写成

$$\boldsymbol{EA}=\boldsymbol{AE}=\boldsymbol{A}.$$

可见单位矩阵 $\boldsymbol{E}$ 在矩阵的乘法中的作用类似于数 1.

n 阶数量矩阵与所有 n 阶矩阵可交换. 反之，能够与所有 n 阶矩阵可交换的矩阵一定是 n 阶数量矩阵.

5. 方阵的幂

定义 6 设方阵 $\boldsymbol{A}=(a_{ij})_{n\times n}$，规定

$$\boldsymbol{A}^0=\boldsymbol{E},\quad \boldsymbol{A}^k=\overbrace{\boldsymbol{A}\cdot\boldsymbol{A}\cdot\cdots\cdot\boldsymbol{A}}^{k\text{个}},\quad k\text{ 为自然数},$$

$\boldsymbol{A}^k$ 称为 $\boldsymbol{A}$ 的 k 次幂. 规定 $\boldsymbol{A}^0=\boldsymbol{E}$.

方阵的幂满足以下运算规律：

(1) $\boldsymbol{A}^m\boldsymbol{A}^n=\boldsymbol{A}^{m+n}$（$m,n$ 为非负整数）；

(2) $(\boldsymbol{A}^m)^n=\boldsymbol{A}^{mn}$.

注：一般地，$(\boldsymbol{AB})^m\neq\boldsymbol{A}^m\boldsymbol{B}^m$，$m$ 为自然数.

设 $\boldsymbol{A},\boldsymbol{B}$ 均为 n 阶矩阵，$\boldsymbol{AB}=\boldsymbol{BA}$，则有 $(\boldsymbol{AB})^m=\boldsymbol{A}^m\boldsymbol{B}^m$（$m$ 为自然数），反之不成立.

6. 矩阵的转置

定义 7 把矩阵 $\boldsymbol{A}$ 的行换成同序数的列得到的新矩阵，称为 $\boldsymbol{A}$ 的**转置矩阵**，记作 $\boldsymbol{A}^{\mathrm{T}}$（或 $\boldsymbol{A}'$）. 即若

$$\boldsymbol{A}=\begin{pmatrix}a_{11}&a_{12}&\cdots&a_{1n}\\a_{21}&a_{22}&\cdots&a_{2n}\\\vdots&\vdots&&\vdots\\a_{m1}&a_{m2}&\cdots&a_{mn}\end{pmatrix},$$

则

$$A^{T}=\begin{pmatrix} a_{11} & a_{21} & \cdots & a_{m1} \\ a_{12} & a_{22} & \cdots & a_{m2} \\ \vdots & \vdots & & \vdots \\ a_{1n} & a_{2n} & \cdots & a_{mn} \end{pmatrix}.$$

矩阵的转置满足以下运算规律(假设运算都是可行的)：

(1) $(\boldsymbol{A}^{T})^{T}=\boldsymbol{A}$;

(2) $(\boldsymbol{A}+\boldsymbol{B})^{T}=\boldsymbol{A}^{T}+\boldsymbol{B}^{T}$;

(3) $(k\boldsymbol{A})^{T}=k\boldsymbol{A}^{T}$;

(4) $(\boldsymbol{AB})^{T}=\boldsymbol{B}^{T}\boldsymbol{A}^{T}$.

【例 6】 (1) 设 $\boldsymbol{A}=\begin{pmatrix} 1 & 2 & -1 & 0 \\ -1 & 0 & 1 & 4 \\ 2 & 5 & -3 & 1 \end{pmatrix}$，则 $\boldsymbol{A}^{T}=\begin{pmatrix} 1 & -1 & 2 \\ 2 & 0 & 5 \\ -1 & 1 & -3 \\ 0 & 4 & 1 \end{pmatrix}$.

(2) 设 $\boldsymbol{A}=(1,2,3,-1)$，则 $\boldsymbol{A}^{T}=\begin{pmatrix} 1 \\ 2 \\ 3 \\ -1 \end{pmatrix}$.

【例 7】 已知 $\boldsymbol{A}=\begin{pmatrix} 2 & 0 & -1 \\ 1 & 3 & 2 \end{pmatrix}$，$\boldsymbol{B}=\begin{pmatrix} 1 & 7 & -1 \\ 4 & 2 & 3 \\ 2 & 0 & 1 \end{pmatrix}$，求 $(\boldsymbol{AB})^{T}$.

解法 1　因为　$\boldsymbol{AB}=\begin{pmatrix} 2 & 0 & -1 \\ 1 & 3 & 2 \end{pmatrix}\begin{pmatrix} 1 & 7 & -1 \\ 4 & 2 & 3 \\ 2 & 0 & 1 \end{pmatrix}=\begin{pmatrix} 0 & 14 & -3 \\ 17 & 13 & 10 \end{pmatrix}$,

所以　$(\boldsymbol{AB})^{T}=\begin{pmatrix} 0 & 17 \\ 14 & 13 \\ -3 & 10 \end{pmatrix}$.

解法 2　$(\boldsymbol{AB})^{T}=\boldsymbol{B}^{T}\boldsymbol{A}^{T}=\begin{pmatrix} 1 & 4 & 2 \\ 7 & 2 & 0 \\ -1 & 3 & 1 \end{pmatrix}\begin{pmatrix} 2 & 1 \\ 0 & 3 \\ -1 & 2 \end{pmatrix}=\begin{pmatrix} 0 & 17 \\ 14 & 13 \\ -3 & 10 \end{pmatrix}$.

7. 方阵的行列式

定义 8　由 n 阶方阵 $\boldsymbol{A}$ 的元素所构成的行列式(各元素的位置不变)，称为方阵 $\boldsymbol{A}$ 的**行列式**，记作 $|\boldsymbol{A}|$ 或 $\det \boldsymbol{A}$.

注意　方阵与行列式是两个不同的概念，n 阶方阵是 n^2 个数按一定方式排成的数表,而 n 阶行列式则是这些数按一定的运算法则所确定的一个数值.

方阵 $\boldsymbol{A}$ 的行列式 $|\boldsymbol{A}|$ 满足以下运算规律(设 $\boldsymbol{A},\boldsymbol{B}$ 为 n 阶方阵,k 为常数):

(1) $|\boldsymbol{A}^{\mathrm{T}}|=|\boldsymbol{A}|$(行列式性质 1);

(2) $|k\boldsymbol{A}|=k^n|\boldsymbol{A}|$;

(3) $|\boldsymbol{AB}|=|\boldsymbol{A}||\boldsymbol{B}|$(注意:$\boldsymbol{AB}\neq\boldsymbol{BA}$,但 $|\boldsymbol{AB}|=|\boldsymbol{BA}|$).

8. 对称矩阵

定义 9 设 $\boldsymbol{A}$ 为 n 阶方阵,如果 $\boldsymbol{A}^{\mathrm{T}}=\boldsymbol{A}$,即

$$a_{ij}=a_{ji}\quad(i,j=1,2,\cdots,n),$$

则称 $\boldsymbol{A}$ 为**对称矩阵**.

显然,对称矩阵 $\boldsymbol{A}$ 的元素关于主对角线对称.例如

$$\begin{pmatrix}0&-1\\-1&0\end{pmatrix},\quad\begin{pmatrix}8&6&1\\6&9&0\\1&0&5\end{pmatrix}$$

均为对称矩阵.

如果 $\boldsymbol{A}^{\mathrm{T}}=-\boldsymbol{A}$,则称 $\boldsymbol{A}$ 为反对称矩阵.

9. 线性方程组的矩阵表示

设有线性方程组

$$\begin{cases}a_{11}x_1+a_{12}x_2+\cdots+a_{1n}x_n=b_1\\a_{21}x_1+a_{22}x_2+\cdots+a_{2n}x_n=b_2\\\cdots\cdots\\a_{m1}x_1+a_{m2}x_2+\cdots+a_{mn}x_n=b_m\end{cases},\tag{1}$$

若记

$$\boldsymbol{A}=\begin{pmatrix}a_{11}&a_{12}&\cdots&a_{1n}\\a_{21}&a_{22}&\cdots&a_{2n}\\\vdots&\vdots&&\vdots\\a_{m1}&a_{m2}&\cdots&a_{mn}\end{pmatrix};\quad x=\begin{pmatrix}x_1\\x_2\\\vdots\\x_n\end{pmatrix};\quad b=\begin{pmatrix}b_1\\b_2\\\vdots\\b_m\end{pmatrix},$$

则利用矩阵的乘法,线性方程组(1)可表示为矩阵形式:

$$\boldsymbol{Ax}=\boldsymbol{b}$$

特别地,齐次线性方程组可以表示为

$$\boldsymbol{Ax}=\boldsymbol{0}.$$

将线性方程组写成矩阵方程的形式,不仅书写方便,而且可以把线性

方程组的理论与矩阵理论联系起来,这给线性方程组的讨论带来很大的方便.其中矩阵 $\boldsymbol{A}$ 称为线性方程组(1)的系数矩阵.

【例 8】 设 $\boldsymbol{A}=\begin{pmatrix}\lambda & 1 & 0\\ 0 & \lambda & 1\\ 0 & 0 & \lambda\end{pmatrix}$,求 $\boldsymbol{A}^3$.

解 $\boldsymbol{A}^2=\begin{pmatrix}\lambda & 1 & 0\\ 0 & \lambda & 1\\ 0 & 0 & \lambda\end{pmatrix}\begin{pmatrix}\lambda & 1 & 0\\ 0 & \lambda & 1\\ 0 & 0 & \lambda\end{pmatrix}=\begin{pmatrix}\lambda^2 & 2\lambda & 1\\ 0 & \lambda^2 & 2\lambda\\ 0 & 0 & \lambda^2\end{pmatrix}$;

$$\boldsymbol{A}^3=\boldsymbol{A}^2\boldsymbol{A}=\begin{pmatrix}\lambda^2 & 2\lambda & 1\\ 0 & \lambda^2 & 2\lambda\\ 0 & 0 & \lambda^2\end{pmatrix}\begin{pmatrix}\lambda & 1 & 0\\ 0 & \lambda & 1\\ 0 & 0 & \lambda\end{pmatrix}=\begin{pmatrix}\lambda^3 & 3\lambda^2 & 3\lambda\\ 0 & \lambda^3 & 3\lambda^2\\ 0 & 0 & \lambda^3\end{pmatrix}.$$

【例 9】 设 $\boldsymbol{A}=\begin{pmatrix}1 & 0 & -1\\ 2 & 1 & 0\\ 3 & 2 & -1\end{pmatrix}$,$\boldsymbol{B}=\begin{pmatrix}-2 & 1 & 0\\ 0 & 3 & 1\\ 0 & 0 & 2\end{pmatrix}$,则

$$\boldsymbol{AB}=\begin{pmatrix}-2 & 1 & -2\\ -4 & 5 & 1\\ -6 & 9 & 0\end{pmatrix},\quad |\boldsymbol{AB}|=\begin{vmatrix}-2 & 1 & -2\\ -4 & 5 & 1\\ -6 & 9 & 0\end{vmatrix}=24.$$

又

$$|\boldsymbol{A}|=\begin{vmatrix}1 & 0 & -1\\ 2 & 1 & 0\\ 3 & 2 & -1\end{vmatrix}=-2;\quad |\boldsymbol{B}|=\begin{vmatrix}-2\\ 0\\ 0\end{vmatrix}=-12.$$

因此　$|\boldsymbol{AB}|=24=(-2)(-12)=|\boldsymbol{A}||\boldsymbol{B}|$.

【例 10】 甲、乙、丙、丁四人各从图书馆借来一本小说,他们约定读完后互相交换,这四本书的厚度以及他们四人的阅读速度差不多,因此,四人总是同时交换书,经三次交换后,他们四人读完了这四本书,现已知:

(1) 乙读的最后一本书是甲读的第二本书;

(2) 丙读的第一本书是丁读的最后一本书.

试用用矩阵表示各人的阅读顺序.

解 设甲、乙、丙、丁最后读的书的代号依次为 A、B、C、D,则根据题设

条件可以列出初始矩阵：

$$\begin{array}{c} \\ 1 \\ 2 \\ 3 \\ 4 \end{array}\begin{array}{c} \begin{array}{cccc} 甲 & 乙 & 丙 & 丁 \end{array} \\ \begin{pmatrix} & & D & \\ B & & & \\ & & & \\ A & B & C & D \end{pmatrix} \end{array}$$

下面我们来分析矩阵中各位置的书名代号.已知每个人都读完了所有的书，所以丙第二次读的书不可能是 C，D 又甲第二次读的书是 B，所以丙第二次读的也不可能是 B，从而丙第二次读的书是 A，同理可依次推出丙第三次读的书是 B，丁第二次读的书是 C，丁第三次读的书是 A，丁第一次读的是 B，乙第二次读的书是 D，甲第一次读的书是 C，乙第一次读的书是 A，乙第三次读的书是 C，甲第三次读的是 D. 故各人阅读的顺序可用矩阵表示为

$$\begin{array}{c} \\ 1 \\ 2 \\ 3 \\ 4 \end{array}\begin{array}{c} \begin{array}{cccc} 甲 & 乙 & 丙 & 丁 \end{array} \\ \begin{pmatrix} C & A & D & B \\ B & D & A & C \\ D & C & B & A \\ A & B & C & D \end{pmatrix} \end{array}$$

习　题　9.4

1. 判断题.

(1) 矩阵就是行列式.　　(　　)

(2) 两个零矩阵一定相等.　　(　　)

(3) 两个矩阵相等，则其对应元素相等.　　(　　)

2. 设 $\boldsymbol{A}=(a_{ij})$ 为三阶矩阵，若已知 $|\boldsymbol{A}|=-2$，求 $||\boldsymbol{A}|\boldsymbol{A}|$.

3. 计算矩阵乘积 $(b_1\ b_2\ b_3)\begin{pmatrix} a_{11} & a_{12} & a_{13} \\ a_{21} & a_{22} & a_{23} \\ a_{31} & a_{32} & a_{33} \end{pmatrix}\begin{pmatrix} b_1 \\ b_2 \\ b_3 \end{pmatrix}$.

4. 计算矩阵的和或乘积，如果没有定义，则说明理由.设

$\boldsymbol{A}=\begin{pmatrix} 2 & 0 & -1 \\ 4 & -5 & 2 \end{pmatrix}$；$\boldsymbol{B}=\begin{pmatrix} 7 & -4 & 1 \\ 1 & -5 & 2 \end{pmatrix}$；$\boldsymbol{C}=\begin{pmatrix} -1 & 2 \\ -2 & 1 \end{pmatrix}$；

$$\boldsymbol{D}=\begin{pmatrix} 3 & 5 \\ -1 & 4 \end{pmatrix};\quad \boldsymbol{E}=\begin{pmatrix} -5 \\ 3 \end{pmatrix}.$$

计算 $-2\boldsymbol{A}$， $\boldsymbol{B}-2\boldsymbol{A}$， $\boldsymbol{AC}$， $\boldsymbol{CD}$， $\boldsymbol{A}+2\boldsymbol{B}$， $3\boldsymbol{C}-\boldsymbol{E}$， $\boldsymbol{CB}$， $\boldsymbol{EB}$， $\boldsymbol{AB}^{\mathrm{T}}$.

5. 计算

(1) $(3\quad 2\quad 1)\begin{pmatrix} 1 \\ 2 \\ 3 \end{pmatrix}$；　　(2) $\begin{pmatrix} 1 \\ 1 \\ 4 \end{pmatrix}(-2\quad 1)$；

(3) $\begin{pmatrix} 1 & -2 & 2 \\ 0 & 3 & 5 \end{pmatrix}\begin{pmatrix} 3 & -1 & 1 \\ -2 & 0 & 1 \end{pmatrix}$；

(4) $\begin{pmatrix} 2 & 1 & 4 & 0 \\ 1 & -1 & 3 & 4 \end{pmatrix}\begin{pmatrix} 1 & 3 & 1 \\ 0 & -1 & 2 \\ 1 & -3 & 1 \\ 4 & 0 & -2 \end{pmatrix}$；

(5) $\begin{pmatrix} 3 & 1 & 1 \\ 1 & 1 & 3 \\ 0 & 0 & -1 \end{pmatrix}-\begin{pmatrix} 3 \\ -1 \\ 2 \end{pmatrix}(1\quad 0\quad 0)$.

阅读材料

矩阵论的创立和发展

矩阵是数学中的一个重要的基本概念，是代数学的一个主要研究对象，也是数学研究和应用的一个重要工具．“矩阵”这个词是由西尔维斯特首先使用的，他是为了将数字的矩形阵列区别于行列式而发明了这个术语．而实际上，矩阵这个课题在诞生之前就已经发展得很好了．从行列式的大量工作中明显地表现出来，为了很多目的，不管行列式的值是否与问题有关，方阵本身都可以研究和使用，矩阵的许多基本性质也是在行列式的发展中建立起来的．在逻辑上，矩阵的概念应先于行列式的概念，然而在历史上次序正好相反．

英国数学家凯莱(A. Cayley，1821—1895)一般被公认为矩阵论的创立者，因为他首先把矩阵作为一个独立的数学概念提出来，并首先发表了关于这个题目的一系列文章．凯莱同研究线性变换下的不变量相结合，首先引进矩阵以简化记号．1858 年，他发表了关于这一课题的第一篇论文《矩阵论的研究报告》，系统地阐述了关于矩阵的理论．文中他定义了矩阵的相等、矩阵的运算法则、矩阵的转置以及矩阵的逆等一系列基本概念，指出了矩阵加法的可交换性与可结合性. 另外，凯莱还给出了方阵的特征方程和特征根（特征值）以及有关矩阵的一些基本结果. 凯莱出生于一个古老而有才能的英国家庭，剑桥大学三一学院大学毕业后留校讲授数学，三年后他转从律师职业，工作卓有成效，并利用业余时间研究数学，发表了大量的数学论文.

1855 年，埃米特（C. Hermite，1822—1901）证明了别的数学家发现的一些矩阵类的特征根的特殊性质，如现在称为埃米特矩阵的特征根性质等. 后来，克莱伯施（A. Clebsch，1831—1872）、布克海姆（A. Buchheim）等证明了对称矩阵的特征根性质. 泰伯（H. Taber）引入矩阵的迹的概念并给出了一些有关的结论.

在矩阵论的发展史上，弗罗伯纽斯（G. Frobenius，1849—1917）的贡献是不可磨灭的. 他讨论了最小多项式问题，引进了矩阵的秩、不变因子和初等因子、正交矩阵、矩阵的相似变换、合同矩阵等概念，以合乎逻辑的形式整理了不变因子和初等因子的理论，并讨论了正交矩阵与合同矩阵的一些重要性质. 1854 年，约当研究了矩阵化为标准型的问题. 1892 年，梅茨勒（H. Metzler）引进了矩阵的超越函数概念并将其写成矩阵的幂级数的形式. 傅立叶、西尔和庞加莱的著作中还讨论了无限阶矩阵问题，这主要是适应方程发展的需要而开始的.

矩阵本身所具有的性质依赖于元素的性质，矩阵由最初作为一种工具经过两个多世纪的发展，现在已成为独立的一门数学分支——矩阵论. 而矩阵论又可分为矩阵方程论、矩阵分解论和广义逆矩阵论等矩阵的现代理论. 矩阵及其理论现已广泛地应用于现代科技的各个领域.

9.5 逆矩阵

上一节中，我们定义了矩阵的加法、减法和乘法运算，那么矩阵是否有类似于数的除法的运算呢？我们说，矩阵没有除法运算，但可以通过引入逆矩阵，用矩阵的乘法代替除法运算. 本节先引进逆矩阵的概念，然后探讨逆矩阵的存在条件和求法.

9.5.1　逆矩阵的概念

在数的运算中，对于数 $a\neq 0$，总存在唯一一个数 a^{-1}，使得

$$a\cdot a^{-1}=a^{-1}\cdot a=1.$$

数的逆在解方程中起着重要作用，例如，解一元线性方程

$$ax=b,$$

当 $a\neq 0$ 时，其解为

$$x=a^{-1}b.$$

设 $\boldsymbol{A}$ 为 $\boldsymbol{n}$ 阶矩阵，对线性方程组 $\boldsymbol{A}_x=\boldsymbol{b}$，是否也存在类似的结果 $\boldsymbol{x}=\boldsymbol{A}^{-1}\boldsymbol{b}$？在回答这个问题之前，我们先引入可逆矩阵与逆矩阵的概念.

定义 1　对于 n 阶矩阵 $\boldsymbol{A}$，如果存在一个 n 阶矩阵 $\boldsymbol{B}$，使得

$$\boldsymbol{AB}=\boldsymbol{BA}=\boldsymbol{E},$$

则称矩阵 $\boldsymbol{A}$ 为**可逆矩阵**，而矩阵 $\boldsymbol{B}$ 称为 $\boldsymbol{A}$ 的**逆矩阵**，简称 $\boldsymbol{A}$ 的**逆**. 记作 $\boldsymbol{B}=\boldsymbol{A}^{-1}$.

定理 1　若矩阵 $\boldsymbol{A}$ 是可逆的，则 $\boldsymbol{A}$ 的逆矩阵是唯一的.

证明　设 $\boldsymbol{B}$ 和 $\boldsymbol{C}$ 都是 $\boldsymbol{A}$ 的逆矩阵，则有

$$\boldsymbol{AB}=\boldsymbol{BA}=\boldsymbol{E}\text{ 且 }\boldsymbol{AC}=\boldsymbol{CA}=\boldsymbol{E},$$

于是

$$\boldsymbol{B}=\boldsymbol{BE}=\boldsymbol{B}(\boldsymbol{AC})=(\boldsymbol{BA})\boldsymbol{C}=\boldsymbol{EC}=\boldsymbol{C},$$

所以 $\boldsymbol{A}$ 的逆矩阵是唯一的.

【例 1】　设 $\boldsymbol{A}=\begin{pmatrix}1&2\\2&3\end{pmatrix}$，$\boldsymbol{B}=\begin{pmatrix}-3&2\\2&-1\end{pmatrix}$，验证 $\boldsymbol{B}$ 是否为 $\boldsymbol{A}$ 的逆矩阵.

解　因为 $\boldsymbol{AB}=\begin{pmatrix}1&2\\2&3\end{pmatrix}\begin{pmatrix}-3&2\\2&-1\end{pmatrix}=\begin{pmatrix}1&0\\0&1\end{pmatrix}$；

$\boldsymbol{BA}=\begin{pmatrix}-3&2\\2&-1\end{pmatrix}\begin{pmatrix}1&2\\2&3\end{pmatrix}=\begin{pmatrix}1&0\\0&1\end{pmatrix}$.

即有 $\boldsymbol{AB}=\boldsymbol{BA}=\boldsymbol{E}$，所以 $\boldsymbol{B}$ 是 $\boldsymbol{A}$ 的逆矩阵.

【例 2】　如果 $\boldsymbol{A}=\begin{pmatrix}a_1&0&\cdots&0\\0&a_2&\cdots&0\\\vdots&\vdots&&\vdots\\0&0&\cdots&a_n\end{pmatrix}$，其中 $a_i\neq 0(i=1,2,\cdots,n)$. 验证

$$\boldsymbol{A}^{-1}=\begin{pmatrix}1/a_1&0&\cdots&0\\0&1/a_2&\cdots&0\\\vdots&\vdots&&\vdots\\0&0&\cdots&1/a_n\end{pmatrix}.$$

解 因为
$$\begin{pmatrix} a_1 & 0 & \cdots & 0 \\ 0 & a_2 & \cdots & 0 \\ \vdots & \vdots & & \vdots \\ 0 & 0 & \cdots & a_n \end{pmatrix}\begin{pmatrix} 1/a_1 & 0 & \cdots & 0 \\ 0 & 1/a_2 & \cdots & 0 \\ \vdots & \vdots & & \vdots \\ 0 & 0 & \cdots & 1/a_n \end{pmatrix}=\begin{pmatrix} 1 & 0 & \cdots & 0 \\ 0 & 1 & \cdots & 0 \\ \vdots & \vdots & & \vdots \\ 0 & 0 & \cdots & 1 \end{pmatrix}$$
$$=\begin{pmatrix} 1/a_1 & 0 & \cdots & 0 \\ 0 & 1/a_2 & \cdots & 0 \\ \vdots & \vdots & & \vdots \\ 0 & 0 & \cdots & 1/a_n \end{pmatrix}\begin{pmatrix} a_1 & 0 & \cdots & 0 \\ 0 & a_2 & \cdots & 0 \\ \vdots & \vdots & & \vdots \\ 0 & 0 & \cdots & a_n \end{pmatrix},$$

所以
$$A^{-1}=\begin{pmatrix} 1/a_1 & 0 & \cdots & 0 \\ 0 & 1/a_2 & \cdots & 0 \\ \vdots & \vdots & & \vdots \\ 0 & 0 & \cdots & 1/a_n \end{pmatrix}.$$

9.5.2 逆矩阵的求法

为了判断一个 n 阶矩阵 $\boldsymbol{A}$ 是否可逆，以及怎样求 $\boldsymbol{A}$ 的逆矩阵，我们引入**伴随矩阵**的概念.

定义 2 行列式 $|\boldsymbol{A}|$ 的各个元素的代数余子式 $\boldsymbol{A}_{ij}$ 所构成的矩阵
$$\boldsymbol{A}^*=\begin{pmatrix} \boldsymbol{A}_{11} & \boldsymbol{A}_{21} & \cdots & \boldsymbol{A}_{n1} \\ \boldsymbol{A}_{12} & \boldsymbol{A}_{22} & \cdots & \boldsymbol{A}_{n2} \\ \vdots & \vdots & & \vdots \\ \boldsymbol{A}_{1n} & \boldsymbol{A}_{2n} & \cdots & \boldsymbol{A}_{nn} \end{pmatrix}.$$
称为矩阵 $\boldsymbol{A}$ 的**伴随矩阵**.

根据 9.2.1 中行列式的性质 6 得伴随矩阵的一个基本性质
$$\boldsymbol{A}\boldsymbol{A}^*=\boldsymbol{A}^*\boldsymbol{A}=|\boldsymbol{A}|\boldsymbol{E}.$$

定理 2 n 阶矩阵 $\boldsymbol{A}$ 可逆的充分必要条件是 $|\boldsymbol{A}|\neq 0$，而且
$$\boldsymbol{A}^{-1}=\frac{1}{|\boldsymbol{A}|}\boldsymbol{A}^*,$$
其中 $\boldsymbol{A}^*$ 为 $\boldsymbol{A}$ 的伴随矩阵.（证明略）

推论 若 $\boldsymbol{AB}=\boldsymbol{E}$（或 $\boldsymbol{BA}=\boldsymbol{E}$），则 $\boldsymbol{B}=\boldsymbol{A}^{-1}$.

【例 3】 设 $\boldsymbol{A}=\begin{pmatrix} 1 & 2 \\ 3 & 5 \end{pmatrix}$，问 $\boldsymbol{A}$ 是否可逆？若可逆，求其逆矩阵.

解 因为 $|\boldsymbol{A}|=\begin{vmatrix} 1 & 2 \\ 3 & 5 \end{vmatrix}=-1\neq 0$，所以 $\boldsymbol{A}$ 可逆. 又
$$\boldsymbol{A}_{11}=(-1)^{1+1}|5|=5;\quad \boldsymbol{A}_{12}=(-1)^{1+2}|3|=-3;$$

$$A_{21}=(-1)^{2+1}|2|=-2;\quad A_{22}=(-1)^{2+2}|1|=1.$$

所以　$A^{-1}=\frac{1}{|A|}A^{*}=\frac{1}{5-6}\begin{pmatrix}5&-2\\-3&1\end{pmatrix}=-\begin{pmatrix}5&-2\\-3&1\end{pmatrix}=\begin{pmatrix}-5&2\\3&-1\end{pmatrix}$.

一般地，设 $A=\begin{pmatrix}a&b\\c&d\end{pmatrix}$，若 $|A|=\begin{vmatrix}a&b\\c&d\end{vmatrix}=ad-bc\neq 0$，则 A 可逆，

$$A^{-1}=\frac{1}{|A|}A^{*}=\frac{1}{ad-bc}\begin{pmatrix}d&-b\\-c&a\end{pmatrix}.$$

【例 4】　矩阵 $A=\begin{pmatrix}1&0&1\\2&1&0\\-3&2&-5\end{pmatrix}$，求矩阵 A 的伴随矩阵 A^{*} 及 A^{-1}.

解　按定义，因为

$$A_{11}=\begin{vmatrix}1&0\\2&-5\end{vmatrix}=-5,\quad A_{12}=-\begin{vmatrix}2&0\\-3&-5\end{vmatrix}=10,\quad A_{13}=\begin{vmatrix}2&1\\-3&2\end{vmatrix}=7;$$

$$A_{21}=-\begin{vmatrix}0&1\\2&-5\end{vmatrix}=2,\quad A_{22}=\begin{vmatrix}1&1\\-3&-5\end{vmatrix}=-2,\quad A_{23}=-\begin{vmatrix}1&0\\-3&2\end{vmatrix}=-2;$$

$$A_{31}=\begin{vmatrix}0&1\\1&0\end{vmatrix}=-1,\quad A_{32}=-\begin{vmatrix}1&1\\2&0\end{vmatrix}=2,\quad A_{33}=\begin{vmatrix}1&0\\2&1\end{vmatrix}=1,$$

所以　$A^{*}=\begin{pmatrix}A_{11}&A_{21}&A_{31}\\A_{12}&A_{22}&A_{32}\\A_{13}&A_{23}&A_{33}\end{pmatrix}=\begin{pmatrix}-5&2&-1\\10&-2&2\\7&-2&1\end{pmatrix}$.

因为 $|A|=\begin{vmatrix}1&0&1\\2&1&0\\-3&2&-5\end{vmatrix}=2\neq 0$，

所以 $A^{-1}=\frac{1}{|A|}A^{*}=\frac{1}{2}\begin{pmatrix}-5&2&-1\\10&-2&2\\7&-2&1\end{pmatrix}=\begin{pmatrix}-5/2&1&-1/2\\5&-1&1\\7/2&-1&1/2\end{pmatrix}$.

9.5.3　逆矩阵的性质

(1) 若矩阵 A 可逆，则其逆矩阵 A^{-1} 也可逆，且 $(A^{-1})^{-1}=A$；

(2) 若矩阵 A 可逆，数 $k\neq 0$，则 $(kA)^{-1}=\frac{1}{k}A^{-1}$；

(3) 若矩阵 A 可逆，则其转置矩阵 A^{T} 亦可逆，且 $(A^{T})^{-1}=(A^{-1})^{T}$；

(4) 若矩阵 A 可逆，则 $|A^{-1}|=|A|^{-1}$；

(5) 若 n 阶矩阵 A 和 B 都可逆，则 AB 也可逆，且 $(AB)^{-1}=B^{-1}A^{-1}$.

证明　因 $AB(B^{-1}A^{-1})=A(BB^{-1})A^{-1}=AEA^{-1}=AA^{-1}=E$，故

$(\boldsymbol{AB})^{-1}=\boldsymbol{B}^{-1}\boldsymbol{A}^{-1}$.

9.5.4 矩阵方程

对标准矩阵方程

$$\boldsymbol{AX}=\boldsymbol{B}; \tag{1}$$

$$\boldsymbol{XA}=\boldsymbol{B}; \tag{2}$$

$$\boldsymbol{AXB}=\boldsymbol{C}, \tag{3}$$

利用矩阵乘法的运算规律和逆矩阵的运算性质,通过在方程两边左乘或右乘相应矩阵的逆矩阵,可求出其解分别为

$$\boldsymbol{X}=\boldsymbol{A}^{-1}\boldsymbol{B}; \tag{1'}$$

$$\boldsymbol{X}=\boldsymbol{BA}^{-1}; \tag{2'}$$

$$\boldsymbol{X}=\boldsymbol{A}^{-1}\boldsymbol{CB}^{-1}. \tag{3'}$$

而其他形式的矩阵方程,则可通过矩阵的有关运算性质转化为标准矩阵方程后进行求解.

【例 5】 求解矩阵方程 $\boldsymbol{X}\begin{pmatrix}1 & 3\\ 5 & 2\end{pmatrix}=\begin{pmatrix}0 & 1\\ 1 & 0\end{pmatrix}$.

解 记 $\boldsymbol{A}=\begin{pmatrix}1 & 3\\ 5 & 2\end{pmatrix}$,$\boldsymbol{B}=\begin{pmatrix}0 & 1\\ 1 & 0\end{pmatrix}$,则题设方程可改写为 $\boldsymbol{XA}=\boldsymbol{B}$.

若 $\boldsymbol{A}$ 可逆,用 $\boldsymbol{A}^{-1}$ 右乘上式,得 $\boldsymbol{X}=\boldsymbol{BA}^{-1}$,

易算出 $|\boldsymbol{A}|=\begin{vmatrix}1 & 3\\ 5 & 2\end{vmatrix}=-13$,$\boldsymbol{A}^{*}=\begin{pmatrix}2 & -3\\ -5 & 1\end{pmatrix}$,

故 $$\boldsymbol{A}^{-1}=\frac{1}{|\boldsymbol{A}|}\boldsymbol{A}^{*A}=-\frac{1}{13}\begin{pmatrix}2 & -3\\ -5 & 1\end{pmatrix}=\begin{pmatrix}-2/13 & 3/13\\ 5/13 & -1/13\end{pmatrix},$$

于是 $$\boldsymbol{X}=\boldsymbol{BA}^{-1}=-\frac{1}{13}\begin{pmatrix}0 & 1\\ 1 & 0\end{pmatrix}\begin{pmatrix}2 & -3\\ -5 & 1\end{pmatrix}=\begin{pmatrix}5/13 & -1/13\\ -2/13 & 3/13\end{pmatrix}.$$

【例 6】 设有线性方程组:

$$\begin{cases}a_{11}x_1+a_{12}x_2+\cdots+a_{1n}x_n=b_1\\ a_{21}x_1+a_{22}x_2+\cdots+a_{2n}x_n=b_2\\ \cdots\cdots\\ a_{n1}x_1+a_{n2}x_2+\cdots+a_{nn}x_n=b_n\end{cases}. \tag{4}$$

假定这个方程组的系数矩阵为 $\boldsymbol{A}$,则方程组可改写为

$$\boldsymbol{Ax}=\boldsymbol{b}, \tag{5}$$

其中
$$\boldsymbol{x}=\begin{pmatrix}x_1\\x_2\\\vdots\\x_n\end{pmatrix};\quad \boldsymbol{b}=\begin{pmatrix}b_1\\b_2\\\vdots\\b_n\end{pmatrix}.$$

当$|\boldsymbol{A}|\neq 0$时，$\boldsymbol{A}^{-1}$存在．用$\boldsymbol{A}^{-1}$左乘(2)式得$\boldsymbol{A}^{-1}(\boldsymbol{Ax})=\boldsymbol{A}^{-1}\boldsymbol{b}$，即$\boldsymbol{x}=\boldsymbol{A}^{-1}\boldsymbol{b}$.

【例 7】 求解线性方程组$\begin{cases}x_1-x_2-x_3=2\\2x_1-x_2-3x_3=1.\\3x_1+2x_2-5x_3=0\end{cases}$

解　记
$$\boldsymbol{A}=\begin{pmatrix}1&-1&-1\\2&-1&-3\\3&2&-5\end{pmatrix};\quad \boldsymbol{x}=\begin{pmatrix}x_1\\x_2\\x_3\end{pmatrix};\quad \boldsymbol{b}=\begin{pmatrix}2\\1\\0\end{pmatrix},$$

则题设线性方程可写为　$\boldsymbol{Ax}=\boldsymbol{b}$，

若$\boldsymbol{A}$可逆，则　$\boldsymbol{x}=\boldsymbol{A}^{-1}\boldsymbol{b}$.

易算出
$$|\boldsymbol{A}|=\begin{vmatrix}1&-1&-1\\2&-1&-3\\3&2&-5\end{vmatrix}=3;\quad \boldsymbol{A}^*=\begin{pmatrix}11&-7&2\\1&-2&1\\7&-5&1\end{pmatrix}.$$

故
$$\boldsymbol{A}^{-1}=\frac{1}{|\boldsymbol{A}|}\boldsymbol{A}^*=\begin{pmatrix}11/3&-7/3&2/3\\1/3&-2/3&1/3\\7/3&-5/3&1/3\end{pmatrix}.$$

于是
$$\boldsymbol{X}=\boldsymbol{A}^{-1}\boldsymbol{B}=\begin{pmatrix}11/3&-7/3&2/3\\1/3&-2/3&1/3\\7/3&-5/3&1/3\end{pmatrix}\begin{pmatrix}2\\1\\0\end{pmatrix}=\begin{pmatrix}5\\0\\3\end{pmatrix}.$$

即多球线性方程组的解为$x_1=5,x_2=0,x_3=3$.

【例 8】 设$\boldsymbol{A}=\begin{pmatrix}1&2&3\\2&2&1\\3&4&3\end{pmatrix}$；$\boldsymbol{B}=\begin{pmatrix}2&1\\5&3\end{pmatrix}$；$\boldsymbol{C}=\begin{pmatrix}1&3\\2&0\\3&1\end{pmatrix}$，求矩阵$\boldsymbol{X}$使满足$\boldsymbol{AXB}=\boldsymbol{C}$.

解　因为$|\boldsymbol{A}|=\begin{vmatrix}1&2&3\\2&2&1\\3&4&3\end{vmatrix}=2\neq 0$；　$|\boldsymbol{B}|=\begin{vmatrix}2&1\\5&3\end{vmatrix}=1\neq 0$.

所以，$\boldsymbol{A}^{-1}$，$\boldsymbol{B}^{-1}$都存在.

且 $\quad A^{-1}=\begin{pmatrix}1 & 3 & -2\\ -3/2 & -3 & 5/2\\ 1 & 1 & -1\end{pmatrix}$；$\quad B^{-1}=\begin{pmatrix}3 & -1\\ -5 & 2\end{pmatrix}$.

又由 $\boldsymbol{AXB}=\boldsymbol{C}$,得

$$\boldsymbol{X}=\boldsymbol{A}^{-1}\boldsymbol{C}\boldsymbol{B}^{-1}=\begin{pmatrix}1 & 3 & -2\\ -3/2 & -3 & 5/2\\ 1 & 1 & -1\end{pmatrix}\begin{pmatrix}1 & 3\\ 2 & 0\\ 3 & 1\end{pmatrix}\begin{pmatrix}3 & -1\\ -5 & 2\end{pmatrix}=\begin{pmatrix}-2 & 1\\ 10 & -4\\ -10 & 4\end{pmatrix}.$$

习 题 9.5

1. 求方阵 $\boldsymbol{A}=\begin{pmatrix}1 & 2 & 3\\ 2 & 2 & 1\\ 3 & 4 & 3\end{pmatrix}$ 的逆矩阵.

2. 求解矩阵方程 $\begin{pmatrix}1 & -5\\ -1 & 4\end{pmatrix}\boldsymbol{X}=\begin{pmatrix}3 & 2\\ 1 & 4\end{pmatrix}$.

3. 判断以下矩阵是否可逆?

(1) $\begin{pmatrix}3 & -9\\ 2 & 6\end{pmatrix}$; $\quad$ (2) $\begin{pmatrix}4 & -9\\ 0 & 5\end{pmatrix}$; $\quad$ (3) $\begin{pmatrix}6 & -9\\ -4 & 6\end{pmatrix}$.

4. 判断下列矩阵是否可逆,若可逆,求出逆矩阵.

(1) $\begin{pmatrix}3 & 4\\ 5 & 7\end{pmatrix}$; $\quad$ (2) $\begin{pmatrix}1 & 2 & 2\\ 2 & 1 & -2\\ 2 & -2 & 1\end{pmatrix}$; $\quad$ (3) $\begin{pmatrix}2 & 5 & 7\\ 6 & 3 & 4\\ 5 & -2 & -3\end{pmatrix}$.

9.6 矩阵的初等变换

矩阵的初等变换在矩阵的求逆及解线性方程组等问题中有着重要的作用.本节主要介绍矩阵的初等变换的概念,以及用初等变换求逆矩阵和矩阵秩的方法.

9.6.1 矩阵的初等变换

在计算行列式时,利用行列式的性质可以将给定的行列式化为上(下)三角形行列式,从而简化行列式的计算,把行列式的某些性质引用到矩阵上,会给我们研究矩阵带来很大的方便,这些性质反映到矩阵上就是矩阵的初等变换.

定义 1　矩阵的下列三种变换称为矩阵的**初等行变换**：

(1) 交换矩阵的两行(交换 i,j 两行，记作 $r_i \leftrightarrow r_j$)；

(2) 以一个非零的数 k 乘矩阵的某一行(第 i 行乘数 k，记作 $r_i \times k$)；

(3) 把矩阵的某一行的 k 倍加到另一行(第 j 行乘 k 加到 i 行，记为 $r_i + kr_j$).

把定义中的“行”换成“列”，即得矩阵的初等列变换的定义(相应记号中把 r 换成 c).

初等行变换与初等列变换统称为**初等变换**.

注意：初等变换的逆变换仍是初等变换，且变换类型相同.

例如，变换 $r_i \leftrightarrow r_j$ 的逆变换即为其本身；变换 $r_i \times k$ 的逆变换为 $r_i \times 1/k$；变换 $r_i + kr_j$ 的逆变换为 $r_i + (-k)r_j$ 或 $r_i - kr_j$.

定义 2　若矩阵 $\boldsymbol{A}$ 经过有限次初等变换变成矩阵 $\boldsymbol{B}$，则称矩阵 $\boldsymbol{A}$ 与 $\boldsymbol{B}$ **等价**，记为 $\boldsymbol{A} \sim \boldsymbol{B}$.

注意：在对矩阵作初等变换运算的过程中用记号“$\to$”.

矩阵之间的等价关系具有下列基本性质：

(1) 反身性　$\boldsymbol{A} \sim \boldsymbol{A}$；

(2) 对称性　若 $\boldsymbol{A} \sim \boldsymbol{B}$，则 $\boldsymbol{B} \sim \boldsymbol{A}$；

(3) 传递性　若 $\boldsymbol{A} \sim \boldsymbol{B}$，$\boldsymbol{B} \sim \boldsymbol{C}$，则 $\boldsymbol{A} \sim \boldsymbol{C}$.

一般地，称满足下列条件的矩阵为**行阶梯形矩阵**：

(1) 零行(元素全为零的行)位于矩阵的下方；

(2) 各非零行的首非零元(从左至右的一个不为零的元素)的列标随着行标的增大而严格增大.

一般地，把满足下列条件的阶梯形矩阵称为**行最简形矩阵**：

(1) 各非零行的首非零元都是 1；

(2) 每个首非零元所在列的其余元素都是零.

定理 1　任一矩阵 $\boldsymbol{A}$ 总可以经过有限次初等行变换化为行阶梯形矩阵，并进而化为行最简形矩阵.

根据定理 1 的证明及初等变换的可逆性，有：

推论　如果 $\boldsymbol{A}$ 为 n 阶可逆矩阵，则矩阵 $\boldsymbol{A}$ 经过有限次初等变换可化为单位矩阵 $\boldsymbol{E}$，即 $\boldsymbol{A} \sim \boldsymbol{E}$.

【例 1】　已知矩阵 $\boldsymbol{A} = \begin{pmatrix} 1 & -4 & -3 \\ 2 & -5 & -3 \\ -1 & 6 & 4 \end{pmatrix}$，对其作初等行变换，先化为行阶梯形矩阵，再化为行最简形矩阵.

解 $\boldsymbol{A}=\begin{pmatrix}1&-4&-3\\2&-5&-3\\-1&6&4\end{pmatrix}\xrightarrow[r_3+r_1]{r_2-2r_1}\begin{pmatrix}1&-4&-3\\0&3&3\\0&2&1\end{pmatrix}\xrightarrow{\frac{1}{3}r_2}\begin{pmatrix}1&-4&-3\\0&1&1\\0&2&1\end{pmatrix}$

$$\xrightarrow{r_3-2r_2}\begin{pmatrix}1&-4&-3\\0&1&1\\0&0&-1\end{pmatrix}=\boldsymbol{B},$$

这里的矩阵 $\boldsymbol{B}$ 依其形状的特征称为**行阶梯形矩阵**.

$$\boldsymbol{B}=\begin{pmatrix}1&-4&-3\\0&1&1\\0&0&-1\end{pmatrix}\xrightarrow{r_1+4r_2}\begin{pmatrix}1&0&1\\0&1&1\\0&0&-1\end{pmatrix}\xrightarrow[r_3\cdot(-1)]{r_1+r_3,\ r_2+r_3}\begin{pmatrix}1&0&0\\0&1&0\\0&0&1\end{pmatrix}$$

$=\boldsymbol{C}$(行最简形矩阵).

9.6.2 初等矩阵

定义 3 对单位矩阵 $\boldsymbol{E}$ 施以一次初等变换得到矩阵称为**初等矩阵**. 三种初等变换分别对应着三种初等矩阵.

(1) $\boldsymbol{E}$ 的第 i,j 行(列)互换得到的矩阵

$$\boldsymbol{E}(i,j)=\begin{pmatrix}1&&&&&&&&\\&\ddots&&&&&&&\\&&1&&&&&&\\&&&0&\cdots&1&&&\\&&&&1&&&&\\&&&\vdots&\ddots&\vdots&&&\\&&&&&1&&&\\&&&1&\cdots&0&&&\\&&&&&&1&&\\&&&&&&&\ddots&\\&&&&&&&&1\end{pmatrix}\begin{matrix}\\\\\\i\text{ 行}\\\\\\\\j\text{ 行}\\\\\\\\\end{matrix};$$

i 列　　　　j 列

(2) $\boldsymbol{E}$ 的第 i 行(列)乘以非零数 k 得到的矩阵

$$\boldsymbol{E}(i(k))=\begin{pmatrix}1 & & & & \\ & \ddots & & & \\ & & k & & \\ & & & \ddots & \\ & & & & \end{pmatrix}\begin{matrix} \\ \\ i\text{ 行}; \\ \\ \\ \end{matrix}$$

i 列

(3) $\boldsymbol{E}$ 的第 j 行乘以数 k 加到第 i 行上，或 $\boldsymbol{E}$ 的第 i 列乘以数 k 加到第 j 列上得到的矩阵

$$\boldsymbol{E}(ij(k))=\begin{pmatrix}1 & & & & & \\ & \ddots & & & & \\ & & 1 & \cdots & k & & \\ & & & \ddots & \vdots & & \\ & & & & 1 & & \\ & & & & & \ddots & \\ & & & & & & 1\end{pmatrix}\begin{matrix} \\ \\ i\text{ 行} \\ \\ j\text{ 行} \\ \\ \\ \end{matrix}.$$

i 列　　j 列

关于初等矩阵有下列性质：

(1) 变换 $r_i \leftrightarrow r_j$ 的逆变换是它本身，则 $\boldsymbol{E}(i,j)^{-1}=\boldsymbol{E}(i,j)$；

(2) 变换 $r_i \times k$ 的逆变换是 $r_i \times \frac{1}{k}$，则 $\boldsymbol{E}(i(k))^{-1}=\boldsymbol{E}(i(k^{-1}))$；

(3) 变换 $r_i + kr_j$ 的逆变换是 $r_i+(-k)r_j$，则 $\boldsymbol{E}(ij(k))^{-1}=\boldsymbol{E}(ij(-k))$.

定理 2　设 $\boldsymbol{A}$ 是一个 $m\times n$ 矩阵，对 $\boldsymbol{A}$ 施行一次某种初等行(列)变换，相当于用同种的 $m(n)$ 阶初等矩阵左(右)乘 $\boldsymbol{A}$.

【例 2】　设有矩阵 $\boldsymbol{A}=\begin{pmatrix}3 & 0 & 1\\ 1 & -1 & 2\\ 0 & 1 & 1\end{pmatrix}$，而 $\boldsymbol{E}(1,2)=\begin{pmatrix}0 & 1 & 0\\ 1 & 0 & 0\\ 0 & 0 & 1\end{pmatrix}$，

$\boldsymbol{E}(31(2))=\begin{pmatrix}1 & 0 & 0\\ 0 & 1 & 0\\ 2 & 0 & 1\end{pmatrix}$.

则

$$\boldsymbol{E}(1,2)A=\begin{pmatrix}0 & 1 & 0\\ 1 & 0 & 0\\ 0 & 0 & 1\end{pmatrix}\begin{pmatrix}3 & 0 & 1\\ 1 & -1 & 2\\ 0 & 1 & 1\end{pmatrix}=\begin{pmatrix}1 & -1 & 2\\ 3 & 0 & 1\\ 0 & 1 & 1\end{pmatrix}.$$

即用 $\boldsymbol{E}(1,2)$ 左乘 $\boldsymbol{A}$，相当于交换矩阵 $\boldsymbol{A}$ 的第 1 与第 2 行.

又 $\boldsymbol{AE}(31(2))=\begin{pmatrix}3&0&1\\1&-1&2\\0&1&1\end{pmatrix}\begin{pmatrix}1&0&0\\0&1&0\\2&0&1\end{pmatrix}=\begin{pmatrix}5&0&1\\5&-1&2\\2&1&1\end{pmatrix}$,

即用 $\boldsymbol{E}(31(2))$ 右乘 $\boldsymbol{A}$，相当于将矩阵 $\boldsymbol{A}$ 的第 3 列乘 2 加于第 1 列.

9.6.3 求逆矩阵的初等变换法

在 9.5 节中，给出了矩阵 $\boldsymbol{A}$ 可逆的充要条件的同时，也给出了利用伴随矩阵求逆矩阵 $\boldsymbol{A}^{-1}$ 的一种方法，即

$$\boldsymbol{A}^{-1}=\frac{1}{|\boldsymbol{A}|}\boldsymbol{A}^{*},$$

该方法称为**伴随矩阵法**.

对于较高阶的矩阵，用伴随矩阵法求逆矩阵计算量太大，下面介绍一种较为简便的方法初等变换法.

定理 3 n 阶矩阵 $\boldsymbol{A}$ 可逆的充分必要条件是 $\boldsymbol{A}$ 可以表示为若干初等矩阵的乘积.

因此，求矩阵 $\boldsymbol{A}$ 的逆矩阵 $\boldsymbol{A}^{-1}$ 时，可构造矩阵 $n\times 2n$ 矩阵

$$(\boldsymbol{A}\quad \boldsymbol{E}),$$

然后对其施以初等行变换将矩阵 $\boldsymbol{A}$ 化为单位矩阵 E，则上述初等变换同时也将其中的单位矩阵 $\boldsymbol{E}$ 化为 $\boldsymbol{A}^{-1}$，即

$$(\boldsymbol{A}\quad \boldsymbol{E})\xrightarrow{\text{初等行变换}}(\boldsymbol{E}\quad \boldsymbol{A}^{-1})$$

这就是求逆矩阵的初等变换法.

【例 3】 设 $\boldsymbol{A}=\begin{pmatrix}1&2&3\\2&2&1\\3&4&3\end{pmatrix}$，求 $\boldsymbol{A}^{-1}$.

解 $(\boldsymbol{A}\quad \boldsymbol{E})=\begin{pmatrix}1&2&3&1&0&0\\2&2&1&0&1&0\\3&4&3&0&0&1\end{pmatrix}\xrightarrow[r_3-3r_1]{r_2-2r_1}\begin{pmatrix}1&2&3&1&0&0\\0&-2&-5&-2&1&0\\0&-2&-6&-3&0&1\end{pmatrix}$

$\xrightarrow[r_3-r_2]{r_1+r_2}\begin{pmatrix}1&0&-2&-1&1&0\\0&-2&-5&-2&1&0\\0&0&-1&-1&-1&1\end{pmatrix}\xrightarrow[r_2-5r_3]{r_1-2r_3}\begin{pmatrix}1&0&0&1&3&-2\\0&-2&0&3&6&-5\\0&0&-1&-1&-1&1\end{pmatrix}$

$\xrightarrow[r_3\div(-1)]{r_2\div(-2)}\begin{pmatrix}1&0&0&1&3&-2\\0&1&0&-3/2&-3&5/2\\0&0&1&1&1&-1\end{pmatrix}$,

$$\therefore \quad \boldsymbol{A}^{-1}=\begin{pmatrix} 1 & 3 & -2 \\ -3/2 & -3 & 5/2 \\ 1 & 1 & -1 \end{pmatrix}.$$

9.6.4　用初等变换法求解矩阵方程 $\boldsymbol{AX}=\boldsymbol{B}$

设矩阵 $\boldsymbol{A}$ 可逆，则求解矩阵方程 $\boldsymbol{AX}=\boldsymbol{B}$ 等价于求矩阵

$$\boldsymbol{X}=\boldsymbol{A}^{-1}\boldsymbol{B},$$

为此，可采用类似初等行变换求矩阵的逆的方法，构造矩阵 $(\boldsymbol{A}\quad\boldsymbol{B})$，对其施以初等行变换将矩阵 $\boldsymbol{A}$ 化为单位矩阵 $\boldsymbol{E}$，则上述初等行变换同时也将其中的单位矩阵 $\boldsymbol{B}$ 化为 $\boldsymbol{A}^{-1}\boldsymbol{B}$，即

$$(\boldsymbol{A}\quad\boldsymbol{B})\xrightarrow{\text{初等行变换}}(\boldsymbol{E}\quad\boldsymbol{A}^{-1}\boldsymbol{B}).$$

这样就给出了用初等行变换求解矩阵方程 $\boldsymbol{AX}=\boldsymbol{B}$ 的方法.

【例 4】　求矩阵 $\boldsymbol{X}$，使 $\boldsymbol{AX}=\boldsymbol{B}$，其中 $\boldsymbol{A}=\begin{pmatrix} 1 & 2 & 3 \\ 2 & 2 & 1 \\ 3 & 4 & 3 \end{pmatrix}$，$\boldsymbol{B}=\begin{pmatrix} 2 & 5 \\ 3 & 1 \\ 4 & 3 \end{pmatrix}$.

解　若 $\boldsymbol{A}$ 可逆，则 $\boldsymbol{X}=\boldsymbol{A}^{-1}\boldsymbol{B}$.

$$(\boldsymbol{A}\quad\boldsymbol{B})=\begin{pmatrix} 1 & 2 & 3 & 2 & 5 \\ 2 & 2 & 1 & 3 & 1 \\ 3 & 4 & 3 & 4 & 3 \end{pmatrix}\xrightarrow[r_3-3r_1]{r_2-2r_1}\begin{pmatrix} 1 & 2 & 3 & 2 & 5 \\ 0 & -2 & -5 & -1 & -9 \\ 0 & -2 & -6 & -2 & -12 \end{pmatrix}$$

$$\xrightarrow[r_3-r_2]{r_1+r_2}\begin{pmatrix} 1 & 0 & -2 & 1 & -4 \\ 0 & -2 & -5 & -1 & -9 \\ 0 & 0 & -1 & -1 & -3 \end{pmatrix}\xrightarrow[r_2-5r_3]{r_1-2r_3}\begin{pmatrix} 1 & 0 & 0 & 3 & 2 \\ 0 & -2 & 0 & 4 & 6 \\ 0 & 0 & -1 & -1 & -3 \end{pmatrix}$$

$$\xrightarrow[r_3\div(-1)]{r_2\div(-2)}\begin{pmatrix} 1 & 0 & 0 & 3 & 2 \\ 0 & 1 & 0 & -2 & -3 \\ 0 & 0 & 1 & 1 & 3 \end{pmatrix},\quad \boldsymbol{X}=\begin{pmatrix} 3 & 2 \\ -2 & -3 \\ 1 & 3 \end{pmatrix}.$$

习　题　9.6

1. 化矩阵 $\boldsymbol{A}=\begin{pmatrix} 1 & 0 & 1 \\ 2 & 1 & 0 \\ -3 & 2 & -5 \end{pmatrix}$ 为行最简形矩阵.

2. 求矩阵 $\boldsymbol{A}=\begin{pmatrix} 1 & 0 & 1 \\ 2 & 1 & 0 \\ -3 & 2 & -5 \end{pmatrix}$ 的逆矩阵.

3. 确定下列矩阵哪些是阶梯形矩阵，哪些是行最简阶梯形矩阵？

(1) $\begin{pmatrix}1&0&0&0\\0&1&0&0\\0&0&1&1\end{pmatrix}$；(2) $\begin{pmatrix}1&0&0&0\\0&1&1&0\\0&0&0&1\end{pmatrix}$；(3) $\begin{pmatrix}1&0&0&0\\0&1&1&0\\0&0&0&0\\0&0&0&1\end{pmatrix}$；

(4) $\begin{pmatrix}1&1&0&1&1\\0&2&0&2&2\\0&0&0&3&3\\0&0&0&0&4\end{pmatrix}$；(5) $\begin{pmatrix}1&0&0&0\\1&1&0&0\\0&1&1&0\\0&0&1&1\end{pmatrix}$；(6) $\begin{pmatrix}1&2&5&5&0&5\\0&1&6&3&0&2\\0&0&0&0&1&0\\0&0&0&0&0&0\end{pmatrix}$.

4. 将下列矩阵化为行阶梯形矩阵.

(1) $\begin{pmatrix}1&2&3&4\\4&5&6&7\\6&7&8&9\end{pmatrix}$；(2) $\begin{pmatrix}1&3&5&7\\3&5&7&9\\5&7&9&1\end{pmatrix}$.

5. 求下列矩阵的逆矩阵.

(1) $\begin{pmatrix}1&0&-2\\-3&1&4\\2&-3&4\end{pmatrix}$；(2) $\begin{pmatrix}0&1&2\\1&0&3\\4&-3&8\end{pmatrix}$；(3) $\begin{pmatrix}1&0&1\\-3&0&1\\1&1&-1\end{pmatrix}$.

9.7 矩阵的秩

9.7.1 矩阵的秩的概念

矩阵的秩的概念是深入研究线性方程组等问题的重要工具. 从上节已看到，矩阵可经初等行变换化为行阶梯形矩阵，且行阶梯形矩阵所含非零行的行数是唯一确定的，这个数实质上就是矩阵的“秩”，在本节中，我们首先定义矩阵的秩，然后给出利用初等变换求矩阵的秩的方法.

定义 设 $\boldsymbol{A}$ 是一个 $m\times n$ 矩阵，则与 $\boldsymbol{A}$ 等价的行阶梯形矩阵中的非零行的个数 r 称为矩阵 $\boldsymbol{A}$ 的秩，记作 $r(\boldsymbol{A})$. 由定义有 $r(\boldsymbol{A})=r$. 当 $\boldsymbol{A}=\boldsymbol{O}$ 时，规定 $r(\boldsymbol{A})=0$.

由定义可知：

(1) n 阶单位矩阵的秩等于 n；

(2) 等价的矩阵必有相同的秩.

需要注意的是，矩阵的阶梯形并不是唯一的，但是阶梯形中非零行的个数总是一致的.

9.7.2 矩阵的秩的求法

定理　矩阵的初等变换不改变矩阵的秩，即矩阵 $\boldsymbol{A}$ 经过初等变换变为矩阵 $\boldsymbol{B}$,则 $r(\boldsymbol{A})=r(\boldsymbol{B})$.

根据定理 1,我们得到利用初等变换求矩阵的秩的方法:把矩阵用初等行变换变成行阶梯形矩阵,行阶梯形矩阵中非零行的行数就是该矩阵的秩.

设 $\boldsymbol{A}$ 是 n 阶矩阵,则 $\boldsymbol{A}$ 可逆的充分必要条件 $r(\boldsymbol{A})=n$.

对 n 阶矩阵 $\boldsymbol{A}_{n\times n}$,若 $r(\boldsymbol{A})=n$,称 $\boldsymbol{A}$ 为满秩矩阵(可逆矩阵);若 $r(\boldsymbol{A})<n$,称 $\boldsymbol{A}$ 为降秩矩阵(不可逆矩阵).

【例 1】　求矩阵 $\boldsymbol{A}=\begin{pmatrix}1&2&3&4\\-1&-1&-4&-2\\3&4&11&8\end{pmatrix}$的秩.

解

$$\begin{pmatrix}1&2&3&4\\-1&-1&-4&-2\\3&4&11&8\end{pmatrix}\xrightarrow[r_3-3r_1]{r_2+r_1}\begin{pmatrix}1&2&3&4\\0&1&-1&2\\0&-2&2&-4\end{pmatrix}$$

$$\xrightarrow{r_3+2r_2}\begin{pmatrix}1&2&3&4\\0&1&-1&2\\0&0&0&0\end{pmatrix}\xrightarrow{r_1-2r_2}\begin{pmatrix}1&0&5&0\\0&1&-1&2\\0&0&0&0\end{pmatrix}$$

$$\xrightarrow{c_3-5c_1}\begin{pmatrix}1&0&0&0\\0&1&-1&2\\0&0&0&0\end{pmatrix}\xrightarrow[c_4-2c_2]{c_3+c_2}\begin{pmatrix}1&0&0&0\\0&1&0&0\\0&0&0&0\end{pmatrix},$$

故 $r(\boldsymbol{A})=2$.

【例 2】　求矩阵 $\boldsymbol{A}=\begin{pmatrix}1&0&0&1\\1&2&0&-1\\3&-1&0&4\\1&4&5&1\end{pmatrix}$的秩.

解 $A=\begin{pmatrix}1&0&0&1\\1&2&0&-1\\3&-1&0&4\\1&4&5&1\end{pmatrix}\xrightarrow[r_4-r_1]{\substack{r_2-r_1\\r_3-3r_1}}\begin{pmatrix}1&0&0&1\\0&2&0&-2\\0&-1&0&1\\0&4&5&0\end{pmatrix}$

$\xrightarrow[r_4-4r_2]{\substack{\frac{1}{2}r_2\\r_3+r_2}}\begin{pmatrix}1&0&0&1\\0&1&0&-1\\0&0&0&4\\0&0&5&0\end{pmatrix}\xrightarrow{r_3\leftrightarrow r_4}\begin{pmatrix}1&0&0&1\\0&1&0&-1\\0&0&5&4\\0&0&0&0\end{pmatrix}$,

最后一矩阵的秩显然等于 3，故 $r(A)=3$.

【例 3】 设 $A=\begin{pmatrix}1&-2&2&-1\\2&-4&8&0\\-2&4&-2&3\\3&-6&0&-6\end{pmatrix}$，$b=\begin{pmatrix}1\\2\\3\\4\end{pmatrix}$，求矩阵 A 及矩阵 $\widetilde{A}=(A,b)$ 的秩.

解 $\widetilde{A}=\begin{pmatrix}1&-2&2&-1&1\\2&-4&8&0&2\\-2&4&-2&3&3\\3&-6&0&-6&4\end{pmatrix}\xrightarrow[r_4-3r_1]{\substack{r_2-2r_1\\r_3+2r_1}}\begin{pmatrix}1&-2&2&-1&1\\0&0&4&2&0\\0&0&-2&1&5\\0&0&-6&-3&1\end{pmatrix}$

$\xrightarrow[r_4+3r_2]{\substack{r_2\div 2\\r_3-r_2}}$

$\begin{pmatrix}1&-2&2&-1&1\\0&0&2&1&0\\0&0&0&0&5\\0&0&0&0&1\end{pmatrix}\xrightarrow[r_4-r_3]{r_2\div 5}\begin{pmatrix}1&-2&2&-1&1\\0&0&2&1&0\\0&0&0&0&1\\0&0&0&0&0\end{pmatrix}$,

故 $$r(A)=2,\quad r(\widetilde{A})=3.$$

【例 4】 设 $A=\begin{pmatrix}3&2&0&5&0\\3&-2&3&6&-1\\2&0&1&5&-3\\1&6&-4&-1&4\end{pmatrix}$，求矩阵 A 的秩.

解 对 A 作初等行变换，变成行阶梯形矩阵.

$A\xrightarrow{r_1\leftrightarrow r_4}\begin{pmatrix}1&6&-4&-1&4\\3&-2&3&6&-1\\2&0&1&5&-3\\3&2&0&5&0\end{pmatrix}\xrightarrow{r_2-r_4}\begin{pmatrix}1&6&-4&-1&4\\0&-4&3&1&-1\\2&0&1&5&-3\\3&2&0&5&0\end{pmatrix}$

$$\xrightarrow[r_4-3r_1]{r_2-2r_1}\begin{pmatrix}1&6&-4&-1&4\\0&-4&3&1&-1\\0&-12&9&7&-11\\0&-16&12&8&-12\end{pmatrix}\xrightarrow[r_4-3r_1]{r_2-2r_1}\begin{pmatrix}1&6&-4&-1&4\\0&-4&3&1&-1\\0&0&0&4&-8\\0&0&0&4&-8\end{pmatrix}$$

$$\xrightarrow{r_2-r_4}\begin{pmatrix}1&6&-4&-1&4\\0&-4&3&1&-1\\0&0&0&4&-8\\0&0&0&0&0\end{pmatrix},$$

由行阶梯形矩阵有三个非零行知 $r(\mathbf{A})=3$.

【例 5】 $\mathbf{A}=\begin{pmatrix}1&-1&1&2\\3&\lambda&-1&2\\5&3&\mu&6\end{pmatrix}$,已知 $r(\mathbf{A})=2$,求 λ 与 μ 的值.

解 $\mathbf{A}\xrightarrow[r_4-3r_1]{r_2-2r_1}\begin{pmatrix}1&-1&1&2\\0&\lambda+3&-4&-4\\0&8&\mu-5&-4\end{pmatrix}\xrightarrow{r_3-r_2}\begin{pmatrix}1&-1&1&2\\0&\lambda+3&-4&-4\\0&5-\lambda&\mu-1&0\end{pmatrix}$,

因 $r(\mathbf{A})=2$,故

$$\begin{cases}5-\lambda=0\\\mu-1=0\end{cases}\longrightarrow\begin{cases}\lambda=5\\\mu=1\end{cases}.$$

习　题　9.7

1. 已知 $\mathbf{A}=\begin{pmatrix}1&3&-2&2\\0&2&-1&3\\-2&0&1&5\end{pmatrix}$,求该矩阵的秩.

2. 求下列矩阵的秩.

(1) $\begin{pmatrix}3&-4&2&0\\-9&12&-6&0\\-6&8&-4&0\end{pmatrix}$;　(2) $\begin{pmatrix}1&-7&0&6&5\\0&0&1&-2&-3\\-1&7&-4&2&7\end{pmatrix}$;

(3) $(1\quad 0\quad 2\quad 4)$;

(4) $\begin{pmatrix}0&1&0\\1&0&0\end{pmatrix}$;　(5) $\begin{pmatrix}1&2&-1\\2&-1&3\\5&5&0\end{pmatrix}$;　(6) $\begin{pmatrix}1&1&2&2&1\\0&2&1&5&-1\\2&0&3&-1&3\\1&1&0&4&-1\end{pmatrix}$.

3. 设 $\boldsymbol{A}=\begin{pmatrix}1&1&1&1&1&1\\3&2&1&1&-3&a\\0&1&2&2&6&3\\5&4&3&3&-1&b\end{pmatrix}$，若 $r(\boldsymbol{A})=2$，求 a,b 的值？

9.8 线性方程组($m\neq n$)的解法

求解线性方程组是线性代数的主要内容之一，此类问题在科学技术与经济管理领域有着相当广泛的应用，因而有必要从更普遍的角度来讨论线性方程组的解法. 在 9.3 节里我们已经研究过线性方程组的一种特殊情形，即线性方程组所含方程的个数等于未知量的个数，且方程组的系数行列式不等于零的情形.

本节主要讨论一般线性方程组的解法和线性方程组解的存在性.

9.8.1 线性方程组的一般形式

设含有 n 个未知量、有 m 个方程组成的线性方程组

$$\begin{cases}a_{11}x_1+a_{12}x_2+\cdots+a_{1n}x_n=b_1\\a_{21}x_1+a_{22}x_2+\cdots+a_{2n}x_n=b_2\\\cdots\cdots\\a_{m1}x_1+a_{m2}x_2+\cdots+a_{mn}x_n=b_m\end{cases}, \tag{9-8-1}$$

其中系数 $a_{ij}(i=1,2,\cdots,m;j=1,2,\cdots,n)$，常数 $b_i(i=1,2,\cdots,m)$ 都是已知数，$x_j(j=1,2,\cdots,n)$ 是未知量(也称为未知数). 当右端常数项 $b_1,b_2,\cdots,b_m$ 不全为 0 时，称方程组(1)为非齐次线性方程组；当 $b_1=b_2=\cdots=b_m=0$ 时，即

$$\begin{cases}a_{11}x_1+a_{12}x_2+\cdots+a_{1n}x_n=0\\a_{21}x_1+a_{22}x_2+\cdots+a_{2n}x_n=0\\\cdots\cdots\\a_{m1}x_1+a_{m2}x_2+\cdots+a_{mn}x_n=0\end{cases} \tag{9-8-2}$$

称为**齐次线性方程组**.

非齐次线性方程组的矩阵表示形式为

$$\boldsymbol{Ax}=\boldsymbol{b}.$$

其中 $\boldsymbol{A}=\begin{pmatrix}a_{11}&a_{12}&\cdots&a_{1n}\\a_{21}&a_{22}&\cdots&a_{2n}\\\vdots&\vdots&&\vdots\\a_{m1}&a_{m2}&\cdots&a_{mn}\end{pmatrix}$； $\boldsymbol{x}=\begin{pmatrix}x_1\\x_2\\\vdots\\x_n\end{pmatrix}$； $\boldsymbol{b}=\begin{pmatrix}b_1\\b_2\\\vdots\\b_m\end{pmatrix}$.

矩阵 $\boldsymbol{A}$ 称为方程组的**系数矩阵**，$\boldsymbol{x}$ 称为**未知数矩阵**或**向量**，$\boldsymbol{b}$ 称为**常数项矩阵**或**向量**.

将系数矩阵 $\boldsymbol{A}$ 和常数矩阵 $\boldsymbol{b}$ 放在一起构成的矩阵

$$(\boldsymbol{A},\boldsymbol{b})=\begin{pmatrix} a_{11} & a_{12} & \cdots & a_{1n} & b_1 \\ a_{21} & a_{22} & \cdots & a_{2n} & b_2 \\ \vdots & \vdots & & \vdots & \vdots \\ a_{m1} & a_{m2} & \cdots & a_{mn} & b_m \end{pmatrix}$$

称为方程组(9-8-1)的**增广矩阵**(也可简记作 $\overline{\boldsymbol{A}}$). 显然，方程组与增广矩阵是一一对应的.

齐次线性方程的矩阵表示形式为：$\boldsymbol{Ax}=\boldsymbol{0}$，
其中 $\boldsymbol{0}=(0\quad 0\quad \cdots\quad 0)^T$.

9.8.2　高斯消元法

用消元法解方程组的每一步变换相当于对方程组的增广矩阵施以同样的行变换. 因此，由方程组的同解变换就有下面的定理：

定理 1　如果用初等行变换将增广矩阵$(\boldsymbol{A},\boldsymbol{b})$化成矩阵$(\boldsymbol{C},\boldsymbol{d})$，则方程组 $\boldsymbol{Ax}=\boldsymbol{b}$ 与 $\boldsymbol{Cx}=\boldsymbol{d}$ 是同解方程组.

消元法(高斯消元法)：

用初等行变换将方程组(9-8-1)的增广矩阵$(\boldsymbol{A},\boldsymbol{b})$化成阶梯形矩阵，再写出该阶梯形矩阵所代表的方程组，逐步回代，求出方程组的解. 因为它们为同解方程组，所以也就得到了原方程组的解.

【例 1】　解线性方程组

$$\begin{cases} x_1+x_2-2x_3-x_4=-1 \\ x_1+5x_2-3x_3-2x_4=0 \\ 3x_1-x_2+x_3+4x_4=2 \\ -2x_1+2x_2+x_3-x_4=1 \end{cases},$$

用消元法解线性方程组的过程中，当增广矩阵经过初等行变换化成阶梯形矩阵后，要写出相应的方程组，然后再用回代的方法求出解. 如果用矩阵将回代的过程表示出来，我们可以发现，这个过程实际上就是对阶梯形矩阵进一步简化，使其最终化成一个特殊的矩阵，从这个特殊矩阵中，就可以直接解出或"读出"方程组的解.

例如，对例 1 中的阶梯形矩阵进一步化简，即：

$$(\boldsymbol{A},\boldsymbol{b})=\begin{pmatrix} 1 & 1 & -2 & -1 & -1 \\ 1 & 5 & -3 & -2 & 0 \\ 3 & -1 & 1 & 4 & 2 \\ -2 & 2 & 1 & -1 & 1 \end{pmatrix}\xrightarrow[\substack{r_3-3r_1\\ r_4+2r_1}]{r_2-r_1}\begin{pmatrix} 1 & 1 & -2 & -1 & -1 \\ 0 & 4 & -1 & -1 & 1 \\ 0 & -4 & 7 & 7 & 5 \\ 0 & 4 & -3 & -3 & -1 \end{pmatrix}\xrightarrow{\substack{r_3+r_2\\ r_4-r_2}}$$

$$\begin{pmatrix}1&1&-2&-1&-1\\0&4&-1&-1&1\\0&0&6&6&6\\0&0&-2&-2&-2\end{pmatrix}\xrightarrow[r_4+2r_3]{r_3\frac{1}{3}}\begin{pmatrix}1&1&-2&-1&-1\\0&4&-1&-1&1\\0&0&1&1&1\\0&0&0&0&0\end{pmatrix}\xrightarrow[r_1+2r_3]{r_2+r_3}$$

$$\begin{pmatrix}1&1&0&1&1\\0&4&0&0&2\\0&0&1&1&1\\0&0&0&0&0\end{pmatrix}\xrightarrow[r_1-r_2]{r_2\frac{1}{4}}\begin{pmatrix}1&0&0&1&0.5\\0&1&0&0&0.5\\0&0&1&1&1\\0&0&0&0&0\end{pmatrix}.$$

最后一个矩阵对应的线性方程组为

$$\begin{cases}x_1+x_4=0.5\\x_2=0.5\\x_3+x_4=1\end{cases}.$$

将此方程组中含 x_4 的项移到等号的右端，就得到原方程组的全部解，即

$$\begin{cases}x_1=-k+0.5\\x_2=0.5\\x_3=-k\\x_4=k\end{cases},$$

其中 x_4 是自由未知量.

将一个方程组化为行阶梯形方程组的步骤并不是唯一的，所以，同一个方程组的行阶梯形方程组也不是唯一的. 特别地，我们还可以将一个一般的行阶梯形方程组化为行最简形方程组，从而使我们能直接“读”出该线性方程组的解.

9.8.3 线性方程组解的情况判定

应用消元法解线性方程组，线性方程组解的情况有三种：无穷多解、唯一解和无解. 归纳求解过程，实际上就是对方程组(9-8-1)的增广矩阵

$$(\boldsymbol{A},\boldsymbol{b})=\begin{pmatrix}a_{11}&a_{12}&\cdots&a_{1n}&b_1\\a_{21}&a_{22}&\cdots&a_{2n}&b_2\\\vdots&\vdots&&\vdots&\vdots\\a_{m1}&a_{m2}&\cdots&a_{mn}&b_m\end{pmatrix}$$

进行初等行变换，将其化成如下形式的阶梯形矩阵：

$$\begin{pmatrix} c_{11} & c_{12} & \cdots & c_{1r} & \cdots & c_{1n} \\ 0 & c_{22} & \cdots & c_{2r} & \cdots & c_{2n} \\ \vdots & \vdots & & \vdots & & \vdots \\ 0 & 0 & \cdots & c_{rr} & \cdots & c_{rn} \\ 0 & 0 & \cdots & 0 & \cdots & 0 \\ \vdots & \vdots & & \vdots & & \vdots \\ 0 & 0 & \cdots & 0 & \cdots & 0 \end{pmatrix}, \tag{a}$$

其中 $c_{ii}\neq 0(i=1,2,\cdots r)$，或

$$\begin{bmatrix} c_{11}\cdots * & c_{1k}\cdots * & c_{1s}\cdots c_{1n} & d_1 \\ 0\cdots 0 & c_{2k}\cdots * & c_{2s}\cdots c_{2n} & d_2 \\ \vdots \quad \vdots & \vdots \quad \vdots & \vdots \quad \vdots & \vdots \\ 0\cdots 0 & 0\cdots 0 & c_{rs}\cdots c_{rn} & d_r \\ 0\cdots 0 & 0\cdots 0 & 0\cdots 0 & d_{r+1} \\ \vdots \quad \vdots & \vdots \quad \vdots & \vdots \quad \vdots & \vdots \\ 0\cdots 0 & 0\cdots 0 & 0\cdots 0 & 0 \end{bmatrix} \tag{b}$$

由定理 1 可知，阶梯形矩阵(a)和(b)所表示的方程组与方程组(9-8-1)是同解方程组，于是由矩阵(a)和(b)可得方程组(9-8-1)的解的结论：

(1) 当 $d_{r+1}\neq 0$ 时，阶梯形矩阵(a)和(b)所表示的方程组中的第 $r+1$ 个方程"$0=d_{r+1}$"是一个矛盾方程，因此，方程组(9-8-1)无解.

(2) 当 $d_{r+1}=0$ 时，方程组(9-8-1)有解. 并且解有两种情况：

① 如果 $r=n$，则阶梯形矩阵(a)表示的方程组为

$$\begin{cases} c_{11}x_1+c_{12}x_2+\cdots+c_{1n}x_n=d_1 \\ c_{22}x_2+\cdots+c_{2n}x_n=d_2 \\ \cdots\cdots \\ c_{nn}x_n=d_n \end{cases},$$

用回代的方法，自下而上依次求出 $x_n,x_{n-1},\cdots,x_1$ 的值. 因此，方程组(9-8-1)有唯一解.

② 如果 $r<n$，则阶梯形矩阵(a)表示的方程组为

$$\begin{cases} c_{11}x_1+c_{12}x_2+\cdots+c_{1r}x_r+\cdots+c_{1n}x_n=d_1 \\ c_{22}x_2+\cdots+c_{2r}x_r+\cdots+c_{2n}x_n=d_2 \\ \cdots\cdots \\ c_{rr}x_r+\cdots+c_{rn}x_n=d_r \end{cases}.$$

将每个方程的第一个变量作为非自由未知量，后 $n-r$ 个未知量项移至

等号的右端,得

$$\begin{cases} c_{11}x_1+c_{12}x_2+\cdots+c_{1r}x_r=d_1-c_{1r+1}x_{r+1}-\cdots-c_{1n}x_n \\ c_{22}x_2+\cdots+c_{2r}x_r=d_2-c_{2r+1}x_{r+1}-\cdots-c_{2n}x_n \\ \cdots\cdots \\ c_{rr}x_r=d_r-c_{rr+1}x_{r+1}-\cdots-c_{rn}x_n \end{cases}.$$

其中 $x_{r+1},\cdots,x_n$ 为自由未知量.因此,方程组(9-8-1)有无穷多解.

定理 2(线性方程组有解判别定理) 线性方程组(9-8-1)有解的充分必要条件是其系数矩阵与增广矩阵的秩相等.即 $r(\boldsymbol{A})=r(\boldsymbol{A},\ \boldsymbol{b})$.

(1) 当 $r(\boldsymbol{A})=r(\boldsymbol{A},\ \boldsymbol{b})=r=n$ 时,该线性方程组有唯一解;

(2) $r(\boldsymbol{A})=r(\boldsymbol{A},\ \boldsymbol{b})=r<n$ 时,该线性方程组有无穷多组解.

对于齐次线性方程组(9-8-2),显然 $x_1=x_2=\cdots=x_n=0$ 是它的解,这样的解称为**零解**(或**平凡解**).因此对于齐次线性方程组主要考虑是否有非零解.由定理 2 容易得到下面的结论.

定理 3 齐次线性方程组(9-8-2)有非零解的充分必要条件是 $r(\boldsymbol{A})<n$.

特别地,当齐次线性方程组(9-8-2)中,方程个数少于未知量个数($m<n$)时,必有 $r(\boldsymbol{A})<n$.这时齐次线性方程组一定有非零解.

用消元法解线性方程组 $\boldsymbol{Ax}=\boldsymbol{b}$(或 $\boldsymbol{Ax}=\boldsymbol{0}$)的具体步骤为:

1. 对非齐次线性方程组

(1) 首先写出增广矩阵$(\boldsymbol{A},\boldsymbol{b})$,将增广矩阵$(\boldsymbol{A},\boldsymbol{b})$化为行阶梯形矩阵;

(2) 然后判断方程组是否有解,若有解,继续用初等行变换将阶梯形矩阵化为行最简形矩阵,

(3) 写出行最简形矩阵所对应的同解方程组;

(4) 便可直接写出其全部解.其中要注意,当 $r(\boldsymbol{A})=r(\boldsymbol{A},\boldsymbol{b})<n$ 时,增广矩阵$(\boldsymbol{A},\boldsymbol{b})$的行阶梯形矩阵中含有 r 个非零行,把这 r 行的第一个非零元所对应的未知量作为非自由量,其余 $n-r$ 个作为自由未知量,再写出方程组的全部解.

2. 对齐次线性方程组

首先写出方程组的系数矩阵,将系数矩阵化为行最简形矩阵,便可直接写出其全部解.

【例 2】 判断线性方程组$\begin{cases} -3x_1+x_2+4x_3=1, \\ x_1+x_2+x_3=0, \\ -2x_1+x_3=-1, \\ x_1+x_2-2x_3=0. \end{cases}$是否有解?

解

$$\begin{pmatrix}-3&1&4&-1\\1&1&1&0\\-2&0&1&-1\\1&1&-2&0\end{pmatrix}\xrightarrow{r_1\leftrightarrow r_2}\begin{pmatrix}1&1&1&0\\-3&1&4&-1\\-2&0&1&-1\\1&1&-2&0\end{pmatrix}\xrightarrow[r_4-r_1]{\substack{r_2+3r_1\\r_3+2r_1}}\begin{pmatrix}1&1&1&0\\0&4&7&-1\\0&2&3&-1\\0&0&-3&0\end{pmatrix}$$

$$\xrightarrow{r_2\leftrightarrow r_3}\begin{pmatrix}1&1&1&0\\0&2&3&-1\\0&4&7&-1\\0&0&-3&0\end{pmatrix}\xrightarrow{r_3-2r_2}\begin{pmatrix}1&1&1&0\\0&2&3&-1\\0&0&1&1\\0&0&-3&0\end{pmatrix}\xrightarrow{r_4+3r_3}\begin{pmatrix}1&1&1&0\\0&2&3&-1\\0&0&1&1\\0&0&0&3\end{pmatrix}.$$

因此 $r(\boldsymbol{A})=3, r(\widetilde{\boldsymbol{A}})=4$. 由于 $r(\boldsymbol{A})\neq r(\widetilde{\boldsymbol{A}})$，故原方程组无解.

【例 3】 求解齐次线性方程组 $\begin{cases}x_1+2x_2+2x_3+x_4=0\\2x_1+x_2-2x_3-2x_4=0\\x_1-x_2-4x_3-3x_4=0\end{cases}$.

解　对系数矩阵 $\boldsymbol{A}$ 施行初等行变换.

$$\boldsymbol{A}=\begin{pmatrix}1&2&2&1\\2&1&-2&-2\\1&-1&-4&-3\end{pmatrix}\xrightarrow[r_3-r_1]{r_2-2r_1}\begin{pmatrix}1&2&2&1\\0&-3&-6&-4\\0&-3&-6&-4\end{pmatrix}\xrightarrow[r_2\div(-3)]{r_3-r_2}$$

$$\begin{pmatrix}1&2&2&1\\0&1&2&4/3\\0&0&0&0\end{pmatrix}\xrightarrow{r_1-2r_2}\begin{pmatrix}1&0&-2&-5/3\\0&1&2&4/3\\0&0&0&0\end{pmatrix},$$

即得与原方程同解的方程组

$$\begin{cases}x_1=2x_3-(5/3)x_4\\x_2=-2x_3-(4/3)x_4\end{cases}\quad(x_3, x_4\text{可任意取值}).$$

令 $x_3=c_1, x_4=c_2$，把它写成向量形式

$$\begin{pmatrix}x_1\\x_2\\x_3\\x_4\end{pmatrix}=c_1\begin{pmatrix}2\\-2\\1\\0\end{pmatrix}+c_2\begin{pmatrix}5/3\\-4/3\\0\\1\end{pmatrix},$$ 表达了方程组的全部解.

【例 4】 解线性方程组 $\begin{cases}x_1+5x_2-x_3-x_4=-1\\x_1-2x_2+x_3+3x_4=3\\3x_1+8x_2-x_3+x_4=1\\x_1-9x_2+3x_3+7x_4=7\end{cases}$.

解 对增广矩阵$(\boldsymbol{A},\boldsymbol{b})$施以初等变换,化为阶梯形矩阵:

$$(\boldsymbol{A}\quad \boldsymbol{b})=\begin{pmatrix}1 & 5 & -1 & -1 & -1\\ 1 & -2 & 1 & 3 & 3\\ 3 & 8 & -1 & 1 & 1\\ 1 & -9 & 3 & 7 & 7\end{pmatrix}\longrightarrow\begin{pmatrix}1 & 5 & -1 & -1 & -1\\ 0 & -7 & 2 & 4 & 4\\ 0 & -7 & 2 & 4 & 4\\ 0 & -14 & 4 & 8 & 8\end{pmatrix}$$

$$\longrightarrow\begin{pmatrix}1 & 5 & -1 & -1 & -1\\ 0 & -7 & 2 & 4 & 4\\ 0 & 0 & 0 & 0 & 0\\ 0 & 0 & 0 & 0 & 0\end{pmatrix}\longrightarrow\begin{pmatrix}1 & 5 & -1 & -1 & -1\\ 0 & 1 & -2/7 & -4/7 & -4/7\\ 0 & 0 & 0 & 0 & 0\\ 0 & 0 & 0 & 0 & 0\end{pmatrix}.$$

因为 $\mathrm{r}(\boldsymbol{A},\boldsymbol{b})=r(A)=2<4$,故方程组有无穷多解.

利用上式回代,得到

$$\begin{pmatrix}1 & 0 & 3/7 & 13/7 & 13/7\\ 0 & 1 & -2/7 & -4/7 & -4/7\\ 0 & 0 & 0 & 0 & 0\\ 0 & 0 & 0 & 0 & 0\end{pmatrix},\quad 即\quad \begin{cases}x_1=\dfrac{13}{7}-\dfrac{3}{7}x_3-\dfrac{13}{7}x_4\\ x_2=-\dfrac{4}{7}+\dfrac{2}{7}x_3+\dfrac{4}{7}x_4\end{cases},$$

取 $x_3=c_1,x_4=c_2$(c_1,c_2为任意常数),得方程组的全部解为

$$\begin{cases}x_1=\dfrac{13}{7}-\dfrac{3}{7}c_1-\dfrac{13}{7}c_2\\ x_2=-\dfrac{4}{7}+\dfrac{2}{7}c_1+\dfrac{4}{7}c_2\\ x_3=c_1\\ x_4=c_2\end{cases}.$$

因为 $r(\boldsymbol{A})=3,r(\boldsymbol{A},\boldsymbol{b})=4,r(\boldsymbol{A},\boldsymbol{b})\neq r(\boldsymbol{A})$,所以原方程组无解.

【例 6】 假使你是一个建筑师,某小区要建设一栋公寓,现在有一个模块构造计划方案需要你来设计,根据基本建筑面积每个楼层可以有三种设置户型的方案,见表 9-3.

表 9-3

方案	一居室	两居室	三居室
方案 A	8	7	3
方案 B	8	4	4
方案 C	9	3	5

如果要设计出含有 136 个一居室，74 个两居室，66 个三居室的公寓，是否可行？设计方案是否唯一呢？

解：设公寓的每层采用同一种方案，有 x_1 层采用方案 A，x_2 层采用方案 B，x_3 层采用方案 C，根据条件可得：

$$\begin{cases} 8x_1+8x_2+9x_3=136 \\ 7x_1+4x_2+3x_3=74 \\ 3x_1+4x_2+5x_3=66 \end{cases}.$$

$$\widetilde{\mathbf{A}}=\begin{pmatrix} 8 & 8 & 9 & 136 \\ 7 & 4 & 3 & 74 \\ 3 & 4 & 5 & 66 \end{pmatrix} \to \begin{pmatrix} 8 & 8 & 9 & 136 \\ 4 & 0 & -2 & 8 \\ 3 & 4 & 5 & 66 \end{pmatrix} \to \begin{pmatrix} 0 & 8 & 13 & 120 \\ 2 & 0 & -1 & 4 \\ 3 & 4 & 5 & 66 \end{pmatrix}$$

$$\to \begin{pmatrix} 2 & 0 & -1 & 4 \\ 0 & 4 & \frac{13}{2} & 60 \\ 0 & 0 & 0 & 0 \end{pmatrix}.$$

因为 $\mathbf{r}(\mathbf{A})=r(\widetilde{\mathbf{A}})=2<3$，故方程组有无穷多解. 利用上面最后一个矩阵进行回代得到

$$\widetilde{\mathbf{A}} \longrightarrow \begin{pmatrix} 2 & 0 & -1 & 4 \\ 0 & 4 & \frac{13}{2} & 60 \\ 0 & 0 & 0 & 0 \end{pmatrix}.$$

该矩阵对应的方程组为 $\begin{cases} x_1=2+\dfrac{1}{2}x_3 \\ x_2=15-\dfrac{13}{8}x_3 \end{cases}$.

取 $x_3=c$（其中 c 为正整数数），则方程组的全部解为 $\begin{cases} x_1=2+\dfrac{1}{2}c \\ x_2=15-\dfrac{13}{8}c \\ x_3=c \end{cases}$.

又由题意可知 x_1,x_2,x_3 都为正整数，则方程组有唯一解 $x_3=8,x_2=2,x_1=6$. 所以设计案可行且唯一，设计方案为：6 层采用方案 A，2 层采用方案 B，8 层采用方案 C.

习 题 9.8

1. 判断每个命题的真假，并给出理由.

(1) 含有 n 个未知数，n 个方程的线性方程组至少有 n 组解.

(2) 若线性方程组有两组不同的解，则它必有无穷组解.

(3) 若线性方程组没有自由变量，则它有唯一解.

(4) 若方程组 $\boldsymbol{Ax}=\boldsymbol{b}$ 有多于一个解，则 $\boldsymbol{Ax}=\boldsymbol{0}$ 也是.

2. 求解非齐次方程组$\begin{cases}x_1-2x_2+3x_3-x_4=1\\3x_1-x_2+5x_3-3x_4=2\\2x_1+x_2+2x_3-2x_4=3\end{cases}$.

3. 求解非齐次方程组 $\begin{cases}x_1-x_2-x_3+x_4=0\\x_1-x_2+x_3-3x_4=1\\x_1-x_2-2x_3+3x_4=-1/2\end{cases}$.

4. a 取何值时，方程组$\begin{cases}x_1+x_2+x_3=a\\ax_1+x_2+x_3=1\\x_1+x_2+ax_3=1\end{cases}$有解，并求其解.

5. 判别下列方程组是否有解？若有解，是有唯一解还是有无穷多解？

(1) $\begin{cases}x_1+2x_2-3x_3=-11\\-x_1-x_2+x_3=7\\2x_1-3x_2+x_3=6\\-3x_1+x_2+2x_3=4\end{cases}$； (2) $\begin{cases}x_1+2x_2-3x_3=-11\\-x_1-x_2+2x_3=7\\2x_1-3x_2+x_3=6\\-3x_1+x_2+2x_3=5\end{cases}$；

(3) $\begin{cases}x_1+x_2+2x_3+3x_4=1\\x_2+x_3-4x_4=1\\x_1+2x_2+3x_3-x_4=4\\2x_1+3x_2-x_3-x_4=-6\end{cases}$.

6. 判别下列齐次方程组是否有非零解？

$$\begin{cases}x_1+3x_2-7x_3-8x_4=0\\2x_1+5x_2+4x_3+4x_4=0\\-3x_1-7x_2-2x_3-3x_4=0\\x_1+4x_2-12x_3-16x_4=0\end{cases}.$$

7. 解下列线性方程组：

(1) $\begin{cases}x_1+2x_2+3x_3=-7\\2x_1-x_2+2x_3=-8\\x_1+3x_2=7\end{cases}$；　　(2) $\begin{cases}x_1-2x_2+3x_3-4x_4=4\\x_2-x_3+x_4=-3\\x_1+3x_2-3x_4=1\\-7x_2+3x_3+x_4=-1\end{cases}$；

(3) $\begin{cases}2x_1+2x_2-x_3=6\\x_1-2x_2+4x_3=3\\5x_1+7x_2+x_3=28\end{cases}$.

8. 当 p,q 为何值时，非齐次线性方程组

$$\begin{cases}x_1+2x_2+x_3=4\\x_1+3x_2+2x_3=5\\2x_1+3x_2+px_3=q\end{cases}$$

(1)无解；(2)有唯一解；(3)有无穷多解，并求其所有解.

应用实践项目九

项目 1　利用矩阵保密通信问题

在军事通讯中，为了保证信息安全，在传递信息前，对信息进行加密，收到信息后再进行解密. 为了加密信息，常将字符(信息)与数字一一对应，如：

a	b	c	d	e	…	x	y	z
1	2	3	4	5	…	24	25	26

Hill 密码的基本原理是将信息表示为一个矩阵，例如 are 可以表示为矩阵 $\boldsymbol{A}=\begin{pmatrix}1\\18\\5\end{pmatrix}$，发送方用一个约定的加密矩阵 $\boldsymbol{M}$ 乘以原信号矩阵 $\boldsymbol{A}$ 进行加密，实际传输的信号矩阵为 $\boldsymbol{B}=\boldsymbol{MA}$，接收方收到传输信息 $\boldsymbol{B}$ 后，再恢复原始信息 $\boldsymbol{A}$. 即使窃听方截获矩阵 $\boldsymbol{B}$，因为不知道加密矩阵，很难知道原始信息，从而可以实现保密通信.

(1) 设甲乙双方约定的加密矩阵为

$$\boldsymbol{M}=\begin{pmatrix}-1&0&1\\0&1&1\\1&1&1\end{pmatrix},$$

甲想发信息“bad”给乙，请问甲加密以后的信息是什么？

（2）使用同样的加密矩阵 $\boldsymbol{M}$，若乙收到的信息为 qux，请问甲发给他的原始信息是什么？

项目 2　减肥配方的实现

设三种食物每 100 g 中蛋白质、碳水化合物和脂肪的含量见表 9-4，表中还给出了 80 年代美国流行的剑桥大学医学院的简捷营养处方. 现在的问题是：如果用这三种食物作为每天的主要食物，那么它们的每天摄入量应各取多少？才能全面准确地实现这个营养要求.

表 9-4

营养	每 100 g 食物所含营养/g			减肥所要求的每日营养量
	脱脂牛奶	大豆面粉	乳清	
蛋白质	36	51	13	33
碳水化合物	52	34	74	45
脂肪	0	7	1.1	3

（1）试建立全面准确实现营养要求时三种食物每天摄入量满足的方程组.

（2）至少用两种方法求解该方程组.

项目 3　交通流量的分析

某城市有两组单行道，构成了一个包含四个节点的十字路口，如图 9-3 所示. 在交通繁忙时段的汽车从外部进出各路口的流量（每小时的车流数）标于图上. 若进入每个节点的车辆数等于离开该点的车辆数，则交通流量平衡得以满足，交通就不会出现堵塞.

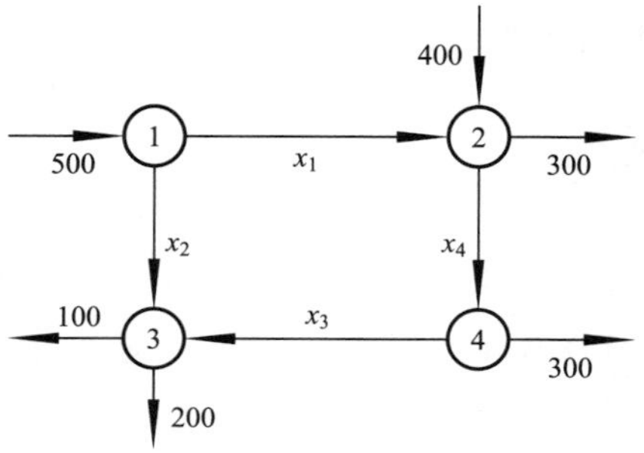

图　9-3

（1）建立每两个节点之间路段上的交通流量 x_1, x_2, x_3, x_4 所满足的线性方程组.

（2）为唯一确定未知道路的的流量，还需增加哪几条道路的流量统计？

(3) 若 $x_4=500$ 时，确定 x_1,x_2,x_3 的值?

(4) 若 $x_4=150$，单行线如何改才合理?

项目 4　线性方程组在配平化学方程式中的应用

化学方程式表示化学反应中消耗和产生的物质的量. 配平化学反应方程式就是必须找出一组数使得方程式左右两端的各类原子的总数对应相等. 一个系统的方法就是建立能够描述反应过程中每种原子数目的线性方程组，然后找出该方程组的最简的正整数解. 试利用此思路来配平如下化学反应方程式

$x_1 KMnO_4 + x_2 MnSO_4 + x_3 H_2O \longrightarrow x_4 MnO_2 + x_5 K_2SO_4 + x_6 H_2SO_4$，

其中 $x_1,x_2,\cdots,x_6$ 均取正整数.

第10章　概　率　论

概率论是研究现实世界偶然性现象发生的可能性大小的数学学科，是近代数学的重要组成部分，概率的应用已渗透到整个社会的各个层次. 本章主要介绍随机事件概率的概念及其运算、条件概率及事件独立性，随机变量及其分布，随机变量的数字特征等相关内容.

10.1　随机事件

10.1.1　随机现象和随机试验

在自然界与人类社会中我们经常会遇到这样的一类现象：在相同条件下，多次进行同一试验，或多次观测同一现象，所得到的结果并不完全一样，而往往有些差异，并且在每次试验或观测前并不能确切地预料将出现什么结果. 例如，在相同的条件下抛掷同一枚硬币，其结果可能是正面向上，也可能是反面向上，并且事先无法肯定抛掷的结果是什么；再如，用枪向目标物进行射击，结果可能为10环，也可能为6环，也有可能为0环.

人们经过长期实践并深入研究以后，发现这类现象虽然就每次试验或观测结果而言，具有不确定性，但在大量重复试验或观察下其结果却呈现出某种规律性. 例如，多次重复投掷一枚硬币，得到正面向上的次数大致占总投掷次数的1/2左右；在相同的条件下向同一目标多次射击，弹着点散布在一定的范围内按照一定的规律分布，等等. 我们把这种在大量重复试验或观测下，其结果所呈现出的固有规律性，称为**统计规律性**，而把这种在个别试验中呈现出不确定性，在大量重复试验中具有统计规律性的现象，称为**随机现象**.

任一随机现象都与某一试验或观测相联系，今后为了叙述方便，我们把试验或观测统一称为试验. 如果一个试验在相同的条件下可以重复进行，并且试验的所有可能结果是明确不变的，但是每次试验的具体结果在试验前是无法预知的，这种试验称为**随机试验**，简称为**试验**. 在随机试验中，我们关心的是试验的结果，对一次试验的结果可能出现也可能不出现，而在大量重复试验中却具有某种规律性的试验结果，称为随机试验的**随机事件**，一般把随机事件简称为**事件**，用大写的英文字母 $A,B,C,\cdots\cdots$ 表示，有时，为了区分事件中的某种数值特征，可用英文大写字母配合脚标来表示事件，如事件{打中 10 环}可表示为 A_{10}.

在随机事件中，如果某一事件的构成已经最简，无法将其进行分解，则这一事件称为**基本事件**. 如果某一事件中还包含其他事件，可以将其分解，则这一事件称为**复合事件**. 如{射击目标中 5 环}为基本事件，{射击目标中偶数环}为复合事件. 概括地说：最简的无法再分解的事件称为**基本事件**，可以再分解的事件称为**复合事件**.

随机事件中有些结果是必然发生的，称为**必然事件**，记为 Ω；还有些事件无论怎样试验，其结果都是不可能发生的，称为**不可能事件**，记为$\varnothing$，如{正常大气压下水到 100 ℃会沸腾}为必然事件，又如{射击目标中 -3 环}为不可能事件.

10.1.2　事件间的关系及运算

研究一个随机事件，常常同时涉及许多事件，而这些事件之间往往是有关系的，了解事件间的相互关系，便于我们通过对简单事件的了解，去研究与其有关的较复杂的事件的规律，这一点在研究随机现象的规律性上十分重要.

1. 事件的包含与相等

定义 1　在一次试验中，如果事件 B 发生必然导致事件 A 发生，则称事件 A 包含事件 B，记作：$B\subset A$ 或 $A\supset B$.

如果事件 $A\subset B$ 和 $B\subset A$ 同时成立，则称事件 A 与事件 B 相等，记作 $A=B$.

2. 事件的和

定义 2　在一次试验中，如果事件 A 与事件 B 至少有一个发生，则这样的事件叫做事件 A 与事件 B 的和(或并)，记作：$A+B$(或 $A\cup B$)，即 $A+B=\{A$ 与 B 至少发生一个$\}$.

例如，在 10 件产品中，有 8 件正品，2 件次品，从中任意取出 2 件，用 $A_1=$ {恰有 1 件次品}，$A_2=$ {恰有 2 个次品}，$B=$ {至少有 1 件次品}，则 $B=A_1+A_2$.

根据事件和的定义可知：$A+\Omega=\Omega$.

3. 事件的积

定义 3　在一次试验中，如果事件 A 与事件 B 同时发生，则这样的事

件称为事件 A 与事件 B 的积(或交),记作 AB(或 $A\cap B$),即 $AB=\{A$ 与 B 同时发生$\}$.

例如,设 $A=\{$甲厂生产的产品$\}$,$B=\{$合格品$\}$,$C=\{$甲厂生产的合格品$\}$,则 $C=AB$.

根据事件积的定义可知,对任一事件 A,有 $A\Omega=A$,$A\varnothing=\varnothing$.

4. 事件的差

定义 4 在一次试验中,如果事件 A 发生而事件 B 不发生,则这一事件称为事件 A 与事件 B 的差,记作 $A-B$.

例如,已知条件同例 2,设 $D=\{$甲厂生产的不合格品$\}$,则 D 就是$\{$甲厂生产的产品$\}$与$\{$合格品$\}$两个事件的差,即 $D=A-B$.

5. 互斥事件(或互不相容事件)

定义 5 在一次试验中,如果事件 A 与 B 不可能同时发生,则称事件 A 与 B 互斥(或 A 与 B 互不相容),记作 $AB=\varnothing$.

注意:同一试验中的各个基本事件是互斥的.

例如,掷一颗骰子,令 $A=\{$出偶数点$\}$,$B=\{$出奇数点$\}$,则事件 A,B 是互斥的,即 $AB=\varnothing$.

6. 互逆事件(或对立事件)

定义 6 在一次试验中,如果事件 A 与 B 必有一个事件且仅有一个事件发生,则称事件 A 与 B 互逆,称 A 是 B 的逆事件(或对立事件),记作 $A=\overline{B}$. 显然,如果 A 与 B 互逆,则 B 也是 A 的逆事件(对立事件),记作 $B=\overline{A}$.

由定义知:若 A 与 B 互逆,则有 $A+B=\Omega$,$AB=\varnothing$.

注意:互逆与互斥是不同的两个概念,互逆必互斥,但互斥不一定互逆.

例如,在 10 件产品中,有 8 件正品,2 件次品,从中任取 2 件. 令 $A=\{$恰有 2 件次品$\}$,$B=\{$至多有 1 件次品$\}$,则 $B=\overline{A}$.

根据事件互逆的定义,对任意两个事件 A,B,有下列结论成立:

(1) $A-B=A\overline{B}$;

(2) $\overline{\overline{A}}=A$;

(3) $A+\overline{A}=\Omega$,　$A\overline{A}=\varnothing$;

(4) $\overline{A+B}=\overline{A}\,\overline{B}$,　$\overline{AB}=\overline{A}+\overline{B}$(摩根律).

例如,以直径和长度作为衡量一种零件是否合格的指标,规定两项指标中有一项不合格,则认为此零件不合格. 设 $A=\{$零件直径合格$\}$,$B=\{$零件长度合格$\}$,$C=\{$零件合格$\}$,则

$\overline{A}$={零件直径不合格}，$\overline{B}$={零件长度不合格}，$\overline{C}$={零件不合格}，于是 $C=AB$，$\overline{C}=\overline{A}+\overline{B}$，即有 $\overline{AB}=\overline{A}+\overline{B}$.

习 题 10.1

1. 举出随机事件，必然事件，不可能事件的实例各 1 个，并说明这 3 个事件在试验的不同条件下相互转化的情况.

2. 判断下列事件是不是随机事件：

(1) 某人某次考试恰得 60 分；

(2) “明天降小雪”；

(3) “火车站候车室人员的流量”；

(4) “同性电荷相吸引”；

(5) 2008 年北京奥运会某运动员射击，“出现脱靶”.

3. 设 A,B,C 是 3 个事件，试用 A,B,C 的关系式表示下列各事件.

(1) A,B,C 是都不发生；

(2) A,B,C 中至少有一个发生；

(3) A,B,C 中至多有一个发生.

拓展阅读

概率论是一门研究事情发生的可能性大小的学科，最初概率论的发展是由于赌博问题。远在 14 世纪，使用骰子赌博风靡欧洲，如何提高赌博的胜率成了赌徒们争论的话题。虽然在一次投掷试验中，赢或者输都是随机的，但是还是有规律可循。16 世纪著名的意大利数学家和赌博学家卡丹诺起了突出作用。他是意大利米兰一位律师的私生子，青年时选择的专业是医学，兼习数学，后者得力于其父是一位兼职数学老师。由于他沉溺于赌博以及其出身，以后求职不顺利，只好当了一名数学教师。不同的是，他参加赌博活动有一种理性的成分和出于研究的爱好。1564 年他写了一本名为《机遇博弈》的著作，这是概率史上最早的一本著作，在历史上有重要的地位。书中他提出了“诚实的骰子”的概念，指的是在投掷时其 6 面都有同等的机会出现，这是第一次在一个特例中明确提出“同等可能”这个概念，但他没有将其推广到一般的情况。

使概率论成为数学的一个分支的奠基人是瑞士数学家雅各布·伯努利，他建立了概率论中的第一个极限定理，即伯努利大数定理，阐明了事件的频率稳定于它的概率。他出生于瑞士的巴塞尔，在他的家族中，有五六位成员曾在数学和概率论领域中做出过重要贡献，雅各布是其中最负盛名的。他的贡献中最重要的、对后世起了最大的影响的，就是以下这个论断："一个盒子中放了若干个黑白两种颜色的球，假设黑球数量为 a，白球数量为 b，当试验次数 n 愈来愈大时，出现白球频率 m/n 会愈来愈接近 $b/(a+b)$"。说来有趣的是：他之所以研究这个问题，并非因为他对这个论断的真伪存在疑问，而是找出成立的理论依据，因为无论是谁，甚至是最愚笨的人，出于其自然的天性而无须他人指点，也会相信这个论断的成立。

之后惠更斯出版了著作《机遇的规律》，雅各布・伯努利及尼克拉斯・伯努利完成了著作《推测术》，使概率论脱离其萌芽状态而走向严格数学化发展的开端。20 世纪初，科学、技术各领域的发展对概率论提出了更高的要求，系统地研究概率论的基本概念更显必要，并且有了阐明在什么条件下才能应用的必要。同时数学科学的发展，特别是度量性实变函数论方面的成就，也使演绎概率理论成为可能。正是在这样的背景下，前苏联的现代大数学家科尔莫戈若夫在 1933 年发表的著作《概率论基本概念》中实现了概率论的公理化，从而奠定了概率论成为一门严格的数学分支的地位。

10.2 随机事件的频率和概率

一个随机试验有许多可能结果，我们常常希望知道某些结果出现的可能性有多大．例如，购买某品牌的电视机，我们很想知道它是次品的可能性有多大．欲在某河流上建筑一座防洪水坝，为了确定水坝的高度，我们很想知道该河流在水坝地段每年最大洪水达到某高度的可能性的大小．显然，电视机是次品是一个随机事件，最大洪水达到某一高度也是随机事件，我们希望能将随机事件发生可能性大小用数值来刻画，这个刻画随机事件发生的可能性大小的数值称为概率．本节的主要内容就是研究概率的概念，性质及其简单的计算．

10.2.1 概率的统计定义

随机事件发生的可能性的大小，有其内在的规律性，这种规律性常常可以通过大量重复的观察来发现，我们把这种从大量重复观察得到的规律性称为随机事件的**统计规律性**.

设事件 A 在 n 次重复进行的试验中发生了 m 次，则 m 叫做事件 A 发生的频数，频数 m 与试验次数 n 的比$\frac{m}{n}$称为事件 A 发生的**频率**，记作：

$$f_n(A)=\frac{m}{n}.$$

注意：所有随机事件的频率都介于 0 与 1 之间.

大量的随机试验的结果表明，多次重复地进行同一试验时，随机事件的变化会呈现出一定的规律性：当试验次数 n 很大时，某一随机事件发生的频率具有一定的稳定性，其数值将会在某个确定的数值附近摆动，并且试验次数越多，事件 A 发生的频率越接近这个数值，我们称这个数值为事件 A 发生的**概率**.

定义 1 在相同的条件下进行 n 次重复试验，当 n 充分大时，若事件 A 发生的频率 $f_n(A)=\frac{m}{n}$稳定在某个常数 p 的附近，则称常数 p 为事件 A 发生的概率，记作：

$$P(A)=p.$$

概率的这种定义，称为概率的统计定义. 由概率的统计定义可知，概率具有如下性质：

性质 1 对任一事件 A，有 $0\leqslant P(A)\leqslant 1$.

这是因为事件 A 的频率$\frac{m}{n}$总有 $0\leqslant\frac{m}{n}\leqslant 1$，故相应地概率 $P(A)$也有

$$0\leqslant P(A)\leqslant 1.$$

性质 2 $P(\Omega)=1, P(\varnothing)=0$.

这是因为对于必然事件 Ω 和不可能事件 $\varnothing$，频率分别为 1 和 0，所以相应的概率也分别为 1 和 0.

性质 3 对于两个互斥事件 A,B，有 $P(A+B)=P(A)+P(B)$.

这是因为若事件 A,B 互斥，则 A,B 的频率$\frac{m_1}{n},\frac{m_2}{n}$满足$\frac{m_1}{n}+\frac{m_2}{n}=\frac{m_1+m_2}{n}$，因此相应的概率也就满足 $P(A+B)=P(A)+P(B)$.

由此可得到：若事件 A,B 满足 $A\subset B$，则 $P(A)\leqslant P(B)$，这是因为$B=A+\overline{A}B$，$P(B)=P(A)+P(\overline{A}B)\geqslant P(A)$.

概率的统计定义实际上给出了一个近似计算随机事件概率的方法：当试验重复多次时，随机事件 A 的频率$\frac{m}{n}$可以作为随机事件 A 的概率 $P(A)$ 的近似值.

例如，表 10-1、表 10-2 是甲，乙两人在相同条件下重复投篮的次数与投中的次数：

表 10-1

甲投篮次数 n	15	20	25	30	35	40	50	60
甲投中次数 m	10	13	16	20	23	26	33	40
频率$\frac{m}{n}$	0.667	0.65	0.64	0.667	0.657	0.65	0.66	0.667

表 10-2

乙投篮次数 n	20	30	35	40	45	50
乙投中次数 m	15	22	26	31	33	38
频率$\frac{m}{n}$	0.75	0.73	0.7426	0.775	0.775	0.76

可以看出，虽然不能确切地预测球员每一次是否能够投中，但的可以近似地得到甲，乙两人的投篮命中率

$$P_{甲} \approx 0.66; \quad P_{乙} \approx 0.76,$$

从命中率看出乙球艺水平比甲高.

10.2.2 概率的古典概型

在某些特殊随机事件中，我们不需要进行大量的重复试验去确定概率，而是通过研究其内在规律去确定它的概率.

观察“投掷硬币”“掷骰子”等试验，发现它们具有下列特点：

(1) 试验结果的个数是有限的，即基本事件的个数是有限的，如“投掷硬币”试验的结果只有两个，即{正面向上}和{反面向上}；

(2) 每个试验结果的出现的可能性相同，即每个基本事件发生的可能性是相同的，如“投掷硬币”试验出现{正面向上}和{反面向上}的可能性都是二分之一；

(3) 在任一试验中，只能出现一个结果，也就是有限个基本事件是两两互斥的，如“投掷硬币”试验中出现{正面向上}和{反面向上}是互斥的.

满足上述条件的试验模型称为概率的**古典概型**. 根据古典概型的特点，我们可以定义任一随机事件 A 的概率.

定义 2　如果古典概型中的所有基本事件的个数是 n，事件 A 包含的基本事件的个数是 m，则事件 A 的概率为

$$P(A)=\frac{m}{n}=\frac{\text{事件 }A\text{ 包含的基本事件个数}}{\text{所有基本事件个数}}.$$

概率的这种定义称为概率的**古典定义**.

古典概率具有如下性质：

(1) 对任一事件 A，有 $0\leqslant P(A)\leqslant 1$；

(2) $P(\Omega)=1$，$P(\varnothing)=0$；

(3) 对于两个互斥事件 A,B，有 $P(A+B)=P(A)+P(B)$；

(4) 如果两个事件事件 A,B 满足 $A\subset B$，那么有 $P(A)\leqslant P(B)$.

古典概型是等可能概型，实际中古典概型的例子很多，例如：袋中摸球、产品质量检查等试验都属于古典概型.

例如，掷一枚均匀硬币，只有两种结果出现：{正}或{反}；$n=2$，$m=1$，因此 $P(\text{正})=P(\text{反})=\frac{1}{2}$.

掷两枚均匀的硬币，只有四种等可能的结果出现：{正，正}，{正，反}，{反，正}，{反，反}，$n=4$，因此

$$P(\text{两正})=\frac{1}{4}(m=1);\quad P(\text{两反})=\frac{1}{4}(m=1);$$

$$P(\text{一正一反})=\frac{2}{4}=\frac{1}{2}\ (m=2).$$

【例 1】　设盒中有 8 个球，其中红球 3 个，白球 5 个.

(1) 若从中随机取出一球，用 A={取出的是红球}，B={取出的是白球}，求 $P(A)$，$P(B)$.

(2) 若从中随机取出两球，设 C={两个都是白球}，D={一红一白}，求 $P(C)$，$P(D)$.

(3) 若从中随机取出 5 球，设 E={取到的 5 个球中恰有 2 个白球}，求 $P(E)$.

解　(1) 从 8 个球中随机取出 1 个球，取出方式有 C_8^1 种，即基本事件的

总数为 C_8^1，事件 A 包含的基本事件的个数为 C_3^1，事件 B 包含的基本事件的个数为 C_5^1，故

$$P(A)=\frac{C_3^1}{C_8^1}=\frac{3}{8};\quad P(B)=\frac{C_5^1}{C_8^1}=\frac{5}{8}.$$

（2）从 8 个球中随机取出 2 球，基本事件的总数为 C_8^2，取出{两个都是白球}包含的基本事件的个数为 C_5^2，故

$$P(C)=\frac{C_5^2}{C_8^2}=\frac{5\times4}{2\times1}\cdot\frac{2\times1}{8\times7}\approx0.357.$$

取出{一红一白}包含的基本事件个数为 $C_3^1C_5^1$，故

$$P(D)=\frac{C_3^1C_5^1}{C_8^2}=\frac{3\times5\times2\times1}{8\times7}\approx0.536.$$

（3）从 8 个球中任取 5 个球，基本事件的总数为 C_8^5，取到的{5 个球中恰有 2 个白球}包含的基本事件的个数为 $C_3^3\times C_5^2$，因此

$$P(E)=\frac{C_3^3C_5^2}{C_8^5}=\frac{1\times5\times4}{2\times1}\times\frac{5\times4\times3\times2\times1}{8\times7\times6\times5\times4}\approx0.179.$$

【例 2】 保险箱的号码锁若由四位数字组成，问一次能打开保险箱的概率是多少？

解 四位数字共可编出可有重复数字的号码为 10^4 个，即基本事件总数

$$n=10^4.$$

设事件 A={一次打开保险箱}，则

$$P(A)=\frac{1}{10^4}=0.000\,1,$$

所以一次能打开保险箱的概率为万分之一.

【例 3】 有一元、五角、二角、一角、五分、二分、一分的纸币各 1 张，试求由它们所组成的所有可能的币值中，其币值不足一元的概率.

解 由题中的纸币所组成的币值，可以是单独 1 张纸币，也可以是 2 张，3 张，……，7 张纸币，而且组成的币值是和顺序无关的，所以，所有可能的不同币值总数，即基本事件总数

$$n=C_7^1+C_7^2+\cdots+C_7^6+C_7^7=2^7-1=127.$$

设事件 $A=\{$币值不足一元$\}$，则事件 A 包含的基本事件，只要把一元纸币排除在外，所以币值不足一元的基本事件数为

$$m=C_6^1+C_6^2+\cdots+C_6^5+C_6^6=2^6-1=64-1=63,$$

于是事件 A 的概率

$$P(A)=\frac{63}{127}\approx 0.4961.$$

10.2.3　概率的加法公式

定理 1(加法公式)　对于两个事件 A,B，若 $A\cap B=\varnothing$(A 与 B 为互斥事件)，则

$$P(A+B)=P(A)+P(B).$$

由加法公式可以得如下推论：

推论 1　若事件 $A_1,A_2,\cdots,A_n$ 两两互不相容，则

$$P(A_1+A_2+\cdots+A_n)=P(A_1)+P(A_2)+\cdots+P(A_n),$$

即互斥事件之和的概率等于各事件的概率之和.

推论 2　设 A 为任一随机事件，则

$$P(\overline{A})=1-P(A).$$

证明　因为 $A+\overline{A}=\Omega$，$A\overline{A}=\varnothing$，所以 $P(A+\overline{A})=P(A)+P(\overline{A})=P(\Omega)=1$. 因此有

$$P(\overline{A})=1-P(A)\quad 或\quad P(A)=1-P(\overline{A}).$$

推论 2 告诉我们：如果正面计算事件 A 的概率有困难时，可以先求其逆事件的 $\overline{A}$ 概率，然后再利用此推论得其所求.

【例 4】　某集体有 6 人是 1990 年 9 月出生的，求其中至少有 2 人是同一天生的概率.

解　设 $A=\{$6 人中至少有两个人同一天出生$\}$. 显然，A 包含下列几种情况：

$A_1=\{$恰有 2 个人同一天生$\}$；$A_2=\{$恰有 3 个人同一天生$\}$；$A_3=\{$恰有 4 个人同一天生$\}$；$A_4=\{$恰有 5 个人同一天生$\}$；$A_5=\{$6 个人同一天生$\}$.

于是 $A=A_1+A_2+A_3+A_4+A_5$. 显然 $A_i(i=1,2,\cdots,5)$ 之间是两两不容的，由推论 1 知：

$$P(A)=P(A_1)+P(A_2)+P(A_3)+P(A_4)+P(A_5).$$

这个计算是繁琐的,因此考虑用逆事件$\overline{A}$计算.用 A_0 表示事件{6 人中没有同一天出生},则

$$A_0+A_1+A_2+A_3+A_4+A_5=A_0+A=\Omega.$$

又因为 $A_0A=\varnothing$,所以 $A_0=\overline{A}$,于是

$$P(A)=1-P(\overline{A})=1-P(A_0).$$

由于 9 月共有 30 天,每个人可以在这 30 天里的任一天出生,于是全部可能的情况共有 $30\times30\times30\times30\times30\times30=30^6$ 种不同情况,没有 2 人生日相同的就是 30 中取 6 的排列 $P_{30}^6=30\times29\times28\times27\times26\times25$,这就是 A_0 包含的基本事件数,于是

$$P(A_0)=\frac{30^6}{P_{30}^6}\approx0.5864,$$

因此 $$P(A)=1-P(A_0)=1-0.5864=0.4136.$$

推论 3 若事件 $B\subset A$,则

$$P(A-B)=P(A)-P(B).$$

前面讨论了两个事件互不相容时的加法公式,对于一般的情形,有下列结论:

定理 2 对任意两个事件 A,B,有

$$P(A+B)=P(A)+P(B)-P(AB).$$

对于定理 2 可以用几何图形解释.如图 10-1,整个矩形面积为 1,$P(A+B)$可以用图形中 A 和 B 的面积表示,$P(A)+P(B)$是图形中 A 的面积与 B 的面积之和,它减去重复计算了一次的 AB 的面积,剩下的就是图中 A 和 B 不规则图形部分的面积.

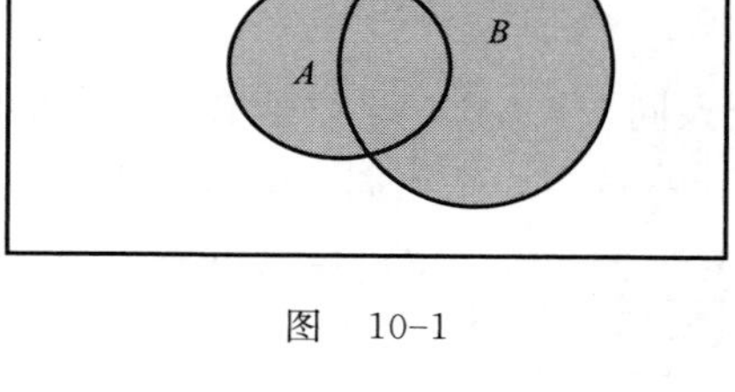

图 10-1

【例 5】 某设备由甲，乙两个部件组成，当超载负荷时，各自出故障的概率分别为 0.90 和 0.85，同时出故障的概率是 0.80，求超载负荷时至少有一个部件出故障的概率.

解 设 $A=\{$甲部件出故障$\}$，$B=\{$乙部件出故障$\}$，则

$$P(A)=0.90,\quad P(B)=0.85,\quad P(AB)=0.80.$$

于是
$$\begin{aligned}P(A+B)&=P(A)+P(B)-P(AB)\\&=0.90+0.85-0.80=0.95.\end{aligned}$$

即超载负荷时至少有一个部件出故障的概率是 0.95.

【例 6】 一个电路上装有甲、乙两根保险丝，当电流强度超过一定数值时，甲烧断的概率为 0.85，乙烧断的概率是 0.74，两根保险丝同时烧断的概率是 0.63. 求至少有一根烧断的概率是多少？

解 设 $A=\{$甲保险丝烧断$\}$，$B=\{$乙保险丝烧断$\}$，由于 A,B 不是互不相容的，则甲，乙两根保险丝至少一根烧断的概率为

$$\begin{aligned}P(A+B)&=P(A)+P(B)-P(AB)\\&=0.85+0.74-0.63=0.96.\end{aligned}$$

【例 7】 已知一、二、三班男，女生的人数见表 10-3.

从中随机抽取一人，求该学生是一班学生或是男学生的概率是多少？

表 10-3

班级 / 性别	一班	二班	三班	总计
男	23	22	24	69
女	25	24	22	71
总计	48	46	46	140

解 设 $A=\{$一班学生$\}$，$B=\{$男学生$\}$，则

$$P(A)=\frac{48}{140};\quad P(B)=\frac{69}{140};\quad P(AB)=\frac{23}{140}.$$

于是
$$\begin{aligned}P(A+B)&=P(A)+P(B)-P(AB)\\&=\frac{48}{140}+\frac{69}{140}-\frac{23}{140}=\frac{47}{70}\approx 0.67.\end{aligned}$$

即该学生是一班学生或是男学生的概率是 0.67.

定理 2 也可以推广到多个事件相加的情形,下面给出三个随机事件的加法公式:

推论 4 设 A,B,C 为三个任意事件,则

$$P(A+B+C)=P(A)+P(B)+P(C)-P(AB)-P(AC)-P(BC)+P(ABC).$$

习 题 10.2

1. 在 20 件产品中,有 18 件一等品,2 件二等品.从中任取 3 件,求下列事件的概率.

(1) 恰有 1 件二等品;

(2) 都是一等品.

2. 某种产品共 40 件,其中有 3 件次品,现从中任取 2 件,求其中至少有 1 件次品的概率是多少?

3. 某射手每次击中目标的概率是 0.7,如果射击 3 次,试求至少击中一次的概率.

4. 有 3 个新店员随机地分到 3 个门市部去工作,每个门市部分 1 个人,求恰好 3 个人都离家最近的概率.

5. 有五件 1 角的,三件 3 角的和两件 5 角的商品任意取出 3 件,求下列事件的概率:

(1) 三件商品共值 7 角;

(2) 其中至少有两件商品价格相同.

6. 储蓄卡的密码是 4 位数字号码,可从 0～9 这十个数字中任意选取,求以下事件的概率:

(1) 任按一个 4 位数字号码,它恰是此卡的密码;

(2) 某人只记住了密码的前 3 位而忘了第 4 位,但他按了一次恰巧是此卡的密码.

10.3 条件概率和事件的独立性

10.3.1 条件概率

上节所讲述的事件 A 的概率是相对于某些固定条件下事件 A 发生的概率,但在实际问题中往往除这些固定条件外,还要提出某些附加的限制

条件，也就是要求在"事件 B 已经发生"的前提下"事件 A 发生的概率"，这种概率称为**条件概率**.

"事件 B 发生的前提下事件 A 发生的概率"，记作 $P(A|B)$.

【例 1】 甲、乙两车间生产同一种产品 100 件，情况见表 10-4.

表 10-4

车间编号	合格品数	次品数	总计
甲车间	55	5	60
乙车间	38	2	40
总计	93	7	100

现从 100 件中随机抽出一件，用 A 表示抽得{合格品}，B 表示抽得{甲车间的产品}，则

$$P(A)=\frac{93}{100};\quad P(B)=\frac{60}{100};\quad P(AB)=\frac{55}{100}.$$

若已知抽得的是甲车间的产品，求抽得的是合格品的概率 $P(A|B)$.

解　依题意可知 $P(A|B)=\frac{55}{60}$，显然 $P(A|B)\neq P(A)$.

这种前提条件发生变化，在已知某一事件发生的条件下另一事件发生的概率，就是条件概率.

从题中条件可知

$$P(A|B)=\frac{55}{60}=\frac{55/100}{60/100}=\frac{P(AB)}{P(B)},$$

由此引出条件概率的定义.

定义 1　设 A,B 是两个随机事件，且 $P(B)\neq 0$，则称 $\frac{P(AB)}{P(B)}$ 为事件 B 发生条件下，事件 A 发生的概率，或 A 关于 B 的条件概率，记作 $P(A|B)$.

同理可定义事件 A 发生的条件下事件 B 发生的概率

$$P(B|A)=\frac{P(AB)}{P(A)},\quad (P(A)\neq 0).$$

【例 2】 某种元件用满 6 000 h 未坏的概率是 $\frac{3}{4}$，用满 10 000 h 未坏的概率 $\frac{1}{2}$. 现有一个该种元件，已经用过 6 000 h 未坏，求它能用到 10 000 h

的概率.

解 设 $A=\{$用满 10 000 h 未坏$\}$，$B=\{$用满 6 000 h 未坏$\}$，则 $P(A)=\frac{1}{2}$，$P(B)=\frac{3}{4}$.

由于 $A\subset B$，$AB=A$，因而 $P(AB)=P(A)=\frac{1}{2}$，

所以
$$P(A|B)=\frac{P(AB)}{P(B)}=\frac{P(A)}{P(B)}=\frac{\frac{1}{2}}{\frac{3}{4}}=\frac{2}{3}.$$

10.3.2 乘法公式

将条件概率公式以另外一种形式写出，就得到乘法公式的一般形式.

定理 1(乘法公式) 设 A，B 为两个随机事件，如果 $P(A)\neq 0$，则有
$$P(AB)=P(A)P(B|A).$$
如果 $P(B)\neq 0$，将 A，B 的位置对换，则得到乘法公式的另一种形式
$$P(AB)=P(B)P(A|B),\quad P(B)\neq 0.$$
利用乘法公式，可以计算两事件 A，B 同时发生的概率 $P(AB)$.

【例 3】 已知盒子中装有 10 只电子元件，其中 6 只正品，从其中不放回地任取两次，每次取一只，求两次都取到正品的概率是多少？

解 设 $A=\{$第一次取到正品$\}$，$B=\{$第二次取到正品$\}$，则
$$P(A)=\frac{6}{10};\quad P(B|A)=\frac{5}{9}.$$
两次都取到正品的概率是
$$P(AB)=P(A)P(B|A)=\frac{6}{10}\times\frac{5}{9}=\frac{1}{3}.$$

乘法公式也可以推广到有限多个事件的情形，例如对于 3 个随机事件 A_1，A_2，A_3，$P(A_1A_2)\neq 0$，有
$$P(A_1A_2A_3)=P(A_1)P(A_2|A_1)P(A_3|A_1A_2).$$

【例 4】 某人有 5 把钥匙，但分不清哪一把能打开房间的门，逐把试开，试求：

(1) 第 3 次才打开房间门的概率.

(2) 3 次内打开房门的概率.

解　设事件 A_i={第 i 次打开房门}($i=1,2,3,4,5$).

(1) P(第 3 次才打开房门)$=P(\overline{A_1}\,\overline{A_2}A_3)=P(\overline{A_1})P(\overline{A_2}\,|\,\overline{A_1})P(A_3\,|\,\overline{A_1A_2})=\frac{4}{5}\cdot\frac{3}{4}\cdot\frac{1}{3}=\frac{1}{5}=0.2$.

(2) P(3 次内打开房门)$=P(A_1+\overline{A_1}A_2+\overline{A_1A_2}A_3)$

$$=P(A_1)+P(\overline{A_1})P(A_2\,|\,\overline{A_1})+P(\overline{A_1A_2}A_3)$$

$$=\frac{1}{5}+\frac{4}{5}\cdot\frac{1}{4}+\frac{1}{5}=\frac{3}{5}=0.6.$$

10.3.3　全概率公式

计算中往往希望从已知的简单事件的概率推算出未知的复杂事件的概率.为了达到这个目的,经常把一个复杂事件分解成若干个互斥的简单事件之和的形式,然后分别计算这些简单事件的概率,最后利用概率的可加性得到最终结果,这就用到了全概率公式.

定理 2(全概率公式)　设 $A_1,A_2,\cdots,A_n$是两两互斥事件,且 $A_1+A_2+\cdots+A_n=\Omega$,$P(A_i)>0(i=1,2,\cdots,n)$,则对任意事件 B 有

$$P(B)=\sum_{i=1}^{n}P(A_i)P(B\,|\,A_i).$$

当 $P(A_i)$和 $P(B\,|\,A_i)$已知或比较容易计算时,可利用此公式计算$P(B)$.

注意:$A_1,A_2,\cdots,A_n$的概率不一定相等.

【例 5】　设袋子中共有 10 个球,其中 2 个带有中奖标志,两人分别从袋中任取 1 个球,求第二个人中奖的概率是多少?

解　设 A 表示{第一人中奖},B 表示{第二人中奖}.则

$$P(A)=\frac{2}{10};\quad P(\overline{A})=\frac{8}{10};\quad P(B\,|\,A)=\frac{1}{9};\quad P(B\,|\,\overline{A})=\frac{2}{9}.$$

$$P(B)=P(BA+B\overline{A})=P(A)P(B\,|\,A)+P(\overline{A})P(B\,|\,\overline{A})$$

$$=\frac{2}{10}\cdot\frac{1}{9}+\frac{8}{10}\cdot\frac{2}{9}=\frac{1}{5}.$$

注意:第二人中奖的概率与第一人中奖的概率是相等的.

请读者考虑一下如果已知第一人中奖,那么第二人中奖的概率是多少?

【例 6】 某厂有四条流水线生产同一产品，该四条流水线的产量分别占总产量的 15%，20%，30%，35%. 各流水线的次品率分别为 0.05，0.04，0.03，0.02. 现从出厂产品中随机抽取一件，求此产品为次品的概率是多少？

解 设 B={任意抽取一件产品是次品}，A_i={第 i 条流水线生产的产品}($i=1,2,3,4$). 则

$$P(A_1)=15\%,\quad P(A_2)=20\%,\quad P(A_3)=30\%,\quad P(A_4)=35\%;$$

$$P(B|A_1)=0.05,\quad P(B|A_2)=0.04,\quad P(B|A_3)=0.03,\quad P(B|A_4)=0.02.$$

于是
$$\begin{aligned}P(B) &= \sum_{i=1}^{4}P(A_i)P(B|A_i)\\ &=P(A_1)P(B|A_1)+P(A_2)P(B|A_2)+P(A_3)P(B|A_3)\\ &\quad+P(A_4)P(B|A_4)\\ &=15\%\times 0.05+20\%\times 0.04+30\%\times 0.03+35\%\times 0.02\\ &=0.315.\end{aligned}$$

10.3.4 事件的独立性

本节引进随机事件的独立性概念.

1. 事件的独立性

定义 2 两个事件 A,B，如果其中任意一事件的发生不影响另一事件的发生概率，即

$$P(A|B)=P(A) \quad 或 \quad P(B|A)=P(B),$$

则称事件 A 与事件 B 是**相互独立**的. 否则，称为是**不独立**的.

【例 7】 袋子中有 5 个球，其中有 2 个是白球，从中抽取两球. 设事件 A 表示{第二次抽得白球}，事件 B 表示{第一次抽得白球}. 如果第一次抽取一球观察颜色后放回，则事件 A 与事件 B 是相互独立的，因为

$$P(A|B)=P(A)=\frac{2}{5}.$$

如果观察颜色后不放回，则事件 A 与事件 B 不是独立的，因为

$$P(A|B)=\frac{1}{4},\quad 而 \quad P(A)=\frac{2}{5}.$$

定理 3　两个事件 A,B 相互独立的充分必要条件是

$$P(AB)=P(A)P(B).$$

证明　(1) 充分性

因为
$$P(AB)=P(A)P(B),$$

所以
$$P(A|B)=\frac{P(AB)}{P(B)}=\frac{P(A)P(B)}{P(B)}=P(A).$$

即事件 A,B 相互独立.

(2) 必要性

若事件 A,B 相互独立,则有 $P(B|A)=P(B)$.

所以
$$P(AB)=P(A)P(B|A)=P(A)P(B).$$

事件的独立性定理给出两个相互独立事件 A,B 的积事件的概率计算公式,它相当于是乘法公式的一种特殊情形,我们也把它称为乘法公式.

实际应用中,可根据问题的实际情况,按照独立性的直观意义或经验来判断事件的独立性.

【例 8】　甲,乙两人考大学,甲考上的概率是 0.8,乙考上的概率是 0.9,求:(1) 甲乙两人都考上大学的概率是多少?(2) 甲乙两人至少一人考上大学的概率是多少?

解　设 $A=\{$甲考上大学$\}$,$B=\{$乙考上大学$\}$,则甲乙两人考上大学的事件是相互独立的,故甲,乙两人同时考上大学的概率是

$$P(AB)=P(A)P(B)=0.8\times0.9=0.72.$$

甲,乙两个人至少一人考上大学的概率是

$$P(A+B)=P(A)+P(B)-P(AB)=0.8+0.9-0.72=0.98.$$

对于两个独立事件 A,B,关于它们的逆事件有如下定理.

推论 1　若事件 A,B 相互独立,则事件 $\overline{A}$ 与 $\overline{B}$、A 与 $\overline{B}$、$\overline{A}$ 与 B 也相互独立.

证明　因为事件 A,B 相互独立,故有 $P(AB)=P(A)P(B)$,于是

$$\begin{aligned}P(\overline{AB})=P(\overline{A+B})&=1-P(A+B)=1-P(A)-P(B)+P(AB)\\&=1-P(A)-P(B)+P(A)P(B)\\&=[1-P(A)]-P(B)[1-P(A)]\end{aligned}$$

$$=P(\overline{A})-P(B)P(\overline{A})$$

$$=P(\overline{A})[1-P(B)]$$

$$=P(\overline{A})P(\overline{B}),$$

即事件$\overline{A}$与$\overline{B}$相互独立.

同理可证 A 与$\overline{B}$、$\overline{A}$与 B 也相互独立.

【例 9】(摸球模型) 设盒中装 6 只球,其中 4 只白球,2 只红球,从盒中任意取球两次,每次取一球,考虑以下两种情况:(1)第一次取一球观察颜色后放加回盒中,第二次再取一球,这种情况叫做放回抽样;(2)第一次取一球不放回盒中,第二次再取一球,这种情况叫做不放回抽样.试分别就上面两种情况求:

(1) 取到两只球都是白球的概率;

(2) 取到两只球颜色相同的概率;

(3) 取到两只球至少有一只是白球的概率.

解 设 $A_i=\{$第 i 次取到白球$\}$,则$\overline{A_i}=\{$第 i 次取到红球$\}$,$(i=1,2)$,于是 $A_1A_2=\{$两次取到的都是白球$\}$,$A_1A_2+\overline{A_1A_2}$表示$\{$两次取到的是相同颜色球$\}$,$A_1+A_2=\{$两次中至少取到一只白球$\}$.

1) 放回抽样的情形

由于放回抽样,因此$\{$第一次取到白球$\}$与$\{$第二次取到白球$\}$的事件相互独立,所以

$$P(A_1)=P(A_2)=\frac{4}{6}=\frac{2}{3},P(\overline{A_1})=P(\overline{A_2})=\frac{1}{3}.$$

于是

(1) $P(A_1A_2)=P(A_1)P(A_2)=\frac{2}{3}\times\frac{2}{3}\approx0.444.$

(2) $P(A_1A_2+\overline{A_1A_2})=P(A_1A_2)+P(\overline{A_1A_2})$

$$=P(A_1)P(A_2)+P(\overline{A_1})P(\overline{A_2})$$

$$=\frac{2}{3}\times\frac{2}{3}+\frac{1}{3}\times\frac{1}{3}\approx0.556.$$

(3) $P(A_1+A_2)=P(A_1)+P(A_2)-P(A_1A_2)$

$$=P(A_1)+P(A_2)-P(A_1)P(A_2)$$

$$=\frac{2}{3}+\frac{2}{3}-\frac{2}{3}\times\frac{2}{3}\approx0.889.$$

2）不放回抽样的情形

由于不放回抽样，因此{第一次取到白球}与{第二次取到白球}的事件不是独立的，所以

$$P(A_1)=\frac{4}{6}=\frac{2}{3},\quad P(A_2|A_1)=\frac{3}{5},\quad P(\overline{A}_1)=\frac{1}{3},\quad P(\overline{A}_2|\overline{A}_1)=\frac{1}{5}.$$

于是

(1) $P(A_1A_2)=P(A_1)P(A_2|A_1)=\frac{2}{3}\times\frac{3}{5}=0.4.$

(2)
$$\begin{aligned}P(A_1A_2+\overline{A_1A_2})&=P(A_1A_2)+P(\overline{A_1A_2})\\&=P(A_1)P(A_2|A_1)+P(\overline{A}_1)P(\overline{A}_2|\overline{A}_1)\\&=\frac{2}{3}\times\frac{3}{5}+\frac{1}{3}\times\frac{1}{5}\approx 0.476.\end{aligned}$$

(3)
$$\begin{aligned}P(A_1+A_2)&=1-P(\overline{A_1+A_2})=1-P(\overline{A_1A_2})\\&=1-P(\overline{A}_1)P(\overline{A}_2|\overline{A}_1)=1-\frac{1}{15}\approx 0.993.\end{aligned}$$

两个事件的独立性概念可以推广到有限多个事件独立的情形．设 A_1，A_2，…，A_n 为 n 个事件，如果对于所有可能的组合 $1\leqslant i<j<k<\cdots\leqslant n$，下列各式同时成立

$$\begin{cases}P(A_iA_j)=P(A_i)P(A_j)\\P(A_iA_jA_k)=P(A_i)P(A_j)P(A_k)\\\cdots\cdots\\P(A_iA_j\cdots A_n)=P(A_i)P(A_j)\cdots P(A_n)\end{cases},$$

则称事件 A_1，A_2，…，A_n 是相互独立的．

2．伯努利概型

定义 3　将某一试验 E 重复 n 次，这 n 次试验满足以下条件：

(1) 每次实验条件相同，其基本事件只有两个 A，$\overline{A}$，且 $P(A)=p$，$P(\overline{A})=1-p$．

(2) 各次实验结果之间互不影响．此时，称 n 次试验为 n 重伯努利概型，简称**伯努利概型**．

定理 4　若单次试验中事件 A 发生的概率为 $p(0<p<1)$，则在 n 次重复试验中事件 A 发生 k 次的概率为

$$P_n(k)=C_n^k p^k q^{n-k}=\frac{n!}{k!\ (n-k)!}p^k q^{n-k},$$

其中 $p+q=1, k=0,1,2,\cdots,n$.

注意:$C_n^k p^k q^{n-k}$恰好是$(p+q)^n$二项式的展开式中的第 $k+1$ 项,故定理也称为**二项式概率计算公式**.

【例 10】 某射手每次击中目标的概率是 0.6,如果射击 5 次,试求至少击中两次的概率.

解
$$\begin{aligned}P(\text{至少击中 2 次}) &= \sum_{k=2}^{5} P(\text{击中 } k \text{ 次}) \\ &= 1 - P(\text{击中 0 次}) - P(\text{击中 1 次}) \\ &= 1 - C_5^0(0.6)^0(0.4)^5 - C_5^1(0.6)^1(0.4)^4 \\ &\approx 0.826.\end{aligned}$$

二项概率公式应用的前提是 n 重独立重复试验. 实际中,真正完全重复的现象并不常见,常见的只不过是近似的重复. 尽管如此,还是可用上述二项概率公式作近似处理.

习 题 10.3

1. 某公司仓库中放有 20 件同种产品,已知其中有一等品 16 件,二等品 4 件,现从中不放回地抽了两次,每次一件,求第二次取到一等品的概率.

2. 口袋中有 5 个白球,3 个黑球,从中任取两次,每次取一只,试就无放回和有放回两种情形. 求第二次取出的是白球的概率.

3. 2008 年北京奥运会射击比赛中,甲,乙,丙三个人射击击中目标的概率分别是 0.2,0.3,0.3. 求以下事件的概率:

(1) 三个都射中;

(2) 三个中恰有一人射中;

(3) 三人都没射中;

(4) 三人中至少有一个射中.

4. 某运输队有 20 辆长途运输货车,每次运输后每辆车需要大修的概率为 0.1,某次长途运输后,求没有一辆车需要大修的概率和至多两辆车得大修的概率.

10.4　随机变量及其分布

之前，我们学习了用随机事件描述随机试验的结果，本节引入随机变量来描述随机试验的结果，以便用微积分的方法进行深入的研究. 这里主要介绍随机变量的概念，两类随机变量的概率分布和概率密度的概念，分布函数，常见随机变量的分布.

10.4.1　随机变量

某商店共有 100 kg 水果，在一天中的销售量可以是从 0 到 100 中的任意一数值，在销售前是不能预言的.

这种用来描述随机试验结果的变量称为**随机变量**，随机变量通常用字母 ξ，η 或 X，Y，Z 等表示.

又例如事件

$A=\{$恰有一件次品$\}$，可用“$\xi=1$”来描述或记作 $A=\{\xi=1\}$；

$B=\{$次品数少于 3 件$\}$，可用“$\xi<3$”来描述或记作 $B=\{\xi<3\}$.

例如：(1) 在 10 件同类型产品中，有 3 件次品，现任取 2 件，用一个变量 X 表示“2 件中的次品数”，X 的取值是随机的，可能的取值有 0，1，2. 显然“$X=0$”表示次品数为 0，它与事件“取出的 2 件中没有次品”是等价的. 由此可知，“$X=1$”等价于”恰好有 1 件次品”，“$X=2$”等价于“恰好有 2 件次品”. 于是由古典概率可求得

$$P(X=0)=\frac{C_3^0C_7^2}{C_{10}^2}=\frac{7}{15};\quad P(X=1)=\frac{C_3^1C_7^1}{C_{10}^2}=\frac{7}{15};\quad P(X=2)=\frac{C_3^2C_7^0}{C_{10}^2}=\frac{1}{15}.$$

此结果可统一成 $P(X=i)=\dfrac{C_3^iC_7^{2-i}}{C_{10}^2}$，　$(i=0,1,2)$.

(2) 考虑“投掷骰子，直到出现 6 点为止”的试验，用 Y 表示投掷的次数，则由于各次试验是相互独立的，于是

$$P(Y=i)=\left(\frac{1}{6}\right)\left(\frac{5}{6}\right)^{i-1},\quad (i=1,2,\cdots).$$

(3) 考虑“测试电子表元件寿命”这一试验，用 Z 表示它的寿命(单位：h)，则 Z 的取值随着试验结果的不同而在连续区间$(0,+\infty)$上取不同的值，当试验结果确定后，Z 的取值也就确定了.

上面三个例子中的 X，Y，Z 具有下列特征：

(1) 取值是随机的，事前并不知道取到哪一个值；

(2) 所取的每一个值，都相应于某一随机现象；

(3) 所取的每个值的概率大小是确定的.

一般地,如果一个变量的取值随着试验结果的不同而变化,当试验结果确定后,它所取的值也就相应地确定,这种变量称为**随机变量**.

随机变量与一般变量有点差别:随机变量的取值是随机的(试验前只知道它可能取值的范围,但不能确定它取什么值),且取这些值具有一定的概率.

注意:用随机变量描述随机现象的统计规律性时,若随机现象比较容易用数量来描述,例如:测量误差的大小、电子元件的使用时间、产品的合格数、某一地区的降雨量等,则直接令随机变量 X 为误差、使用时间、合格数、降雨量等即可,而且 X 可能取的值就是误差、时间、合格数、降雨量等.实际中常遇到一些似乎与数量无关的随机现象.例如:一台机床在 8 小时内是否发生故障、这次考试是否会不及格、某人打靶一次能否打中,等等.如何用随机变量描述这些随机现象呢?

例如,某人打靶,一发子弹打中的概率为 p,打不中的概率 $1-p$,用随机变量描述这个随机现象时,通常规定随机变量

$$\xi=\begin{cases}1 & \text{子弹中靶}\\0 & \text{子弹脱靶}\end{cases},$$

这样取 ξ 有几个优点:

(1) ξ 反映了一发子弹的命中次数(0 次或 1 次);

(2) 计算上很方便,有利于今后进一步讨论.

当然 ξ 也可以如下规定:

$$\xi=\begin{cases}2 & \text{子弹中靶}\\3 & \text{子弹脱靶}\end{cases}.$$

所以不论对什么样的随机现象,都可以用随机变量来描述.这样对随机现象的研究就更突出了数量这一侧面,就可以借助微积分的知识,更深入、细致地讨论问题.在以后,对随机事件的研究完全可以转化为对随机变量的研究.

根据随机变量的取值,可以把随机变量分为两类:离散型随机变量和非离散型随机变量.若随机变量 ξ 的所有可能取值是可以一一列举出来的(即取值是可列个),则称 ξ 为离散型随机变量,如例 1 中的次品数取值为 0,1,2,例 2 中的投掷次数取值是 $1,2,\cdots$,可列个值,它们都是离散型随机变量;若随机变量 ξ 的所有取值不能一一列举出来,则称 ξ 为非离散型随机变量.非离散型随机变量的范围很广,其中最重要的是所谓连续型随机变量,它是依照一定的概率规律在数轴上的某个区间上取值的.注意它是依

照概率规律取值的，所以在有的区间上概率可能较大，而在有的区间可能较小，甚至为零. 例 3 中的电子元件寿命以及前面讲的“测量误差”“降雨量”“候车时间”等都是连续型随机变量.

对一个随机变量 ξ，不仅要了解它取哪些值，而且要了解取各个值的概率，即它的取值规律，通常把 ξ 取值的规律称为 ξ 的分布.

10.4.2　离散型随机变量及其概率分布

1. 离散型随机变量

定义 1　如果随机变量所能取的值可以一一列举(有限个或无限个)就称为**离散型随机变量**.

离散型随机变量所能取的值在经济管理中称为**计数值**. 例如：某商店每天销售某种商品的件数，某车站在一小时内的候车人数等.

2. 离散型随机变量概率分布

定义 2　离散型随机变量 ξ 的取值 $x_k(k=1,2,\cdots)$ 及其对应的概率值的全体

$$p_k=P(\xi=x_k),\quad (k=1,2,\cdots)$$

称为离散型随机变量 ξ 的**概率分布**，简称**分布列**或**分布**.

离散型随机变量分布列也可以用表格的形式表示

ξ	x_1	x_2	$\cdots$	x_k	$\cdots$
$P(\xi=x_k)$	p_1	p_2	$\cdots$	p_k	$\cdots$

如果用横坐标表示离散型随机变量 ξ 的可能取值 x_k，纵坐标表示 ξ 取这些值的概率 p_k，所得的图形称为离散型变量的**概率分布图**，如图 10-2 所示.

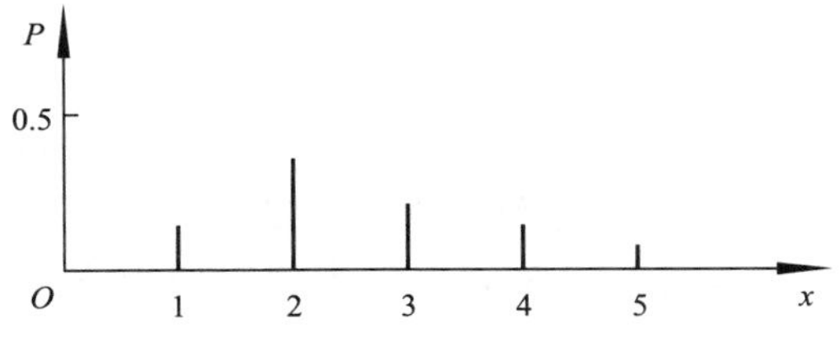

图　10-2

由概率的定义可知，任意一个离散型随机变量的概率分布 p_k 满足如下性质：

性质 1 对于随机变量的任何取值，其概率都是非负的，即

$$p_k \geqslant 0 \quad (k=1,2,\cdots).$$

性质 2 对于随机变量所有可能的取值，其相应概率之和总是等于 1，即当随机变量取值为有限个时有 $\sum\limits_{k=1}^{n} p_k = 1$；当随机变量取值为无限个时有 $\sum\limits_{k=1}^{\infty} p_k = 1$.

我们写出 10.4.1 中例子的分布列：

例(1)中“任取 2 件，2 件中的次品件数 ξ”的分布列是

ξ	0	1	2
$P(\xi=x_k)$	$\frac{7}{15}$	$\frac{7}{15}$	$\frac{1}{15}$

例(2)中投掷的次数的概率分布是可列的，即为

Y	1	2	$\cdots$	n	$\cdots$
P_i	$\frac{1}{6}$	$\frac{1}{6}\cdot\frac{5}{6}$	$\cdots$	$\frac{1}{6}\cdot\left(\frac{5}{6}\right)^{n-1}$	$\cdots$

例如，设有 N 件产品，其中有 M 件是次品，现从中随机抽取 $n(n\leqslant N)$ 件，抽到的次品数 ξ 就是一个随机变量，由古典概率的计算公式知 ξ 的分布列是

$$p_k = P(\xi=k) = C_{N-M}^{n-k}C_M^k/C_N^n, \quad k=1,2,\cdots,l,$$

其中 $l=\min(M,n)$，具有这种形式的分布称为**超几何分布**.

10.4.3 连续型随机变量及其概率密度

1. 连续型随机变量

定义 3 如果随机变量的取值能充满某个区间(有限区间或无限区间)，不能一一列举，就称之为**连续型随机变量**.

连续型随机变量所能取的值在经济管理中称为**计量值**. 例如：测量某种零件的长度所能得到的数值.

2. 连续型随机变量概率密度

离散型随机变量在每一个可取值的概率可以用分布列来表示，但对于连续型随机变量，由于它的取值充满了某一区间，不可能像离散型随机变

量一样，把它的取值一一列举，所以，一般来说，我们只讨论它落在某一区间的概率，这就需要引进一个新的概念——概率密度函数来描述连续型随机变量的概率分布.

定义 4 设随机变量 ξ，如果存在非负可积函数

$$f(x) \quad (-\infty<x<+\infty),$$

使得对任意实数 $a\leqslant b$ 有

$$P(a \leqslant \xi \leqslant b) = \int_a^b f(x)\mathrm{d}x,$$

则称 ξ 为**连续型随机变量**，称 $f(x)$ 为 ξ 的**概率密度函数**，简称**概率密度**或**分布密度**.

连续型随机变量取某一值的概率是没有意义的，正如一个曲边梯形在某一点处的面积为零一样，连续型随机变量在给定区间内某一点处的概率也可以说等于零，所以一般来说，

$$P(a<\xi<b)=P(a\leqslant\xi<b)=P(a<\xi\leqslant b)=P(a\leqslant\xi\leqslant b),$$

于是对于连续型随机变量，我们常常把 $P(a\leqslant\xi<b)$ 写成 $P(a<\xi<b)$.

【例 1】 设连续型随机变量 ξ 的密度函数为

$$f(x)=\frac{1}{2}\mathrm{e}^{-\frac{x}{2}}(x>0),$$

试求 ξ 落在区间(0.4,4)内的概率.

解 $$P(0.4 < \xi < 4) = \int_{0.4}^4 \frac{1}{2}\mathrm{e}^{-\frac{x}{2}}\mathrm{d}x = 0.6834.$$

由定义可知，概率密度有下列性质：

性质 1 $f(x)\geqslant 0$(密度函数是非负的).

性质 2 $\int_{-\infty}^{+\infty} f(x)\mathrm{d}x = 1.$

概率密度 $f(x)$ 是一个普通的实值函数，它刻画了随机变量 x 取值的规律. 性质 1 表示 $y=f(x)$ 的曲线位于 x 轴上方，性质 2 表示 $y=f(x)$ 与 x 轴之间的平面图形的面积等于 1.

【例 2】 如果连续型随机变量 ξ 的密度函数为

$$f(x)=A\mathrm{e}^{-\lambda x} \quad (\lambda>0,x\geqslant 0),$$

求系数 A 应取何值?

解 根据连续型随机变量密度函数的性质有 $\int_{-\infty}^{+\infty} A\mathrm{e}^{-\lambda x}\mathrm{d}x = 1$，于是

$$\int_0^{+\infty} A\mathrm{e}^{-\lambda x}\mathrm{d}x = \lim_{b\to+\infty}\int_0^b A\mathrm{e}^{-\lambda x}\mathrm{d}x = \lim_{b\to+\infty}\left(-\frac{A}{\lambda}\mathrm{e}^{-\lambda x}\right)\Big|_0^b$$

$$= \lim_{b\to+\infty}\left[-\frac{A}{\lambda}(\mathrm{e}^{-\lambda b}-1)\right] = \frac{A}{\lambda}.$$

由$\dfrac{A}{\lambda}=1$可得$A=\lambda$，即

$$f(x)=\lambda e^{-\lambda x}\quad(\lambda>0,x\geqslant 0).$$

【例 3】 设随机变量ξ的概率密度函数是

$$f(x)=\begin{cases}\lambda e^{-\lambda x} & 当\ x>0\\ 0 & 当\ x\leqslant 0\end{cases},$$

其中$\lambda>0$，则称ξ服从参数为λ的指数分布.若某电子元件的寿命ξ服从参数$\lambda=\dfrac{1}{2000}$的指数分布，求$P(\xi\leqslant 1200)$.

解

$$P(\xi\leqslant 1200)=\int_0^{1200}\frac{1}{2000}e^{-\frac{x}{2000}}dx=-e^{-\frac{x}{2000}}\Big|_0^{1200}=1-e^{-0.6}\approx 0.451.$$

电子元件的使用寿命，电话的通话时间等都可以用指数分布来描述.

10.4.4 分布函数及其随机变量函数分布

1. 分布函数的定义

在研究并计算随机变量ξ在区间$(a,b]$内取值的概率$P(a<\xi\leqslant b)$时，我们发现它的概率依赖于两个数a和b，这对研究问题和进行计算都带来一些不便，但是由于事件$\{P(\xi\leqslant a)\}$和$\{P(a<\xi\leqslant b)\}$是互不相容的，并且

$$(\xi\leqslant b)=(\xi\leqslant a)\cup(a<\xi\leqslant b),$$

于是
$$P(\xi\leqslant b)=P(\xi\leqslant a)+P(a<\xi\leqslant b),$$

即
$$P(a<\xi\leqslant b)=P(\xi\leqslant b)-P(\xi\leqslant a).$$

这样就把依赖于两个数的概率问题化为仅依赖于一个数的概率问题，问题得到简化.于是，要研究随机变量ξ的概率分布规律只需研究事件$\{\xi\leqslant x\}(x\in R)$的概率

$$P(\xi\leqslant x).$$

由于它随x的取值而确定，所以$P(\xi\leqslant x)$是关于x的一个函数.

定义 5 设ξ为一随机变量，则把函数

$$F(x)=P(\xi\leqslant x)\quad(x\in\mathbf{R})$$

称为随机变量ξ的**概率分布函数**(简称为**分布函数**).

由以上定义可知

$$P(a<\xi\leqslant b)=P(\xi\leqslant b)-P(\xi\leqslant a)=F(b)-F(a).$$

所以不论随机变量是离散型还是连续型的，都可用分布函数来描述其概率分布的规律，从这个意义上来说，可以认为随机变量的分布函数比较完整地描述了随机变量的统计规律.

对于离散型随机变量 ξ,如果其分布列为

ξ	x_1	x_2	…	x_i	…	x_k
$P(\xi=k)$	p_1	p_2	…	p_i	…	p_k

那么它的分布函数是

$$F(x)=P(\xi\leqslant x)=\sum_{x_i\leqslant x}p_i,$$

这里的和式是对于小于等于 x 的一切 x_i 所对应的概率求和.

对于连续型随机变量 ξ,如果其密度函数为 $f(x)$,那么它的分布函数是

$$F(x)=P(\xi\leqslant x)=\int_{-\infty}^{x}f(t)\mathrm{d}t.$$

2. 分布函数的性质

随机变量的分布函数 $F(x)$ 具有以下性质:

性质 1　$F(x)$ 的值在 0 与 1 之间,即

$$0\leqslant F(x)\leqslant 1.$$

这是因为任何事件的概率都在 0 与 1 之间,而 $F(x)=P(\xi\leqslant x)$,故 $0\leqslant F(x)\leqslant 1$.

性质 2　$F(x)$ 是非减函数,即当 $x_1<x_2$ 时,$F(x_1)\leqslant F(x_2)$.

这是因为概率不能为负,所以由分布函数的概率可知,当 $x_1<x_2$ 时,

$$F(x_2)-F(x_1)=P(x_1<\varepsilon\leqslant x_2)\geqslant 0.$$

性质 3　$F(-\infty)=\lim\limits_{x\to-\infty}F(x)=0,F(+\infty)=\lim\limits_{x\to+\infty}F(x)=1.$

当 $x\to-\infty$ 时,$F(x)=P(\xi<x)$ 接近不可能事件,当 $x\to+\infty$ 时,$F(x)$ 接近必然事件,故有

$$F(-\infty)=0,F(+\infty)=1.$$

【例 4】　设随机变量 ξ 的分布函数为

$$F(x)=A+B\arctan x\quad(-\infty<x<+\infty),$$

求:(1)系数 A 和 B;(2)$P(-1<\xi\leqslant 1)$;(3)ξ 的密度函数 $f(x)$.

解　(1) 由 $F(-\infty)=0$ 及 $F(+\infty)=1$,可得 $\begin{cases}A+B\left(-\dfrac{\pi}{2}\right)=0\\A+B\left(\dfrac{\pi}{2}\right)=1\end{cases}$.

解得 $A=\dfrac{1}{2},B=\dfrac{1}{\pi}$,所以 $F(x)=\dfrac{1}{2}+\dfrac{1}{\pi}\arctan x$.

(2) $P(-1<\xi\leqslant 1)=P(\xi\leqslant 1)-P(\xi\leqslant -1)=F(1)-F(-1)$

$$=\frac{1}{\pi}[\arctan 1-\arctan(-1)]=\frac{1}{2}.$$

(3) $f(x)=F'(x)=\dfrac{1}{\pi(1+x^2)}$，$(-\infty<x<+\infty)$.

10.4.5 几种常用随机变量的分布

1. 几种离散型随机变量的分布

1) 二项分布

上节中，我们讨论伯努利概型时得知，在一次试验中，如果事件 A 发生的概率为 k，那么在 n 次独立重复试验中，事件 A 发生 k 次的概率为

$$P_n(k)=C_n^k p^k q^{n-k}\quad (k=0,1,2,\cdots,n),$$

这里事件 A 发生的次数为一离散型随机变量，设为 ξ，它所有可能的取值为 $0,1,2,\cdots,n$，并且 ξ 的概率服从以下分布

$$P_n(\xi=k)=C_n^k p^k q^{n-k}\quad (q=1-p).$$

定义 6 如果随机变量 ξ 的分布列为

$$P(\xi=k)=C_n^k p^k q^{n-k}\quad (q=1-p,p>0;k=0,1,2,\cdots,n)$$

则称 ξ 服从参数为 n,p 的二项分布，记作 $\xi\sim B(n,p)$.

由于 $C_n^k p^k q^{n-k}$ 恰好是二项式 $(p+q)^n$ 的展开式的通项，所以把这样的分布叫做**二项分布**. 二项分布满足分布列的两个性质：

性质 4 因为 $p>0,q>0,C_n^k>0$，所以

$$C_n^k p^k q^{n-k}>0\quad (k=0,1,2,\cdots,n);$$

性质 5 根据二项式定理，

$$\sum_{k=0}^{n} C_n^k p^k q^{n-k} = C_n^0 p^0 q^n + C_n^1 p q^{n-1} + \cdots C_n^n p^n q^0 = (p+q)^n = 1.$$

【例 5】 某种型号的电子元件的使用寿命超过 500 h 为一级品，已知在一大批产品中，一级品有 20%，现从中任抽 5 个，试求其中一级品数的概率分布.

解 由于产品数量很大，任抽 5 个，虽然是无放回地抽取，但可以作为有放回地抽取来处理. 如果把抽取一个元件当作一次试验，抽取结果只有两种可能：

$$A=\{\text{取到一级品}\};\quad \overline{A}=\{\text{没有取到一级品}\}.$$

且
$$P(A)=0.2;\quad P(\overline{A})=0.8.$$

任抽 5 个相当于 5 次独立重复试验. 设 5 个产品中一级品数为随机变量 ξ，则 ξ 服从参数这 $n=5,p=0.2$ 的二项式分布，即 $\xi\sim B(5,0.2)$. 其分布列为

$$P(\xi=k)=C_5^k(0.2)^k(0.8)^{5-k}\quad(k=0,1,2,3,4,5),$$

或

k	0	1	2	3	4	5
$P(\xi=k)$	0.327 7	0.409 6	0.204 8	0.051 2	0.006 4	0.000 3

当 $n=1$ 时，服从二项分布的随机变量只可能取 1 与 0 两个值，而取这两个值的概率分别是 p 和 $q(p+q=1)$. $P(\xi=0)=q$；$P(\xi=1)=p$. 对于二项分布的这种特殊情况，通常称为**两点分布**（或 0-1 分布），记作 $\xi\sim(0,1)$.

2）泊松分布

二项分布虽然应用较广，但当 n 较大时，计算仍很繁琐，这就需要研究比较简易的方法. 1837 年法国数学家泊松（Poisson）在研究二项分布的近似计算时发现，当 $n\to\infty$ 时，如果 np 趋向一个常数 λ，则二项分布 $P(\xi=k)=C_n^kp^k(1-p)^{n-k}$ 有极限为

$$\frac{\lambda^k}{k!}e^{-\lambda},(k=0,1,2,\cdots).$$

所以当 n 很大时，就有

$$P(\xi=k)\approx\frac{\lambda^k}{k!}e^{-\lambda},$$

其中 $\lambda=np$.

在实际计算中，如果 n 不是很大，但只要在 $n\geqslant10$，$p\leqslant0.1$ 时，就可使用上述公式，所得的误差不大. 而要计算 $\frac{\lambda^k}{k!}e^{-\lambda}$ 有专门的表可查，这就很方便了.

定义 7　如果随机变量 ξ 的分布列为

$$P(\xi=k)=\frac{\lambda^k}{k!}e^{-\lambda}\quad(\lambda>0;k=0,1,\cdots),$$

则称 ξ 服从参数为 λ 的**泊松分布**，记作 $\xi\sim p(\lambda)$.

泊松分布在经济管理工作中占有很重要的位置. 例如铸件上的疵点数、玻璃上的气泡数.

【例 6】　某市某种疾病的发病率约为 0.001，某单位共有 4 000 人，求该单位该种疾病发病人数超过 10 人的概率为多少？

解　设该单位有该种疾病的人数为 ξ，则随机变量 ξ 服从二项分布

$$P(\xi=k)=C_{4\,000}^k\cdot(0.001)^k\cdot(0.999)^{4\,000-k},$$

$$P(\xi>10)=1-P(\xi\leqslant10).$$

$$P(\xi\leqslant10)=\sum_{k=0}^{10}C_{4\,000}^k\cdot(0.001)^k\cdot(0.999)^{4\,000-k}.$$

显然，直接计算上式的工作量是很大的.但由于 $n=4\ 000$ 很大，而 $p=0.001$ 很小，所以可以用泊松分布来近似，这时

$$\lambda=np=4\ 000\times 0.001=4.$$

查泊松分布表，可直接得出

$$P(\xi>10)=P(\xi\geqslant 11)=0.002\ 8.$$

故该单位发病人数超过 10 人的概率约为千分之三.

2. 几种常用的连续型随机变量概率分布

1）均匀分布

定义 8 如果随机变量 ξ 的密度函数是

$$f(x)=\begin{cases}\dfrac{1}{b-a} & 当\ a\leqslant x\leqslant b\\ 0 & 当\ x<a\ 或\ x>b\end{cases},$$

则称 ξ 服从 $[a,b]$ 上的**均匀分布**，记作 $\xi\sim U[a,b]$.

由密度函数可得出均匀分布的分布函数如下：

（1）当 $x<a$ 时，

$$F(x)=\int_{-\infty}^{x}0\ \mathrm{d}t=0;$$

（2）当 $a\leqslant x\leqslant b$ 时，

$$F(x)=\int_{-\infty}^{x}f(t)\mathrm{d}t=\int_{-\infty}^{a}f(t)\mathrm{d}t+\int_{a}^{x}f(t)\mathrm{d}t$$

$$=\int_{-\infty}^{a}0\ \mathrm{d}t+\int_{a}^{x}\frac{1}{b-a}\mathrm{d}t=\frac{x-a}{b-a};$$

（3）当 $x>b$ 时，

$$F(x)=\int_{-\infty}^{x}f(t)\mathrm{d}t$$

$$=\int_{-\infty}^{a}f(t)\mathrm{d}t+\int_{a}^{b}f(t)\mathrm{d}t+\int_{b}^{x}f(t)\mathrm{d}t$$

$$=\int_{a}^{b}\frac{1}{b-a}\mathrm{d}t=1.$$

故均匀分布的分布函数为

$$F(x)\begin{cases}0 & 当\ x<a\\ \dfrac{x-a}{b-a} & 当\ a\leqslant x\leqslant b,\\ 1 & 当\ x>b\end{cases}$$

如果 $[c,d]$ 是 $[a,b]$ 的一个子区间（即 $a\leqslant c<d\leqslant b$），则有

$$P(c\leqslant\xi\leqslant d)=\int_{c}^{d}f(x)\ \mathrm{d}t=\int_{c}^{d}\frac{1}{b-a}\mathrm{d}t=\frac{d-c}{b-a}.$$

2）正态分布

在连续型随机变量的概率分布中，量重要和最常用的是正态分布，在实际问题中有着广泛的应用. 正态分布是由 19 世纪德国数学家高斯(Gauss)在研究误差理论时发现并用于实际的，故又称**高斯分布**.

定义 9　如果随机变量 ξ 的密度函数为

$$f(x)=\frac{1}{\sqrt{2\pi}\sigma}e^{-\frac{(x-\mu)^2}{2\sigma^2}},\quad (-\infty<x<+\infty).$$

其中 μ,σ 都是常数($\sigma>0,-\infty<\mu<+\infty$)，则称 ξ 服从以 μ,σ 为参数的**正态分布**，记作 $\xi\sim N(\mu,\sigma^2)$.

正态分布密度函数 $f(x)$ 的图象称为**正态曲线**(或**高斯曲线**).

由微积分的知识可以知道正态曲线具有以下性质：

(1) 因为 $f(x)>0$，所以曲线位于 x 轴上方；

(2) 因为 $f(\mu+\sigma)=f(\mu-\sigma)$，　$\sigma>0$. 故 $f(x)$ 关于 $x=\mu$ 对称；

(3) $f(x)$ 在 $x=\mu$ 处取得极大值，$f(\mu)=\frac{1}{\sqrt{2\pi}\sigma}$；

(4) 令 $f''(x)=0$，可求出 $f(x)$ 在 $x=\mu\pm\sigma$ 处有拐点

$$\left(\mu\pm\sigma,\frac{1}{\sqrt{2\pi}\sigma}e^{-\frac{1}{2}}\right);$$

(5) 因为 $\lim\limits_{x\to\infty}f(x)=\lim\limits_{x\to\infty}\frac{1}{\sqrt{2\pi}\sigma}e^{-\frac{(x-\mu)^2}{2\sigma^2}}=0$，故 $f(x)$ 以 x 轴为渐近线.

综上所述，正态分布密度函数的图形，大致形状如图 10-3 所示，图形呈钟形，故又称**钟上形曲线**. 由于曲线对称于直线 $x=\mu$，所以常把参数 μ 称为正态分布的**分布中心**. μ 变化时，分布中心发生了变化，因此，参数 μ 的大小决定曲线的位置. 参数 σ 的大小决定曲线的形状，σ 大则曲线扁平，σ 小则曲线狭高. 但是不论 μ,σ 取什么可取值，正态曲线和 x 轴之间的面积恒等于 1，即

$$\int_{-\infty}^{+\infty}\frac{1}{\sqrt{2\pi}\sigma}e^{-\frac{(x-\mu)^2}{2\sigma^2}}\,dx=1.$$

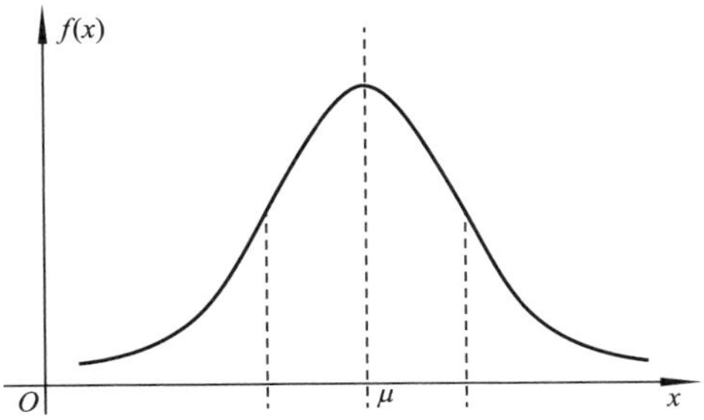

图　10-3

3）标准正态分布

定义 10 参数 $\mu=0,\sigma=1$ 的正态分布称为标准正态分布，记作 $\xi\sim N(0,1)$，其密度函数为 $\varphi(x)=\frac{1}{\sqrt{2\pi}}e^{-\frac{x^2}{2}}(-\infty<x<+\infty)$，可计算随机变量 ξ 在任一区间上取值的概率. 为了计算方便，书中附表（标准正态分布表）已给出了计算随机变量 ξ 在区间 $(-\infty,x)(x\geqslant0)$ 上取值的概率，并记为 $\Phi(x)$，即

$$\Phi(x)=P(\xi\leqslant x)=\int_{-\infty}^{x}\frac{1}{\sqrt{2\pi}}e^{-\frac{t^2}{2}}dt.$$

一般的标准正态分布表中只给出 $\Phi(x)(x>0)$ 的值，由函数曲线的对称性可得 $\Phi(-x)=1-\Phi(x)$.

3. 正态分布的概率计算

正态分布 $N(\mu,\sigma^2)$ 可以化为标准正态分布 $N(0,1)$ 计算. 可以证明，对正态分布 $\xi\sim N(\mu,\sigma^2)$，有

$$P(\xi\leqslant x)=\Phi\left(\frac{x-\mu}{\sigma}\right),$$

$$P(a<\xi\leqslant b)=\Phi\left(\frac{b-\mu}{\sigma}\right)-\Phi\left(\frac{a-\mu}{\sigma}\right).$$

这样，正态分布的概率计算都可以通过查标准正态分布数值表完成.

习 题 10.4

1. 下面列出的表格是否是某个随机变量的分布列？试用分布列的性质加以说明.

(1)

ξ	1	2	3	4	5
$P(\xi=k)$	0.18	0.24	0.36	0.20	0.1

(2)

ξ	0	1	2	…	k	…
$P(\xi=k)$	$\frac{1}{2}$	$\frac{1}{2}\cdot\frac{1}{3}$	$\frac{1}{2}\cdot\left(\frac{1}{3}\right)^2$	…	$\frac{1}{2}\cdot\left(\frac{1}{3}\right)^k$	…

(3)

ξ	0	1	2	3
$P(\xi=k)$	$\frac{C_5^0C_{95}^3}{C_{100}^3}$	$\frac{C_5^1C_{95}^2}{C_{100}^3}$	$\frac{C_5^2C_{95}^1}{C_{100}^3}$	$\frac{C_5^3C_{95}^0}{C_{100}^3}$

2. 某射手每次射击,击中目标的概率为 0.7,连续向一个目标射击,直到首次击中目标为止.试写出射击次数的分布列.

3. 某股份公司计划向社会公开发行面额为 100 元的企业债券 10 亿元,为了更快地筹集所需建设资金,特为本次发行债券设置抽奖项目,其中一等奖 1 000 个,二等奖 10 000 个,三等奖 100 万个,试求一张债券中奖等级的概率分布.

4. 随机变量 ξ 的分布函数为

$$F(x)=\begin{cases}0 & 当\ x<0\\ Cx^2 & 当\ 0\leqslant x\leqslant 1,\\ 1 & 当\ x>1\end{cases}$$

求:(1)常数 C;(2)ξ 的密度函数;(3)$P(0.1<\xi<0.9)$.

5. 设 $\xi\sim N(70,10^2)$,试求:$P(\xi<62)$,$P(\xi>72)$,$P(68<\xi<74)$,$P(|\xi-70|<20)$.

拓展阅读

人生只有两样美好的事情:发现数学和教数学
——数学家泊松

西莫恩·德尼·泊松(Simeon-Denis Poisson 1781—1840)法国数学家、几何学家和物理学家。1781 年 6 月 21 日生于法国卢瓦雷省的皮蒂维耶,1840 年 4 月 25 日卒于法国索镇。1798 年入巴黎综合工科学校深造,受到拉普拉斯、拉格朗日的赏识。1800 年毕业后留校任教,1802 年任副教授,1806 年任教授,1808 年任法国经度局天文学家。1809 年巴黎理学院成立,任该校数学教授。1812 年当选为巴黎科学院院士。

泊松的科学生涯开始于研究微分方程及其在摆的运动和声学理论中的应用。他工作的特色是应用数学方法研究各类物理问题,并由此得到数学上的发现。泊松是法国第一流的分析学家。年仅 18 岁就发表了一篇关于有限差分的论文。他一生成果累累,发表论文 300 多篇。他对积分理论、行星运动理论、热物理、弹性理论、电磁理论、位势理论和概率论都有重要贡献。他还是 19 世纪概率统计领域里的卓越人物。他改进了概率论的运用方法,特别是用于统计方面的方法,建立了描述随机现象的一种概率分布——泊松分布。他推广了“大数定律”,并导出了在概率论与数理方程中有重要应用的泊松积分。他还研究过定积分、傅里叶级数、数学物理方程等。除泊松分布外,还有许多数学名词是以他的名字命名的,如泊松积分、泊松求和公式、泊松方程、泊松定理,等等。

泊松第一个用冲量分量形式写分析力学,使用后称为泊松括号的运算符号;其所著《力学教程》在很长时期内被作为标准教科书。在天体力学方面,推广了拉格朗日和拉普拉斯有关行星轨道稳定性的研究,还计算出球体和椭球体之间的引力。他用行星内部质量分布表示重力的公式对 20 世纪通过人造卫星轨道确定地球形状的计算仍有实用价值。他独立地获得轴对称重刚体定点转动微分方程的积分,即通常称为拉格朗日(工作在泊松前,发表在后)的可积情况。在 1831 年发表的《弹性固体和流体的平衡和运动一般方程研究报告》一文中第一个完整地给出说明粘性流体的物理性质的方程,即本构关系。在这之前,牛顿在《自然哲学的数学原理》(1687)一书中曾对此给出简单的说明,柯西 1823 年写出用分量形式表达的本构关系,但缺静压力项。泊松解决了许多热传导方面的问题,他使用了按三角级数、勒让德多项式、拉普拉斯曲面调和函数的展开式,关于热传导的许多成果都包含在其专著《热的数学理论》之中。泊松解决了许多静电学和静磁学的问题;奠定了偏向理论的基础;研究了膛外弹道学和水力学的问题;提出了弹性理论方程的一般积分法,引入了泊松常数。他还用变分法解决过弹性理论的问题。

作为数学教师,泊松不是一般的成功,就如他早年成功担任理工学院的复讲员时所预示的那样。作为科学工作者,他的成就罕有匹敌。在众多的教职工作之余,他挤出时间发表了 300 余篇作品,有些是完整的论述,很多是处理纯数学、应用数学、数学物理、理论力学的最艰深的问题的备忘录。有句通常归于他名下的话:“人生只有两样美好的事情:发现数学和教数学。”

10.5　随机变量的数字特征

随机变量的概率分布比较完整地描述了随机变量的分布. 但在实际问题中,确定一个随机变量的概率分布常常是比较困难的. 在某些情况下,有时并不需要完全确定它的分布,而只要了解它的一些统计特征. 随机变量的统计特征可以概括地反映出随机变量的统计规律,这些统计特征通常用数字来描述,所以又称为随机变量的**数字特征**. 随机变量的数字特征中最重要和最常用的是**数学期望**和**方差**.

例如,要比较两个工厂生产的电视机显像管的质量,一方面要比较它们的平均使用寿命,另一方面要比较每个厂的产品寿命对平均值的分散程度,分散程度大说明产品质量不够稳定,分散程度小则说明质量比较稳定. 在概率论中表示随机变量平均状况和分散程度的数字特征分别称为**数学期望**和**方差**.

10.5.1　随机变量的数学期望

1. 离散型随机变量的数学期望

定义 1　若离散型随机变量 ξ 的分布列为

ξ	x_1	x_2	$\cdots$	x_n
p_ξ	p_1	p_2	$\cdots$	p_n

则把和数 $x_1p_1+x_2p_2+\cdots+x_np_n=\sum\limits_{k=1}^{n}x_kp_k$ 称为随机变量 ξ 的**数学期望**(又称**期望值**或**均值**),记作 $E(\xi)$,即 $E(\xi)=\sum\limits_{k=1}^{n}x_kp_k$.

【例 1】　某商店经销两个工厂生产的同一种规格的显像管,若其寿命(h)分别为随机变量 ξ,η,经过较长时期的检测,其寿命分布如下:

ξ	8 000	9 000	10 000	11 000	12 000
$P(\xi=k)$	0.2	0.3	0.3	0.1	0.1

η	8 000	9 000	10 000	11 000	12 000
$P(\eta=k)$	0.1	0.2	0.4	0.2	0.1

当显像管的寿命为 $8\ 000\leqslant\xi$(或 η)$<9\ 000$ 时,都按 ξ(或 η)$=8\ 000$ 统

计，以此类推，试比较这两个工厂生产的显像管的质量.

解 显像管质量指标之一就是平均寿命，两厂生产的显像管寿命的均值分别为

$$E(\xi)=8\ 000\times0.2+9\ 000\times0.3+10\ 000\times0.3+11\ 000\times0.1+12\ 000\times0.1$$
$$=9\ 600;$$

$$E(\eta)=8\ 000\times0.1+9\ 000\times0.2+10\ 000\times0.4+11\ 000\times0.2+12\ 000\times0.1$$
$$=10\ 000.$$

因为 $E(\xi)<E(\eta)$，所以从寿命均值的意义上来说，第二个工厂产品的质量较好.

2. 连续型随机变量的数学期望

连续型随机变量的数学期望也可仿照离散型的数学期望来定义.

定义 2 若连续型随机变量 ξ 有密度函数 $f(x)$，则把

$$\int_{-\infty}^{+\infty} xf(x)\,\mathrm{d}x$$

称为连续型随机变量 ξ 的**数学期望**，记作 $E(\xi)$，即

$$E(\xi)=\int_{-\infty}^{+\infty} xf(x)\,\mathrm{d}x,$$

如果上述积分不存在，称 $E(\xi)$ 也不存在.

3. 数学期望的性质

随机变量的数学期望有如下性质：

(1) 常数的数学期望等于该常数，即

$$E(C)=C \quad (C\text{ 为常数}).$$

(2) 常数与随机变量乘积的数学期望等于该常数与随机变量数学期望的乘积，即

$$E(C\xi)=CE(\xi).$$

证 若 ξ 为离散型随机变量，根据定义有

$$E(C\xi)=\sum_{k=1}^{n}Cx_kp_k=C\sum_{k=1}^{n}x_kp_k=CE(\xi);$$

若 ξ 为连续型随机变量，$f(x)$ 为其密度函数，则有

$$E(C\xi)=\int_{-\infty}^{+\infty}Cxf(x)\,\mathrm{d}x=C\int_{-\infty}^{+\infty}xf(x)\,\mathrm{d}x=CE(\xi).$$

(3) a,b 为常数,则有 $E(a\xi+b)=aE(\xi)+b$.

(4) 两个随机变量之和的数学期望等于它们的数学期望的和,即

$$E(\xi+\eta)=E(\xi)+E(\eta).$$

(5) 两个相互独立的随机变量乘积的数学期望等于它们的数学期望的乘积. 即

$$E(\xi\eta)=E(\xi)\cdot E(\eta).$$

【例 2】 已知 ξ 的分布列为

ξ	-3	-1	0	2	3
P_ξ	0.3	0.1	0.2	0.15	0.25

求 $E(\xi^2)$.

解 由于 ξ 的取值为$\{-3,-1,0,2,3\}$则 ξ^2 的取值为$\{0,1,4,9\}$,于是

$P(\xi^2=0)=P(\xi=0)=0.2$;　$P(\xi^2=1)=P(\xi=-1)=0.1$;

$P(\xi^2=4)=P(\xi=2)=0.15$;

$P(\xi^2=9)=P(\xi=-3)+P(\xi=3)=0.2+0.25=0.55$.

所以 ξ^2 的分布列为

ξ^2	0	1	4	9
$P\xi^2$	0.2	0.1	0.15	0.55

$$E(\xi^2)=0\times0.2+1\times0.1+4\times0.15+9\times0.55=5.65.$$

10.5.2 随机变量的方差

随机变量的数学期望描述了其取值的平均状况,但这只是问题的一个方面,我们还应知道随机变量在其均值附近是如何变化的,其分散程度如何,这里我们有必要研究随机变量的方差.

1. 离散型随机变量的方差

【例 3】 有两个工厂生产同一种设备,其使用寿命(h)的概率分布如下:

ξ	800	900	1 000	1 100	1 200
$P(\xi=k)$	0.1	0.2	0.4	0.2	0.1

η	800	900	1 000	1 100	1 200
$P(\eta=k)$	0.2	0.2	0.2	0.2	0.2

试比较两厂的产品的质量.

解

$E(\xi)=800\times0.1+900\times0.2+1\ 000\times0.4+1\ 100\times0.2+1\ 200\times0.1=1\ 000$;

$E(\eta)=800\times0.2+900\times0.2+1\ 000\times0.2+1\ 100\times0.2+1\ 200\times0.2=1\ 000$.

很显然,从计算出的期望数值看出,两厂生产的设备使用寿命的均值是相等的.但从分布列中我们明显可以看出,第一个厂的产品的使用寿命比较集中在1 000 h左右,而第二个厂的产品的使用寿命却比较分散,说明第二个厂产品质量的稳定性比较差.如何用一个数值来描述随机变量的分散程度呢?我们在概率中通常用"方差"这一统计特征数来描述这种分散程度.

现在我们来看看两个工厂产品寿命与其均值之差的概率分布.

(1)第一个工厂:

$\xi-E(\xi)$	800−1 000	900−1 000	1 000−1 000	1 100−1 000	1 200−1 000
$P[\xi-E(\xi)]$	0.1	0.2	0.4	0.2	0.1

于是,我们从均值的定义联想到是否可以用随机变量ξ与其均值$E(\xi)$之差的均值:

$$(800-1\ 000)\times0.1+(900-1\ 000)\times0.2+(1\ 000-1\ 000)\times0.4+(1\ 100-1\ 000)\times0.2+(1\ 200-1\ 000)\times0.1$$

来描述随机变量取值的分散程度呢?可以看出,这些数据有正有负.如果把它们直接相加,就会相互抵消,这当然不合理.为此,改用其平方来描述.即第一个工厂产品寿命的分散程度为

$$(800-1\ 000)^2\times0.1+(900-1\ 000)^2\times0.2+(1\ 000-1\ 000)^2\times0.4+(1\ 100-1\ 000)^2\times0.2+(1\ 200-1\ 000)^2\times0.1=12\ 000.$$

(2)第二个工厂产口寿命的分散程度为

$$(800-1\ 000)^2\times0.2+(900-1\ 000)^2\times0.2+(1\ 000-1\ 000)^2\times0.2+(1\ 100-1\ 000)^2\times0.2+(1\ 200-1\ 000)^2\times0.2=20\ 000.$$

所以第一个工厂产品寿命的分散程度比较小,产品质量比较稳定.

定义3 如果离散型随机变量ξ的分布列为

$$P(\xi=x_k)=p_k \quad (k=1,2,\cdots,n),$$

则把和数$\sum_{k=1}^{n}[x_k-E(\xi)]^2p_k$称为随机变量$\xi$的**方差**,记作$D(\xi)$,即

$$D(\xi)=\sum_{k=1}^{n}[x_k-E(\xi)]^2p_k.$$

由于$[\xi-E(\xi)]^2$也是一个随机变量，由均值的定义可知，随机变量$[\xi-E(\xi)]^2$的取值$[\xi_k-E(\xi)]^2$与其相应概率p_k乘积的总和，就是随机变量$[\xi-E(\xi)]^2$的均值，即有

$$D(\xi)=\sum_{k=1}^{n}[x_k-E(\xi)]^2 p_k=E[\xi-E(\xi)]^2.$$

也就是说，随机变量ξ的方差的算术平方根，叫做随机变量ξ的**标准差**（或**均方差**），记作$\sigma(\xi)$，即

$$\sigma(\xi)=\sqrt{D(\xi)}.$$

由于标准差的量纲与随机变量的量纲相同，所以在实用上是比较方便的. 在上例中

$$\sigma(\xi)=\sqrt{D(\xi)}=\sqrt{12\ 000}\approx 100.5\ \text{h};$$

$$\sigma(\eta)=\sqrt{D(\eta)}=\sqrt{20\ 000}\approx 141.4\ \text{h}.$$

方差和均值又有如下关系式，有时可简化方差的计算：

$$D(\xi)=E(\xi^2)-E^2(\xi).$$

2. 连续型随机变量的方差

定义 4　如果连续型随机变量$f(x)$的概率密度为ξ，则ξ的方差为

$$D(\xi)=\int_{-\infty}^{+\infty}[x-E(\xi)]^2 f(x)\,\mathrm{d}x.$$

注意到分布密度$f(x)$有性质$\int_{-\infty}^{+\infty}f(x)\,\mathrm{d}x=1$，于是

$$\int_{-\infty}^{+\infty}[x-E(\xi)]^2 f(x)\,\mathrm{d}x=\int_{-\infty}^{+\infty}x^2 f(x)\,\mathrm{d}x-E^2(\xi).$$

所以方差的最常用公式

$$D(\xi)=E(\xi)^2-E^2(\xi).$$

此公式不但在离散型随机变量成立也在连续型随机变量中适用.

【例 4】　设随机变量ξ服从两点分布，其分布列是

$$P(\xi=1)=p,\quad P(\xi=0)=1-p=q,\quad p+q=1,$$

求$D(\xi)$.

解　$E(\xi)=1\cdot p+0\cdot q=p$；　$E(\xi^2)=1^2\cdot p+0^2\cdot q=p$.

$$D(\xi)=E(\xi^2)-[E(\xi)]^2=p-p^2=pq.$$

【例 5】　设$\xi\sim N(0,1)$，求ξ的期望与方差.

解　因为$\xi\sim N(0,1)$，于是

$$E(\xi)=\int_{-\infty}^{+\infty}x\cdot\frac{1}{\sqrt{2\pi}}\mathrm{e}^{-\frac{x^2}{2}}\,\mathrm{d}x.$$

由于被积函数为奇函数，故积分为零，即 $E(\xi)=0$.

$$E(\xi^2)=\int_{-\infty}^{+\infty}x^2\cdot\frac{1}{\sqrt{2\pi}}e^{-\frac{x^2}{2}}\,dx=\int_{-\infty}^{+\infty}x\,d\left(-\frac{1}{\sqrt{2\pi}}e^{-\frac{x^2}{2}}\right)$$

$$=-x\frac{1}{\sqrt{2\pi}}e^{-\frac{x^2}{2}}\Big|_{-\infty}^{+\infty}+\int_{-\infty}^{+\infty}\frac{1}{\sqrt{2\pi}}e^{-\frac{x^2}{2}}\,dx=0+1=1,$$

于是 $D(\xi)=E(\xi^2)-[E(\xi)]^2=1-0=1$.

3. 方差的性质

性质 1 $D(C)=0$，（C 为任意常数）.

性质 2 设 k 为常数，则 $D(k\xi)=k^2D(\xi)$.

性质 3 对于相互独立的两个随机变量 ξ,η 有 $D(\xi+\eta)=D(\xi)+D(\eta)$.

10.5.3 常用随机变量分布的数学期望和方差

1. 两点分布

设随机变量 $\xi\sim(0,1)$，则其分布列为

ξ	0	1
$P(\xi=k)$	q	p

则其数学期望

$$E(\xi)=0q+1p=p.$$

方差 $$D(\xi)=pq.$$

2. 二项分布

设随机变量 $\xi\sim B(n,p)$，其分布列为 $P(\xi=k)=C_n^kp^kq^{n-k}(0<p<1;q=1-p;k=0,1,2,\cdots,n)$，则其数学期望

$$E(\xi)=np.$$

方差 $$D(\xi)=np(1-p).$$

3. 泊松分布

设随机变量 $\xi\sim p(\lambda)$，其分布列为 $p(\xi=k)=\frac{\lambda^k}{k!}e^{-\lambda}$，数学期望

$$E(\xi)=\lambda.$$

方差 $$D(\xi)=\lambda.$$

4. 均匀分布

设随机变量 $\xi\sim U[a,b]$，其密度函数 $f(x)=\begin{cases}\frac{1}{b-a} & 当\ a\leqslant x\leqslant b\\ 0 & 当\ x<a\ 或\ x>b\end{cases}$.

由数学期望的定义有

$$E(\xi)=\int_{-\infty}^{+\infty}xf(x)\,\mathrm{d}x=\int_a^b\frac{x}{b-a}\,\mathrm{d}x=\frac{1}{b-a}\left[\frac{x^2}{2}\right]_a^b=\frac{a+b}{2}.$$

方差 $$D(\xi)=\frac{(b-a)^2}{12}.$$

5. 正态分布

设随机变量 $\xi\sim N(\mu,\sigma^2)$，其密度函数 $f(x)=\frac{1}{\sqrt{2\pi}\sigma}\mathrm{e}^{-\frac{(x-\mu)^2}{2\sigma^2}}$，则由数学期望的定义有

$$E(\xi)=\int_{-\infty}^{+\infty}x\cdot\frac{1}{\sqrt{2\pi}\sigma}\mathrm{e}^{-\frac{(x-\mu)^2}{2\sigma^2}}\,\mathrm{d}x\xlongequal{\frac{x-\mu}{\sigma}=t}\int_{-\infty}^{+\infty}\frac{1}{\sqrt{2\pi}}(\mu-\sigma t)\mathrm{e}^{-\frac{t^2}{2}}\,\mathrm{d}t$$

$$=\frac{\mu}{\sqrt{2\pi}}\int_{\infty}^{+\infty}\mathrm{e}^{-\frac{t^2}{2}}\,\mathrm{d}t+\frac{\sigma}{\sqrt{2\pi}}\int_{-\infty}^{+\infty}t\mathrm{e}^{-\frac{t^2}{2}}\,\mathrm{d}t=\mu+0=\mu.$$

方差 $$D(\xi)=\sigma^2.$$

计算结果表明，正态分布的参数 μ 就是随机变量 ξ 的数学期望，σ^2 是随机变量 ξ 的方差.

【例 6】 若某电子元器件的寿命(h)分布的密度函数为

$$f(x)=\begin{cases}0 & \text{当 } x<0\\ \frac{1}{1\,000}\mathrm{e}^{-\frac{x}{1\,000}} & \text{当 } x\geqslant 0\end{cases},$$

试求该元件的平均寿命.

解 设该种元器件的寿命为 ξ，则

$$E(\xi)=\int_{-\infty}^{0}0\,\mathrm{d}x+\int_0^{+\infty}x\,\frac{1}{1\,000}\mathrm{e}^{-\frac{x}{1\,000}}\,\mathrm{d}x=\int_0^{+\infty}x\,\mathrm{d}\mathrm{e}^{-\frac{x}{1\,000}}$$

$$=-x\mathrm{e}^{-\frac{x}{1\,000}}\Big|_0^{+\infty}+\int_0^{+\infty}\mathrm{e}^{-\frac{x}{1\,000}}\,\mathrm{d}x$$

$$=\int_0^{+\infty}\mathrm{e}^{-\frac{x}{1\,000}}\,\mathrm{d}x=-1\,000\mathrm{e}^{-\frac{x}{1\,000}}\Big|_0^{+\infty}=1\,000.$$

故该元件的平均寿命为 1 000 h.

习　题　10.5

1. 设随机变量 ξ 的概率分布为

ξ	-2	0	2
$P(\xi)$	0.4	0.3	0.3

求 $E(\xi)$,$E(\xi^2)$,$D(\xi)$.

2. 设随机变量 ξ 的分布列为

ξ	-1	0	$\frac{1}{2}$	1	2
$P(\xi)$	$\frac{1}{3}$	$\frac{1}{6}$	$\frac{1}{6}$	$\frac{1}{12}$	$\frac{1}{4}$

求 $E(\xi)$,$E(\xi^2)$,$D(\xi)$.

3. 已知 40 件产品中有 3 件次品,从中任取 2 件,求被取的 2 件中所含次品数的数学期望.

4. 设随机变量 ξ 的概率密度为

$$f(x)=\begin{cases}1+x & \text{当 } -1\leqslant x\leqslant 0\\ 1-x & \text{当 } 0<x<1\\ 0 & \text{其他}\end{cases},$$

求 $E(\xi)$,$D(\xi)$.

5. 判断下列事件是不是随机事件:

(1) 一批产品中有正品,有次品,从中任意抽出一件是“正品”;

(2)“明天有暴风雨”;

(3)“十字路口汽车的流量”;

(4)“在北京地区,将水加热到 100℃,变成蒸汽”.

(5)“2008 年北京奥运会,中国队会得团体奖牌第一”.

6. 设 A,B 为两个事件,试用文字表示下列各个事件的含义:

(1) $A+B$;(2) AB;(3) $A-B$;(4) $A-AB$; (5) $\overline{AB}$;(6) $\overline{A}B+\overline{A}B$.

7. 下表是某地区 10 年来新生婴儿性别统计情况:

出生年份	1990	1991	1992	1993	1994	1995	1996	1997	1998	1999	总计
男	3 011	2 531	3 031	2 989	2 848	2 939	3 066	2 955	2 967	2 974	29 311
女	2 989	2 352	2 944	2 837	2 784	2 854	2 909	2 832	2 878	2 888	28 267
总计	2 990	4 883	5 975	5 826	5 832	5 793	5 975	5 787	5 845	5 862	57 578

据此估计此地区生男孩，女孩的概率.

8. 掷两枚均匀的骰子，求下列事件的概率：

(1)“点数和为 1”；

(2)“点数和为 5”；

(3)“点数和为 12”；

(4)“点数和大于 10”；

(5)“点数和不超过 11”.

9. 甲乙两炮同时向一架敌机射击，已知甲的击中率是 0.5，乙的击中率是 0.6，甲乙两炮都击中的概率是 0.3，求飞机被击中的概率.

10. 设有 100 个圆柱形零件，其中 95 个长度合格，92 个直径合格，87 个长度直径都合格. 现从中任取一件该产品，求：

(1) 该产品是合格品的概率；

(2) 若已知该产品直径合格，求该产品是合格的概率；

(3) 若已知该产品长度合格，求该产品是合格的概率.

11. 已知随机事件 A,B，$P(A)=\frac{1}{2}$，$P(B)=\frac{1}{3}$，$P(B|A)=\frac{1}{2}$，求 $P(AB)$，$P(A+B)$，$P(A|B)$.

12. 袋中有 3 个红球和 2 个白球.

(1) 第一次从袋中取一球，随即放回，第二次再取一球，求两次都是红球的概率；

(2) 第一次从袋中取一球，不放回，第二次再取一球，求两次都是红球的概率.

13. 加工某种零件需要两道工序. 第一工序出次品的概率是 2%，如果第一工序出次品则此零件就为次品；如果第一工序出正品，则第二道工序出次品的概率是 3%，求加工出来的零件是正品的概率.

14. 一个人看管三台机床，设在任一时刻机床不需要人看管的概率分别为：0.9，0.8，0.85，求：

(1) 任一时刻三台机床都正常工作的概率；

(2) 至少有一台正常工作的概率.

15. 假设有甲乙两批种子，发芽率分别是 0.8 和 0.7，在两批种子中各随机取一粒，求：

(1) 两粒都发芽的概率；

(2) 至少有一粒发芽的概率；

(3) 恰有一粒发芽的概率.

16. 一门火炮向某一目标射击，每发炮弹命中目标的概率是 0.8，求连续地射 3 发都命中的概率和至少有一发命中的概率.

17. 某集体有 50 名同学,求其中至少有 2 人同一天生日的概率.

18. 某种产品共 40 件,其中有 3 件次品,现从中任取 2 件,求其中至少有 1 件次品的概率是多少?

19. 一批产品共 50 件,其中 46 件合格品,4 件废品,从中任取 3 件,其中有废品的概率是多少? 废品不超过 2 件的概率是多少?

20. 一批产品中有 20% 的次品,进行重复抽样检查,共抽得 5 件样品,分别计算这 5 件样品中恰有 3 件次品和至多有 3 件次品的概率.

21. 某一车间里有 12 台车床,由于工艺上的原因,每台车床时常要停车. 设各台车床停车(或开车)是相互氏独立的,且在任一时刻处于停车状态的概率为 0.3,计算在任一指定时刻里有 2 台车床处于停车状态的概率.

22. 加工某种零件需要三道工序. 假设第一,第二,第三道工序的次品率分别是 2%,3%,5%,并假设各道工序是互不影响的. 求加工出来的零件的次品率的概率.

23. 两台车床加工同样的零件,第一台加工的零件废品率是 3%,第二台的废品率是 2%,加工出来的零件放在一起,并已知第一台加工的零件的数量是第二台的两倍. 求任取一个零件是合格品的概率.

24. 有两批产品,第一批 20 件中有 5 件优质品,第二批 12 件中有 2 件优质品. 先从第一批中任取 2 件混入第二批中,再从混合后的产品中任取 2 件,求从混合产品中取出的 2 件都是优质品的概率.

25. 某人从广州去天津,分乘火车,乘船,乘汽车,乘飞机的概率分别是 0.3,0.2,0.1 和 0.4,已知分乘火车,乘船,乘汽车而迟到的概率分别是 0.25,0.3,0.1,而乘飞机不会迟到. 问这个人迟到的可能性有多大?

26. 设 ξ 的密度函数为

$$p(x)=\begin{cases}\dfrac{1}{\pi\sqrt{1-x^2}} & \text{当 } |x|<1\\ 0 & \text{当 } |x|\geqslant 1\end{cases},$$

(1) 求 ξ 的分布函数 $F(x)$.

(2) 利用 $F(x)$,求 $P\left(-\dfrac{1}{2}<\xi<\dfrac{1}{2}\right)$.

27. 设 ξ 的分布函数为:

$$F(x)=\begin{cases}0 & \text{当 } x<0\\ Ax^2 & \text{当 } 0\leqslant x<1.\\ 1 & \text{当 } x\geqslant 1\end{cases}$$

求常数 A 及 ξ 的密度函数 $p(n)$ 并绘出 $p(x)$ 与 $F(x)$ 的图象.

应用实践项目十

项目1 保险问题

有2500名同一年龄和同社会阶层的人参加了保险公司的人寿保险。在一年中每个人死亡的概率为0.002,每个参加保险的人在1月1日须交100元保险费,而在死亡时,家属可从保险公司领取20 000元。

问题1:保险公司亏本的概率有多大?

问题2:保险公司获利分别不少于5万元和10万元的概率分别为多少?

项目2 身高分布问题

据统计,我国某城市的男子身高(单位:cm)服从正态分布N(171,36),试求:

(1) 该城市男子身高在180 cm以上的概率;

(2) 若该城市男性人口有600万,试估计身高介于165 cm和177 cm之间的男性有多少人;

(3) 为使99%以上的男子上公共汽车不致在车门上沿碰头,当地的公共汽车门框应设成多高(cm)?

项目3 路线选择问题

某城市从南郊某地乘车前往北区火车站有两条路可走,第一条线路穿过市区,路程较短,但交通拥挤,所需时间(单位:min)服从正态分布 $N(60, 100)$,第二条线路沿环城公路走,路程较长,但交通阻塞少,所需时间(单位:min)服从正态分布 $N(70, 16)$。

问题1:若只有80 min时间可用,应走哪条路?

问题2:若只有75 min时间可用,应走哪条路?

项目4 产品展销会决策问题

某公司为了扩大市场,要举办一个产品展销会,会址打算从甲乙丙三地中选择:获利情况除了与会址有关外,还与天气有关,天气分为晴、阴、多雨三种,据气象台预报,估计三种天气情况可能发生的概率分别为0.2,0.5,0.3,其收益情况见表10-5.请通过分析,确定会址使收益最大。

表 10-5　自然收益情况表　　单位：万元

选址方案 \ 收益 \ 概率	S_1（晴）$p_1=0.2$	S_2（阴）$p_2=0.5$	S_3（多雨）$p_3=0.3$
A_1（甲地）	4	5	1
A_2（乙地）	5	4	1.5
A_3（丙地）	6	3	1.2